Lebewesen der Urzeit

ABENTEUER ERDE

LEBEWESEN DER URZEIT

Verlag Das Beste

Stuttgart · Zürich · Wien

LEBEWESEN DER URZEIT
Gestaltung und Realisation: Toucan Books Limited, Bradbury and Williams
Autor der englischen Originalausgabe (Life Before Man): Douglas Palmer

Redaktion: Dr. Angela Meder
Grafik: Nicole Teufel
Bildresearch: Uwe Rattay
Produktion: Sanja Ančić, Sven Sost-Wolter

Freie Mitarbeit

Übersetzung: Andreas Held
Wissenschaftliche Beratung: Dr. Christoph Koban

Ressort Buch

Redaktionsdirektorin: Suzanne Koranyi-Esser
Redaktionsleiter: Christof Schmid-Flemmig
Art Director: Rudi K. F. Schmidt

Operations

Direktor Operations: Joachim Forster
Leitung Produktion Buch: Joachim Spillner

Die Texte dieses Bands wurden gemäß den Regeln der reformierten Rechtschreibung verfasst.

Printed in Spain

ISBN 3 87070 720 8

INHALT

DER GESCHICHTE DES LEBENS AUF DER SPUR

Schon vor langer Zeit entdeckten Naturforscher Versteinerungen, die an Lebewesen erinnerten, und sie suchten Erklärungen für die Existenz dieser Fossilien. Erst nach hitzigen Kontroversen setzte sich die Erkenntnis durch, dass sie der Schlüssel für die Evolution des Lebens sind.

Unser Wissen über die Lebewesen, die die Erde in längst vergangenen Zeitaltern bevölkerten, ist immer noch sehr begrenzt. Auch wenn schon viele Generationen von Wissenschaftlern die Zeugnisse dieser Organismen gesammelt und beschrieben haben, fehlen uns dennoch entscheidende Belege zum Verständnis ihrer Geschichte.

Vielleicht ist es gerade das, was so viele Menschen an Fossilien reizt. Fast jedes Jahr taucht in der Presse ein sensationeller Fund auf, der die Paläontologen zwingt, den mühsam konstruierten Stammbaum des Lebens zu verändern oder zu ergänzen. Nur ein winziger Bruchteil der Organismen, die unseren Planeten in ferner Vergangenheit bevölkerten, wurde bisher als Fossilien gefunden. Je weiter wir in der Zeit zurückgehen, desto weniger Arten sind erhalten. Auch heute noch kann es vorkommen, dass Reste von Organismengruppen entdeckt werden, die der Wissenschaft völlig unbekannt sind. Solch überraschende Funde gelingen Fachleuten ebenso wie Laien, die das Sammeln von Fossilien zu ihrem Hobby gemacht haben.

Da sich die paläontologische Forschung bisher vorwiegend auf Europa und Nordamerika konzentriert hat, vermuten die Forscher auf den anderen Kontinenten noch eine ungeheure

Wenn Sedimentgesteine in einzelne Schichten zerfallen, kommen häufig Fossilien zum Vorschein. Hier sind an einem Sandsteinfelsen der Anden die Fußspuren von Dinosauriern zu sehen.

Ein Team von Paläontologen legt im Alberta Dinosaur Provincial Park in Kanada vorsichtig die versteinerten Reste eines Dinosauriers frei.

Menge von Fossilien, die viele Generationen von Paläontologen beschäftigen können. Die bedeutendsten Entdeckungen in diesem Jahrhundert gelangen meist in abgelegenen Gebieten Afrikas, Südamerikas, Indiens, Asiens, Australiens oder Antarktikas. Einige dieser Regionen bergen nach wie vor gewaltige Schätze, doch das bedeutet keineswegs, dass die bekannten Fundorte bereits „abgeräumt" sind.

Sogar in einer der Regionen, die geologisch am besten erforscht sind – westlich der englischen Stadt Birmingham, nahe der Grenze zu Wales –, wurden in den letzten Jahren bedeutende Fossilien unbekannter Lebewesen ausgegraben. Auf diese Funde stießen die Wissenschaftler, da sie heute wesentlich mehr über die Mechanismen der Fossilwerdung wissen. So sucht man mittlerweile nach Fossilien in Gesteinen, die man früher nicht beachtet hatte.

Kristalle oder Lebensformen?

In unserer Zeit betrachten es die meisten Menschen in Europa als selbstverständlich, dass Fossilien die Reste von Pflanzen und Tieren sind, die in prähistorischen Zeiten gelebt haben. Vor 400 Jahren hingegen stritten sich die Gelehrten in heftigen Diskussionen über die rätselhaften Versteinerungen. Manche waren der Ansicht, es handle sich um Launen der Natur oder gar um Werke des Teufels, die leichtgläubige Menschen zum Narren halten sollten. Andere Forscher hielten die Fossilien für anorganische Formen, die wie Kristalle im Boden entstanden und von denen einige durch Zufall lebenden Geschöpfen ähnelten. Bis sich die Paläontologen darauf einigten, dass die Reste von Lebewesen früherer Erdzeitalter vor ihnen lagen, mussten über 300 Jahre lang Fossilien gesammelt und erforscht und die Ergebnisse diskutiert werden.

Experten versuchen aus den Resten auf verschiedene Weise zu rekonstruieren, wie die lebendige Welt in den einzelnen Phasen der Erdgeschichte ausgesehen hat. Heute steht den Paläontologen dazu ein weites Spektrum von Techniken zur Verfügung; seit kurzer Zeit können sie sogar fossile Erbsubstanz analysieren. Auch Mikroorganismen, die den Boden vor bis zu 3,5 Millionen Jahren in dichten Matten bedeckten, werden neben den häufig zu findenden Tierskeletten und Blättern untersucht. In seltenen Fällen kommen sogar vollständig erhaltene Tierkörper aller Größen zum Vorschein. All diese in Stein begrabenen Lebewesen dokumentieren die Vergangenheit. Die meisten dieser Belege sind allerdings nach wie vor im Boden, unter Pflanzen oder unter Bauwerken verborgen. Sie wurden tief in der Erdkruste begraben oder durch die Bewegung der Erdkruste zerstört.

Blicke in die Vergangenheit

Es ist mindestens 80 000 Jahre her, dass Menschen die ersten Fossilien entdeckten. Darauf weisen versteinerte Muschelschalen hin, die Archäologen in den Gräbern von Neandertalern fanden. Die alten Griechen wie Pythagoras (etwa 570–480 v. Chr.), Xenophanes (ungefähr 565–470 v. Chr.) und Herodot (etwa 490–430 v. Chr.) verstanden offenbar die wahre Natur der Fossilien und erkannten, dass versteinerte Schalen von Meerestieren im Binnenland von Organismen stammten, die einst im Ozean lebten.

In der Renaissance, als einige Gelehrte sich weitgehend von dem christlich geprägten, strengen Weltbild des Mittelalters lösten und auf ihre eigenen Beobachtungen vertrauten, machten die Beschreibung und Erklärung der Fossilien entscheidende Fortschritte. Leonardo da Vinci (1452–1519) beispielsweise interessierte sich sehr für geologische Phänomene, und in der Interpretation seiner Beobachtungen wies er den Weg, den die Paläontologie viel später einschlug.

Solche fein verzweigte Strukturen betrachteten einige der frühen Forscher irrtümlich als Pflanzenreste; in Wahrheit werden sie von Mineralien wie Mangandioxid gebildet.

Dieser Band des Naturforschers Gotthilf Heinrich von Schubert (1780–1860) macht deutlich, wie groß das Interesse an Fossilien im 19. Jahrhundert war und welche Faszination sie hervorriefen.

Leonardo und andere italienische Gelehrte wie Fabio Colonna sammelten Fossilien und zeigten deren Verwandtschaft mit modernen Meerestieren, die im Mittelmeer lebten. Diese Zusammenhänge wurden in einigen der ersten Abhandlungen über Fossilien, wie Colonnas *De Glossopteris* von 1616, dargestellt.

Im 18. Jahrhundert, während der Aufklärung, entstanden moderne wissenschaftliche Methoden, und das noch heute verbreitete Verständnis von der Natur entwickelte sich. So beschrieb der französische Naturwissenschaftler Georges Cuvier (1769 bis 1832) den Zusammenhang zwischen den Gesteinsschichten im Pariser Becken und den Fossilien, die in jeder dieser Schichten lagen. Neben der Paläontologie begründete er die vergleichende Anatomie, mit der sich die versteinerten Reste von Lebewesen, vor allem von Wirbeltieren, einordnen ließen.

Etwa zur gleichen Zeit entdeckte in Großbritannien der Ingenieur und Landvermesser William Smith (1769–1839), dass in Sedimentgestein an unterschiedlichen Orten gleiche Schichten aufeinander folgen. Dabei belegte er auch, dass bestimmte Fossiltypen immer in den gleichen Schichten vorkommen. Aus dieser Erkenntnis entwickelte sich die noch heute übliche Praxis, zur Altersbestimmung von Gesteinsschichten Fossilien zu verwenden. Zum ersten Mal wurde es so möglich, geologische Karten großer Gebiete zu erstellen, die auch Profile enthielten – Schnitte, die die Zusammensetzung des Untergrunds und die Schichtung des Gesteins wiedergaben.

Im Jahr 1815 zeichnete William Smith eine geologische Karte weiter Teile Südenglands, und 1819 beschrieb George Greenough England und Wales auf diese Weise. Richard Griffith veröffentlichte 1834 mit seiner Karte Irlands eine der ersten fortschrittlicheren geologischen Karten eines gesamten Lands. Diese Darstellungen lassen sich sehr gut zur theoretischen Beschreibung eines Gebiets, aber auch zu Vorhersagen verwenden. Das wurde zu einer wichtigen Zeit in der europäischen Geschichte erkannt. Die industrielle Revolution war gerade im Gang, und natürliche Ressourcen wie Bausteine, Eisenerz und Kohle wurden

Irland aus der Sicht der Geologen zeigt diese Landkarte aus dem Jahr 1793, in der unterschiedliche Gesteine farblich markiert sind.

in großem Maß ausgebeutet. Die Landbesitzer wollten daher wissen, ob unter ihren Feldern und Weiden solch begehrte Schätze verborgen lagen. Dabei halfen ihnen die neuen Karten.

Während des 19. Jahrhunderts wurden zahlreiche geologische Aufnahmen angefertigt, und die Datierung der Gesteinsschichten war eine der Hauptbeschäftigungen der damaligen Paläontologen. In Nordamerika gab es noch große unerforschte Flächen, deren Kartierung dringend gefordert wurde. Bei seinen berühmten Expeditionen, die 1869 begannen, untersuchte John Wesley Powell als erster die Region des Grand Canyon mit ihrer beeindruckenden Landschaft und ihren interessanten geologischen Formationen.

Um alle Gesteine in ihrer richtigen zeitlichen Folge einordnen zu können, mussten die Geologen damals die darin enthaltenen Fossilien bestimmen. Dabei erhielten sie allerdings keine genauen, sondern nur relative Altersangaben; die so genannte absolute Datierung, wie sie heute routinemäßig vorgenommen wird, beruht auf der Zerfalls-

Der französische Naturwissenschaftler Georges Cuvier gilt als Begründer der Paläontologie.

geschwindigkeit radioaktiver Isotope von gewissen chemischen Elementen, die erst im 20. Jahrhundert entdeckt wurde. Die Geologen des 19. Jahrhunderts konnten nur dunkel ahnen, in welchen Zeiträumen die Gesteine entstanden waren, mit denen sie sich beschäftigten. Sie sahen, wie durch Erosion Berghänge abgetragen und das zerkleinerte Geröll zum Meer transportiert wurde, wie sich die Sedimente ablagerten und schließlich Hügel von mehreren Kilometern Dicke bildeten. Gleichzeitig entstanden an anderen Stellen neue Gebirge durch Vulkanausbrüche und Anhebung, sodass der Kreislauf wieder von vorn beginnen konnte. Die Forscher waren sich bewusst, dass die Erde mehrere solcher Zyklen durchlaufen hatte, und schlossen daraus, dass ihre Geschichte einen unermesslichen Zeitraum einnahm. Da ihnen für den größten Teil dieser Zeit Fossilien vorlagen, folgerten sie, dass das Leben ebenso alt war.

Der Mensch – Krone der Schöpfung oder Staubkorn im Universum?

Immer wieder zwingen uns die Entdeckungen der Wissenschaft, unsere Vorstellung von der Welt und unserer eigenen Position neu zu überdenken, und das wird sich auch in den nächsten Jahren sicher nicht ändern. Die Geschichte hat gezeigt, dass es der Menschheit häufig sehr schwer fällt, die Theorien der Forscher zu akzeptieren, da sie ihr gesamtes Weltbild ins Wanken bringen. Dies gilt auch für die Vorstellung, dass sich das Leben in Jahrmillionen durch natürliche Evolution entwickelt und dabei auch den Menschen hervorgebracht hat. Als diese Theorie von Wissenschaftlern des 19. Jahrhunderts veröffentlicht wurde, erschütterte sie die gesamte Gesellschaft. Die Erkenntnis, dass das Leben auf der Erde bereits vor unvorstellbar langer Zeit entstanden ist, berührte und beunruhigte die meisten Menschen tief. Dass eine sensationelle wissenschaftliche Entdeckung die Öffentlichkeit heute ebenso bewegen kann, zeigte sich erst kürzlich.

Einige amerikanische Forscher äußerten im Jahr 1996 die Vermutung, dass es auf dem Mars einmal Leben gegeben habe, und die Presse griff diese Nachricht bereitwillig auf. Alle, die schon immer vermutet hatten, dass das Leben einst aus dem Weltraum auf die Erde gekommen war, fühlten sich bestätigt – andere dagegen waren außerordentlich betroffen. Mittlerweile haben Analysen jedoch gezeigt, dass die fraglichen Formen auf dem Marsgestein keine Lebewesen, sondern kristalline Strukturen sind.

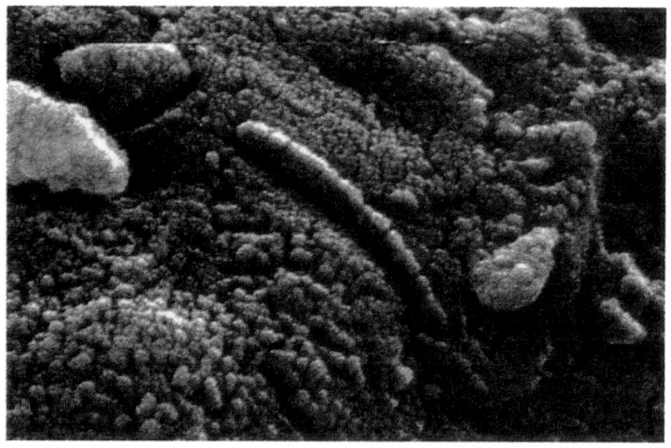

Mikroskopisch kleine Strukturen auf einem Meteoriten vom Mars deuteten manche Wissenschaftler als Belege für früheres Leben auf dem roten Planeten; später wurde diese Ansicht widerlegt.

Die Erkenntnisse der Paläontologie haben dazu geführt, dass sich der Mensch nicht mehr als Geschöpf betrachten kann, das mit den übrigen Lebewesen nichts zu tun hat. Zahlreiche Versteinerungen weisen darauf hin, dass sich unsere Urahnen aus menschenaffenähnlichen Vorfahren entwickelt haben, und immer wieder werden weitere Belege für diese Theorie gefunden. Dennoch gibt es auch heute noch viele Menschen, die diese Sichtweise nicht akzeptieren.

Göttliche Macht im Gestein

Das Weltbild der westlichen Welt beruhte im 19. Jahrhundert auf der jüdisch-christlichen Lehre, die das Alte Testament sehr wörtlich

Indianer halfen John Wesley Powell um 1870 bei der geologischen Erforschung des Grand Canyon (links). In Wyoming (unten) fand er am Green River die mächtigsten Sedimente aus Seen, die bisher bekannt wurden.

Der amerikanische Paläontologe Othniel Charles Marsh rekonstruierte aufgrund von Fossilien die Stammesgeschichte der Pferde. Mit seinem Kollegen Edward Drinker Cope, einem entschiedenen Gegner der Theorien Charles Darwins, führte er heftige Streitgespräche.

nahm. Alle Tier- und Pflanzenarten sind nach dieser Weltanschauung von Gott in einer unveränderlichen Gestalt geschaffen. Christliche Wissenschaftler führten die Fossilien als Zeugnisse der göttlichen Wahrheit an, die das wunderbare Werk des Schöpfers in all seiner Vielfalt zeigten. Die revolutionären Theorien zur Entstehung der Arten, die Charles Darwin und Alfred Russel Wallace vorstellten, riefen unter diesen konservativen Forschern höchste Entrüstung hervor und führten zu hitzigen Auseinandersetzungen.

Darwin stützte sich bei der Begründung seiner Evolutionstheorie kaum auf Fossilien; er wusste nur zu gut, dass die Belege für Zwischenformen zu unvollständig waren, als dass man mit ihnen Verbindungen zwischen den großen Organismengruppen hätte dokumentieren können. Der erste bedeutende Nachweis für ein solches fehlendes Bindeglied, ein „missing link“, wurde 1861 gefunden: der Urvogel *Archaeopteryx* aus dem bayrischen Solnhofen. In ihm waren Reptilien- und Vogelmerkmale vereint.

Dennoch dauerte es bis zum Ende des Jahrhunderts, bis die Paläontologen versuchten, in den Sammlungen der Museen mit den Versteinerungen Stammbäume zu konstruieren. 1874 stellte Othniel Charles Marsh (1831–1899) mit Fossilien von Pferdeverwandten aus Nordamerika eine erstaunlich vollständige Reihe von Formen vor, die von *Orohippus* aus dem Eozän bis zu den heutigen Pferden der Gattung *Equus* reichte. Auch wenn man heute weiß, dass diese Arten keineswegs eine direkte Abstammungslinie bildeten, gilt diese Ahnenreihe noch immer als Beleg für die Evolutionstheorie aus dem Bereich der Paläontologie.

Komplizierte Ordnung

Unser Planet beherbergt eine verwirrende Anzahl und Vielfalt an Lebensformen. Bakterien, Korallen und verschiedenste Fische in den Tiefen der Ozeane, Insekten, Pflanzen, Schlangen und Katzen an Land, Schmetterlinge, Vögel und Fledermäuse in der Luft – das Leben hat fast alle Winkel, Ritzen und Nischen erobert, die die Erde bietet.

Bereits seit mehreren Jahrhunderten versuchen Wissenschaftler, die zahllosen Formen des Lebens zu beschreiben und zu ordnen. Dabei orientieren sie sich vor allem an den Ähnlichkeiten der betreffenden Arten. Häufig geraten die Forscher dabei allerdings in einen Konflikt; ähnelt eine Fledermaus beispielsweise mehr einem Vogel, weil sie Flügel hat, oder ist sie näher mit dem Menschen verwandt, weil sie Haare besitzt und lebende Junge zur Welt bringt?

Mit der Klassifizierung aller Organismen befasst sich die Taxonomie oder Systematik. Ihr Ziel ist es, alle Lebewesen der Erde gemäß ihrer Verwandtschaft einzuordnen. Ähnliche Gruppen werden dabei zu größeren Einheiten zusammengefasst – so vereinen die Wirbeltiere alle Arten, die eine Wirbelsäule besitzen. Zu ihnen gehören so unterschiedliche Lebewesen wie Haie, Krokodile, Vögel, Katzen und Hunde, aber auch der Mensch. Innerhalb der Wirbeltiere unterscheiden die Zoologen Untergruppen wie die Säugetiere oder die Reptilien. In der Klasse der Säugetiere werden Organismen zusammengefasst, die charakteristische Merkmale teilen, beispielsweise Milchdrüsen, die Nahrung für den Nachwuchs produzieren.

Alle heute lebenden Arten stammen von Vorfahren ab, deren Einordnung in das System häufig nicht so einfach ist. Meist können die Zoologen dazu nur Bruchstücke von Skeletten verwenden, da die Weichteile nicht erhalten sind. Der moderne Mensch – *Homo sapiens*, wie sein wissenschaftlicher Name lautet – bildet eine Gattung mit seinen nächsten Verwandten, die allesamt ausgestorben sind. Von *Homo erectus* und *Homo habilis* stehen nur Schädel und Knochen zur Verfügung, sodass die verwandtschaftlichen Beziehungen von *Homo sapiens* zu seinen Vorfahren *Homo erectus* und *Homo habilis* anders untersucht werden müssen als etwa die Ähnlichkeit des Menschen mit den afrikanischen Menschenaffen, seinen nächsten Verwandten in der Gegenwart.

Während bei lebenden Tieren jeder Teil des Körpers analysiert und sogar die Erbanlagen im Detail verglichen werden können, müssen Paläontologen den Körperbau ihrer Studienobjekte rekonstruieren. Dabei bleibt

In mehr als 500 Millionen Jahren verfärbte sich der Panzer dieses garnelenähnlichen Krebstiers namens Jianfengia, das in China gefunden wurde, rostrot.

FORMEN DES LEBENS ENTSTEHEN

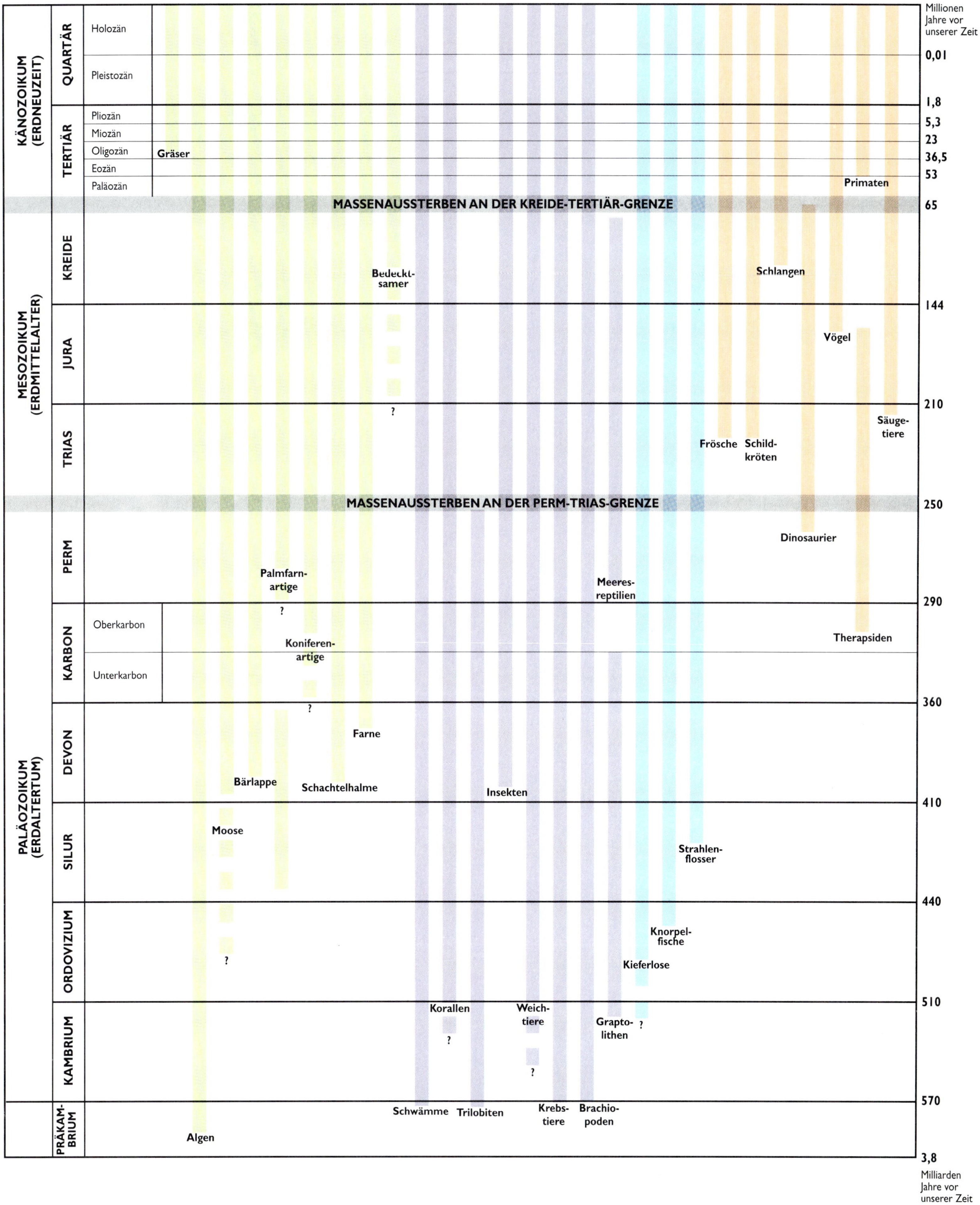

In mehr als 300 Millionen Jahren Erdgeschichte hat sich der Colorado im Grand Canyon eingeschnitten – in Gesteinsschichten vom Perm bis zum Kambrium.

häufig viel Spielraum für Interpretationen. Die Fachleute haben manchmal ganz unterschiedliche Vorstellungen vom Aussehen der Tiere, deren versteinerte Reste sie untersuchen. Bei keiner anderen Gruppe von Lebewesen sind diese Kontroversen so ausgeprägt wie beim Verwandtschaftskreis des Menschen.

Wer zählt die Arten?

Niemand weiß genau, wie viele unterschiedliche Organismen auf unserer Erde leben, denn Fachleute gehen davon aus, dass bisher nur ein Teil von ihnen bekannt ist. Rund 1,7 Millionen Arten von Lebewesen sind in über 300 Jahren wissenschaftlich beschrieben worden, doch jeden Tag kommen neue hinzu. Die Meinungen gehen sehr stark auseinander, wie viele es tatsächlich gibt; die Schätzungen reichen von 5 Millionen bis zu 100 Millionen.

Bei den fossilen Organismen ist die Angabe der Artenzahl noch wesentlich komplizierter – zum einen lassen sich diese Lebewesen viel schwerer bestimmten Arten zuordnen, und zum anderen sind von den meisten Arten überhaupt keine Reste erhalten. Beschrieben sind bisher schätzungsweise 300000–500000 fossile Organismen – zweifellos nur ein winziger Bruchteil all der Formen seit den Anfängen des Lebens auf der Erde vor etwa 3,8 Milliarden Jahren.

Um irgendeine Vorstellung von der biologischen Vielfalt der letzten 570 Millionen Jahre, des so genannten Phanerozoikums, zu erhalten, sind die Wissenschaftler auf theoretische Gedankenexperimente angewiesen. Als Grundlage kann dafür das Alter verschiedenster Fossilbelege dienen. Damit berechneten sie, dass eine Art durchschnittlich 5 Millionen Jahre existiert. Folglich wurden während des Phanerozoikums mehr als 100-mal alle Tier- und Pflanzenarten komplett ersetzt. Wenn man außerdem davon ausgeht, dass ungefähr 10 Millionen Arten gleichzeitig lebten, würde dies zu einer vorsichtigen Schätzung von über einer Milliarde Arten weltweit führen. Im Vergleich dazu wirkt die Zahl der wissenschaftlich beschriebenen Fossilienarten, die bestenfalls bei 500000 liegt, geradezu erbärmlich. Sie macht nur 0,05 % der geschätzten Gesamtzahl aus.

Solche Berechnungen beruhen auf der Annahme, dass sich die Geschwindigkeit der Evolution und die Variabilität innerhalb einer Art im Lauf der Erdgeschichte nicht wesentlich geändert haben. In jüngster Zeit befassen sich immer mehr Wissenschaftler mit der Frage, wie lange einzelne Arten bestehen bleiben; sie hoffen, durch diese Berechnungen Hinweise zu erhalten, wie sich die Vielfalt der Lebewesen entwickeln könnte. Angesichts der bedrohlich raschen Abnahme der biologischen Vielfalt in unserer heutigen Zeit ist dies ein wichtiges Thema. Bei einigen Studien kamen die Wissenschaftler zu dem Ergebnis, dass bei weitem nicht alle Arten das Alter von 1–10 Millionen Jahren erreichen, das als Durchschnitt angesetzt wurde; viele Tiere bewegen sich weit außerhalb dieses Bereichs. Manche Vogel- und Säugetierarten verändern sich bereits innerhalb von 200–400 Jahren so stark, dass sie als neue Arten betrachtet werden müssen.

Skelette für die Ewigkeit?

Im Allgemeinen können nur Organismen mit harten oder mineralisierten Körperteilen – wie Knochen oder Schalen – der Nachwelt als Fossilien erhalten bleiben. Viele Tiere und Pflanzen, insbesondere solche mit weichem Körper, hinterlassen sehr selten Spuren. Nur unter idealen Voraussetzungen können solche Lebewesen wie Bakterien fossilisieren und damit viele Hundert Millionen Jahre überdauern – zur großen Freude der Paläontologen.

Wie gut ein Organismus erhalten bleibt, liegt nicht zuletzt auch an dem Gestein, in dem er eingeschlossen wird. Nur bestimmte Sedimentschichten haben im Lauf der Zeit Bestand. Die meisten heute bekannten Sedimentgesteine bestehen aus Ablagerungen flacher Meere. Dazu gehören Kalk, Sandstein und Tonschiefer. Im Vergleich zu ihnen halten sich Ablagerungen, die an Land entstanden sind, nicht sehr lange, und Tiefseesedimente werden meist überhaupt nicht zu haltbarem Gestein. Bei weitem die meisten Versteinerungen stammen von Meeresorganismen, die im Flachwasser lebten. Aus diesem Grund ist recht viel über die verschiedenen Schnecken, Muscheln, Trilobiten und Ammoniten bekannt, die sich vor vielen Jahrmillionen in den Schelfmeeren der damaligen Kontinente tummelten; das Wissen über die Bewohner des Lands und der Luft nimmt sich im Vergleich dazu verhältnismäßig dürftig aus.

Wie das Leben begann

Umso erstaunlicher ist es, dass gelegentlich die Reste sehr ursprünglicher Lebewesen gefunden werden, die keinerlei Skelett oder Panzer ausbildeten. Zu den größten paläontologischen Entdeckungen gehörten Lebensspuren in Gesteinen aus dem Präkambrium. Diese mikroskopisch kleinen Fossilien fand man in Grönland – in Sedimenten, die fast 4 Milliarden Jahre alt sind.

Diese Gliederfüßer aus dem Kambrium sind erstaunlich gut erhalten, auch wenn sie durch das Gewicht des Sediments stark zusammengepresst wurden.

Diese seltsamen blattförmigen Fossilien, die in Sandstein aus dem späten Kambrium erhalten blieben, standen vermutlich den heutigen Seefedern nahe.

Diese einfachen Organismen gelten als die ältesten bekannten Lebensformen. Sie kamen vermutlich an Vulkanschloten des Meeresgrunds vor. Nicht viel jünger sind Lebewesen aus Sedimenten Swasilands und Westaustraliens, die so genannte Stromatolithen bildeten. Das sind feste Strukturen, die dadurch entstanden, dass kernlose Einzeller, ähnlich heutigen Bakterien, und fadenförmige Organismen, möglicherweise Blaualgen, das feinkörnige Sediment zusammenklebten.

Über die ersten entscheidenden Schritte der Evolution ist nur wenig bekannt. Bevor sich diese primitiven Lebewesen entwickeln konnten, mussten jedoch die Bausteine des Lebens, wie Eiweißverbindungen und Nukleinsäuren, zur Verfügung stehen. Die ersten lebensfähigen Einzelzellen, die als echte Lebewesen gelten können, gab es vermutlich vor etwa 4 Milliarden Jahren. Die ersten Hinweise auf vielzellige Organismen, die bisher bekannt wurden, sind dagegen „nur" 1,7 Milliarden Jahre alt; es handelt sich um Algen. Vielzellige Tiere erschienen wahrscheinlich viel später: Die ältesten Fossilien sind etwa eine Milliarde Jahre alt. Kompliziert gebaute Vielzeller, die den heutigen Quallen ähneln, kommen erst in der Ediacara-Fauna vor, weitere 400 Millionen Jahre später. Es dauerte also mehr als 3 Milliarden Jahre, bis das Leben dieses – nach wie vor recht einfache – Entwicklungsstadium erreicht hatte. Danach erhöhte die Evolution ihre Geschwindigkeit beträchtlich.

Das erste Auftreten von Lebewesen mit Skeletten vor etwa 570 Millionen Jahren markiert das Ende des Proterozoikums und den Beginn des Phanerozoikums. In Gesteinen aus dem frühen Kambrium fanden die Paläontologen zahlreiche Schalen, aber daneben gab es auch eine außerordentliche Vielfalt an Panzern von Gliederfüßern. Der berühmte Burgess-Schiefer hoch in den kanadischen Rocky Mountains von British Columbia bietet einen einzigartigen Einblick in das Leben, das die Meere des Kambriums beherbergten. Ein einziger Fundort lieferte bereits mehr als 11 000 Fossilien, die Arten angehörten, von denen die meisten bei ihrer Entdeckung im Jahr 1909 neu für die Wissenschaft waren.

Wie bereits vor Milliarden von Jahren bilden auch heute noch einfache Blaualgen oder Cyanobakterien Stromatolithen, wie hier vor der Küste Westaustraliens.

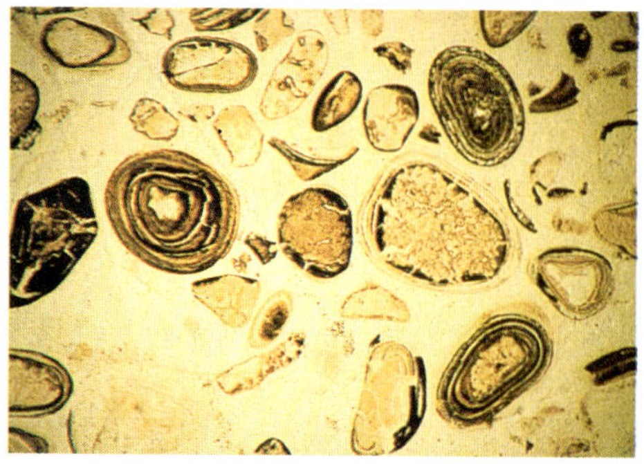

In diesem Dünnschliff eines Sedimentgesteins aus dem Präkambrium, das in Kanada gefunden wurde, erkennt man zahlreiche Mikroorganismen. Sie gehören zu den ältesten heute bekannten Lebensformen.

Immer neue Steine für das gigantische Puzzle

Jedes Jahr präsentieren Paläontologen erstaunliche Funde, die ein völlig neues Licht auf die Geschichte des Lebens und die Lebewesen der Urzeit werfen. Daher müssen die Wissenschaftler, die sich mit diesen Organismen beschäftigen, ihre Erkenntnisse immer wieder neu überdenken. Ihre Kollegen aus der Biologie haben es leichter, da sie das Leben unserer Zeit in seiner Gesamtheit vor sich sehen. Viele Biologen beschäftigen sich nicht gern mit Fossilien, denn sie haben dabei das Gefühl, vor einem riesigen Puzzle zu stehen, von dem nur einige wenige Teile vor ihnen liegen. Nicht einmal die Anzahl der Teile, die das Puzzle bilden, ist bekannt, genauso wenig wie das Bild, das sich zeigt, wenn alle Teile zusammengesetzt sind. An manchen Stellen passen einige der Teile tatsächlich oder scheinbar zusammen, aber sie vermitteln nur winzige Ausschnitte aus einem großen Ganzen.

Die Erde füllt sich mit Leben

1

Im Jura sammelten sich am Meeresboden massenhaft abgestorbene Ammoniten.

Als mit dem Kambrium das Erdaltertum begann, vor etwa 570 Millionen Jahren, eroberte eine eindrucksvolle Vielfalt großer und kleiner Organismen die Meere der Welt. Explosionsartig entwickelten sich bald innerhalb von weniger als 100 Millionen Jahren vor allem die Tiere von einfachen Formen zu einzigartigen Spezialisten in einem komplizierten Beziehungsgeflecht. Außerhalb des Wassers sah die Erde allerdings völlig anders aus – kahl und lebensfeindlich. Erst langsam begrünte sich das karge Land, und danach verließen auch die ersten Tiere die schützende See. Damit leiteten sie eine Revolution in der Geschichte des Lebens ein. Nach und nach besiedelten immer mehr Organismen die Urkontinente, und die Natur gestaltete aus diesen Pionieren völlig neue Formen.

Diese versteinerten Seelilien lebten im Karbon.

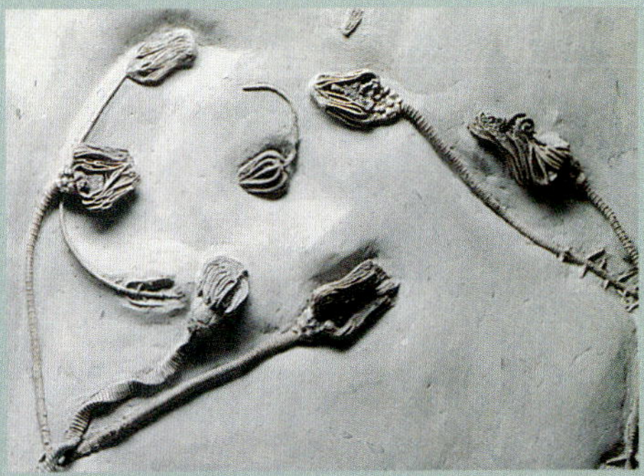

IN DEN OZEANEN DES SILURS

Steinerne Fossilien, wie wir sie präpariert in zahlreichen Museen und Sammlungen finden, sind die einzigen Zeugnisse aus der Frühgeschichte des Lebens. Den Paläontologen ist es dennoch gelungen, diese fremdartigen Kreaturen in Rekonstruktionen zum Leben zu erwecken.

Vor mehr als 400 Millionen Jahren, im Silur, machten viele Lebewesen aus dem Meer ihre ersten zögernden „Schritte" an Land. So kam es, dass unterschiedliche Pflanzen- und Tiergruppen im Grenzbereich von Land und Wasser um die besten Plätze wetteiferten. Die Küsten sahen damals ganz ähnlich aus wie heute; Strände, Felsen, Sand und Schlamm boten den Organismen vielfältige Lebensbedingungen. Wie in unseren Tagen schlugen die Wellen und die Brandung an das Land, die Flut kam und ging. Harte Felsen wurden durch Erosion langsam abgetragen und anschließend als Sand wieder abgelagert – ein Vorgang, der unaufhaltsam Jahr für Jahr voranschritt. Selbst die gestrandeten Quallen und Tange sahen kaum anders aus als die Arten, die wir heute am Rand der Meere finden. Lange Algen lagen im Sand, von ihren Verankerungen an den Felsen oder im Sand

Ein Relikt aus der Urzeit ist das Perlboot, dessen Ahnen vor 500 Millionen Jahren fast genauso aussahen. Erhalten sind allerdings nur ihre Schalen (rechts ein Schnitt durch das Gehäuse eines heutigen Nautilus*); in den Kammern befindet sich Gas, das für den Auftrieb sorgt.*

losgerissen. Zwischen den Tangen verfingen sich tote Meerestiere sowie Schalen und Panzer unterschiedlichster Formen.

In den unteren Bereichen des Strands sah die Sandfläche bei Ebbe auf den ersten Blick wie eine feuchte, leblose Wüste mit Sandrippeln und verstreuten Bruchstücken von Schalen aus. Bei genauerem Hinsehen war die Küste aber sehr belebt. Würmer, die im Sand Röhren gebaut hatten, setzten ihre Ausscheidungen an der einförmigen Oberfläche ab, und Spuren verrieten, dass sich andere Tiere bei einsetzender Ebbe in den Sand und Schlamm zurückgezogen hatten.

Einige der Schalen sahen bereits ähnlich aus wie Schalen heute lebender Tiere, doch viele waren völlig anders geformt. In einem entscheidenden Punkt unterschied sich der Strand des Silurs ganz sicher von jetzigen Stränden: Er bot eine gute Übersicht über das gesamte damalige Leben der Erde. Im Silur waren die Süßgewässer noch nicht von Tieren besiedelt, und die Pflanzen hatten gerade erst begonnen, an Land Wurzeln zu schlagen. So konzentrierte sich das Leben fast ausschließlich auf die Ozeane und deren Randbereiche, wo sich die Reste der Meeresorganismen ansammelten.

Als die ersten Lebewesen das Land eroberten, hatten sie mit den gleichen Naturkräften zu kämpfen wie die heutigen Küstenbewohner (links).

Bekannte Formen

Zu den Schalen, die sich in großer Zahl an den Stränden des Silurs fanden, gehören kegelförmige Gebilde mit einer Länge von etwa 30 cm und einem Durchmesser von rund 4 cm. Einige davon hatten wohl farbige Streifen, andere Zickzackmuster. Die leeren Schalen waren erstaunlich dünn und leicht; stabilisiert wurden sie durch gebogene Wände, die die Gehäuse der Länge nach in Kammern teilten. Jede Wand wies ein kleines Loch auf. Auf der Innenseite schimmerten die gesamten Schalen in zartem Perlmuttglanz, ebenso wie wir es von vielen Muscheln und Meeresschnecken kennen, die heute an Stränden zu finden sind.

Die Tiere, die im Silur solche Gehäuse bewohnten, sahen aus wie Tintenfische oder Kalmare, mit einem weichen Körper, hoch entwickelten Augen und zahlreichen Armen. Wie ihre modernen Vettern konnten sie durch Rückstoß wie eine Rakete davonschießen. Gewöhnlich schwammen sie hingegen gemächlich durchs Wasser oder krochen auf der Suche nach Nahrung mit den Fangarmen über den Grund. Durch Abscheiden von Gas in die Kammern des Gehäuses steuerten sie ihren Auftrieb. Diese Tiere gehörten zu den Nautilusartigen, die fast ausgestorben sind.

Fortsetzung Seite 20

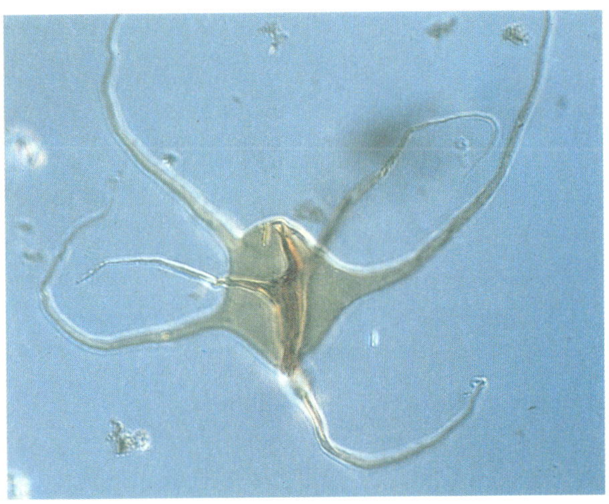

Plankton-Organismen wie die einzelligen Acritarchen bildeten lange die Grundnahrung vieler Meerestiere.

SELTSAME TIERE

In mancher Hinsicht ähnelte die Unterwasserwelt des Silurs dem Bild, das man heute in warmen, subtropischen Gewässern findet. Es wimmelte von Schalentieren, Korallen und Fischen. Viele dieser Geschöpfe gehörten aber ganz anderen Tiergruppen an als die Meeresbewohner unserer Zeit.

Die meisten dieser Tiere waren Filtrierer, die Mikroorganismen und organische Sinkstoffe aus dem sie umgebenden Wasser siebten. Viele von ihnen waren fest am Grund verankert und durch Kalkskelette vor Feinden geschützt – wie beispielsweise heute die Muscheln. Damals dominierten allerdings Brachiopoden, die zwar ebenso wie Muscheln zwei Schalen besaßen, aber mit den Moostierchen verwandt sind.

Auch im Silur bildeten Korallen bereits Riffe, in denen sich Schwämme, Moostierchen, Seelilien, Brachiopoden und Muscheln ansiedelten. Seelilien und Brachiopoden findet man in großer Zahl als Fossilien in Gesteinen dieser Zeit.

Die meisten beweglichen Tiere hielten sich am Meeresboden auf, etwa Schnecken, die wie ihre modernen Verwandten Algen abweideten. Seesterne und Trilobiten fraßen Aas. Einige Trilobiten konnten schwimmen und damit auch ihren Feinden wie den Eurypteriden oder Seeskorpionen entfliehen. Diese Gliederfüßer waren die größten Tiere jener Zeit; manche wurden 2,40 m lang. Die meisten ernährten sich von Aas, einige jagten aber kleinere Tiere. Trilobiten und Seeskorpione sind heute ausgestorben, ebenso wie die seltsamen Homalozoen, die zu den Stachelhäutern gerechnet werden.

Es gab jedoch auch gute Schwimmer in den Ozeanen des Silurs, vor allem Fische und Kopffüßer. Die Fische waren – im Unterschied zu ihren heutigen Nachfahren – fast durchweg kiefer- und zahnlos und ernährten sich von winzigen Organismen oder organischen Abfällen. Als häufigste und gefährlichste Jäger gelten die Kopffüßer aus der Gruppe der Nautilusartigen, die in zahlreichen Formen die Meere durchzogen. Sie hatten gerade, konische Gehäuse, schwammen mit Rückstoß und ergriffen ihre Beute mit den Armen.

Seelilien
Kopffüßer
Brachiopoden
Jamoytius
Moostierchen
Brachiopoden
Homalozoe

Die Eurypteriden oder Seeskorpione gehören zu den ersten Tieren, die sich aus dem Meer ins Süßwasser wagten. Sie besaßen paddelförmige Körperanhänge und ein vielgliedriges Außenskelett (oben Rekonstruktionszeichnung, unten Versteinerungen). Ihre nächsten Verwandten in unserer Zeit sind die Pfeilschwanzkrebse.

Ihre einzigen heutigen Verwandten sind die Perlboote der Gattung *Nautilus*, die als Lebende Fossilien gelten. Sie zählen wie die Kraken, Tintenfische und Kalmare zu den Kopffüßern, gehören jedoch wegen ihrer Anatomie einer eigenen Gruppe an. Während die spiralig gewundenen Gehäuse der modernen Perlboote flach sind, weisen die Schalen der Nautilusartigen aus dem Silur ganz unterschiedliche Formen und Maße auf. Einige Arten gehörten zu den größten Lebewesen jener Zeit. Ihre kegelförmigen Gehäuse waren nur etwa 30 cm lang, doch es gibt Hinweise, dass die Tiere bis zu 2 m maßen. Die einzigen Organismen, die es mit ihnen an Größe aufnahmen, waren die unheimlich aussehenden Seeskorpione.

Urtümliche Gliederfüßer

Fremdartige Lebewesen, die Eurypteriden, krochen am Grund der silurischen Meere umher – einige von ihnen wurden bis zu 2,50 m lang und trugen Scheren. In ihrer Körperform ähnelten diese Geschöpfe den heutigen Skorpionen und erhielten daher den Namen „Seeskorpione".

Die Eurypteriden waren nicht nur die größten, sondern auch die am besten bewaffneten Jäger ihrer Zeit. Ihr gesamter Körper war von einem harten, gelenkigen Panzer bedeckt, der die empfindlichen Weichteile schützte. Diese Form des Außenskeletts ist ein charakteristisches Merkmal des Tierstamms, zu dem die Eurypteriden gehören: den Gliederfüßern. Zu ihnen zählen auch die Krebstiere, die Spinnentiere und die bei weitem artenreichste Tiergruppe unserer Zeit, die Insekten. Zu ihrem überragenden Erfolg in der Evolution trug der Panzer entscheidend bei. Die Eurypteriden allerdings sind bereits vor langer Zeit ausgestorben; sie fielen dem Massenaussterben am Ende des Perms, vor rund 250 Millionen Jahren, zum Opfer.

Für die Seeskorpione bot die Panzerung nicht nur Vorteile. Damit die Tiere wachsen konnten, mussten sie von Zeit zu Zeit das gesamte Panzerkleid abwerfen und ein größeres bilden; dabei riss die alte Hülle an den Nähten zwischen den Platten auf. Nach dem Abstreifen des schützenden Panzers waren die Eurypteriden nackt und ihren Feinden wehrlos ausgeliefert, ganz ähnlich wie die Krebse. Durch die regelmäßigen Häutungen der Seeskorpione erhöhte sich zur Freude der Paläontologen die Zahl der Panzer, die sich am Meeresgrund sammelten und versteinerten.

Neben diesem Außenskelett, das von Zeit zu Zeit ersetzt werden muss, sind die gegliederten

Mit dicken Panzerplatten, verstärkt durch Kalkeinlagerungen, trotzen viele Gliederfüßer ihren Feinden – die fossilen Trilobiten aus der Gruppe der Dalmanitiden (links) ebenso wie die heute noch lebenden Pfeilschwanzkrebse oder Schwertschwänze (oben).

Beine ein Hauptmerkmal der Gliederfüßer. Im Silur waren diese Tiere mit einer großen Artenzahl in den Meeren vertreten. Besonders viele Formen entwickelten einige Gruppen, die bereits lange ausgestorben sind. Neben den Eurypteriden gehören dazu die Trilobiten, die bekanntesten und häufigsten Gliederfüßer dieses Erdzeitalters. Die meisten von ihnen waren nur 5–8 cm lang. Gelegentlich wurden sicher einige von ihnen an den Strand geworfen – wahrscheinlich zusammengerollt wie kleine Kugeln. In ihrer Form erinnern die Trilobiten am ehesten an Pfeilschwanzkrebse, aber ihr Kopf war deutlicher vom Körper abgesetzt und sie hatten viellinsige Augen ähnlich denen der Insekten, einen Schwanz und einen recht beweglichen Körper.

Die Trilobiten ernährten sich vermutlich von organischen Abfällen und Kleinstlebewesen. Einige von ihnen nahmen wohl den Schlamm und Sand am Meeresboden auf, um die Nahrung herauszufiltern, während kleine, wendige Formen umherschwammen und Plankton fingen.

Insgesamt gesehen waren die Trilobiten eine äußerst erfolgreiche Tiergruppe. Reste von ihnen – meist einzelne Platten des gehäuteten Panzers – fanden sich an den Sandstränden des Silurs sicher genauso häufig wie beispielsweise Panzerstücke von Krabben an einem heutigen Strand.

Ein weicher Körper in einer harten Schale

Zwischen den Trilobiten-Panzerteilen lagen sicher auch vertrauter aussehende Reste von Lebewesen. Schon im Silur lebten im Meer Schnecken mit spiralig gewundenen Häusern in verschiedenen Farben, Formen und Größen. Außerdem gab es einige Muschelarten, deren Schalen an den Strand gespült wurden. Jede Art besetzte ihre eigene ökologische Nische. Die Schnecken waren Pflanzenfresser und lebten auf Tangen, an denen sie ständig nagten.

Genau wie die heutigen Muscheln schützten diejenigen des Silurs ihren weichen, empfindlichen Körper mit einer zweiklappigen Schale, deren Teile durch ein Scharnier miteinander verbunden waren. So konnten sie bei Gefahr die Schalenhälften rasch zusammenklappen und fest verschließen. Die Tiere bildeten bereits damals dicke und dünne, glatte und warzige Schalen, doch sie blieben in der Regel deutlich kleiner als ihre modernen Verwandten.

Einige Muschelschalen des Silurs waren klein und hatten eine glatte oder eine fein gerippte Oberfläche – ganz ähnlich wie die heutigen Nussmuscheln. Die Schalen dieser kleinen Muscheln, die an europäischen Küsten vorkommen, sind an den vielen Zähnen und Leisten an ihrem oberen Rand zu erkennen, die zum Scharnier zwischen den

Kleine und große Nahrung im Meer

Im Silur stellte das Phytoplankton – mikroskopisch kleine Pflanzen, die im Wasser schweben – ebenso wie heute die Grundnahrung für die Tiere des Meers dar. Die einzelligen Pflanzen werden von winzigen Tieren gefressen, die wiederum größeren Tieren wie Muscheln, Brachiopoden oder Fischen als Nahrung dienen. Viele Tiere filtern das Plankton beim Schwimmen mit ihren Kiemen aus dem Wasser, andere sitzen fest und erzeugen einen Wasserstrom, der ihnen die Nahrung in die Kiemen oder die Arme treibt. Diese Planktonfresser werden von Jägern erbeutet, und diese fallen wieder größeren Räubern zum Opfer.

beiden Schalenklappen gehören. Die nicht sehr auffälligen Nussmuscheln sind deshalb so bemerkenswert, weil sie eine ungewöhnlich lange Geschichte hinter sich haben. Erste Vertreter dieser Gruppe sind bereits aus dem Ordovizium bekannt; ihr Alter wird auf 470 Millionen Jahre geschätzt.

Damals wie heute vergruben sich die Tiere im weichen Boden der Flachwasserzonen und saugten den Schlick ein, um organische Bestandteile herauszufiltern. In diesem Bereich mussten sie kaum mit Konkurrenten fertig werden, sodass es für sie keinen Grund gab, einen anderen Lebensraum zu suchen oder sich im Lauf der Zeit stark zu verändern. In entwicklungsgeschichtlicher Hinsicht sind diese kleinen Muscheln ebenso wie die Perlboote ein gutes Beispiel für Tiere, die man häufig als Lebende Fossilien bezeichnet.

Die meisten Schalen des Silurs, die für Laien wie Muschelschalen aussehen, stammen jedoch von ganz anderen Tieren: von Brachiopoden oder Armfüßern. Auch diese Filtrierer bilden zweiklappige Schalen aus. Im Silur waren sie mit vielen Arten weit verbreitet, doch heute spielen sie eine geringe Rolle. Nur bei Neuseeland und Japan kommen sie häufiger vor.

Elegante Filtrierer

Die Lebensweise der Brachiopoden entspricht der der meisten Muscheln. Beide leben am oder im Meeresboden und seihen das Wasser nach Kleinstlebewesen durch, während sie es durch ihren Körper treiben. Ein wichtiger Unterschied ist jedoch, dass die Brachiopoden sich in der Regel nicht fortbewegen können, die Muscheln jedoch eine gewisse Beweglichkeit besitzen. Armfüßer beginnen ihr Leben als frei schwimmende Larven, die sich irgendwann festsetzen und umwandeln. Die erwachsenen Tiere sind mit einem fleischigen Stiel am Untergrund verankert.

Meist ist eine Schalenhälfte größer als die andere, und an der Spitze befindet sich ein Loch, durch das der muskulöse Stiel des Tiers verläuft. Der Name „Armfüßer" führt etwas in die Irre; er bezieht sich auf paarige federförmige Gebilde, von denen man ursprünglich dachte, sie dienten der Fortbewegung. Heute wissen wir, dass ihre Aufgaben im Nahrungserwerb und in der Atmung liegen. Die Arme erzeugen einen Wasserstrom, aus dem sich das Tier mit Nahrung und Sauerstoff versorgt.

Im Erdaltertum waren die Brachiopoden eindeutig erfolgreicher als die Muscheln, heute aber ist es umgekehrt. Offenbar waren die Muscheln ihren Konkurrenten in späteren Erdzeitaltern überlegen – vielleicht deshalb, weil sie sich vor Räubern in Sicherheit bringen konnten, indem sie sich in das Sediment zurückzogen.

Während ihrer Blütezeit entwickelten die Armfüßer eine Vielzahl von Schalenformen, die ihre verschiedenen Lebensweisen und Lebensräume widerspiegeln. Wo das Wasser sehr bewegt war, vor allem in der Nähe der Küsten, mussten die Schalen besonders widerstandsfähig, verdickt oder durch Falten oder Rippen verstärkt sein. Das ist beispielsweise bei den Rhychonelliden der Fall; eine parallele Entwicklung zeigen die Muscheln des Silurs, die in den gleichen Zonen des Meers lebten.

Auf Sand- oder Schlammboden, also instabilem Grund, konnten sich die Brachiopoden nicht mit ihrem Stiel festsetzen. Statt sich wie die Muscheln einzugraben, entwickelten sie eine andere Methode, die bisweilen als „Schneeschuhlösung" bezeichnet wird: Sie vergrößerten die Oberfläche der Schale im Verhältnis zu ihrer Gesamtgröße. Dadurch entstand eine flache Schale, die häufig einem Fächer ähnelte. Bei einigen Arten trug sie zusätzlich Stacheln am Rand, etwa in den Gattungen *Protochonetes* und *Chonetes*, die im Silur lebten. Diese Stacheln verliehen den Tieren im fließenden Grund noch besseren Halt. Durch die Abflachung der Schale wurde allerdings das Volu-

Dieses hervorragend erhaltene Gehäuse einer Meeresschnecke der Gattung Poleumita *ist ungefähr 430 Millionen Jahre alt. Mit seiner spiraligen Form ähnelt es bereits verblüffend den Häusern heutiger Schnecken.*

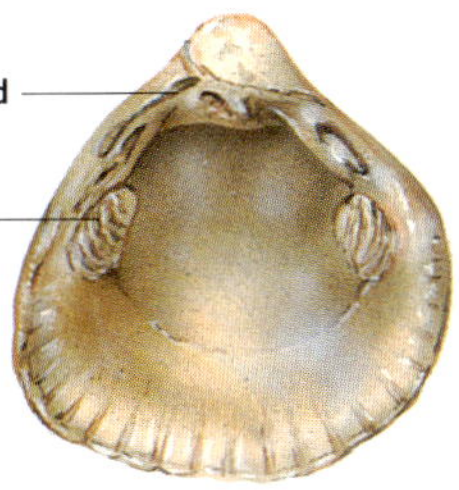

Muschelschale von innen

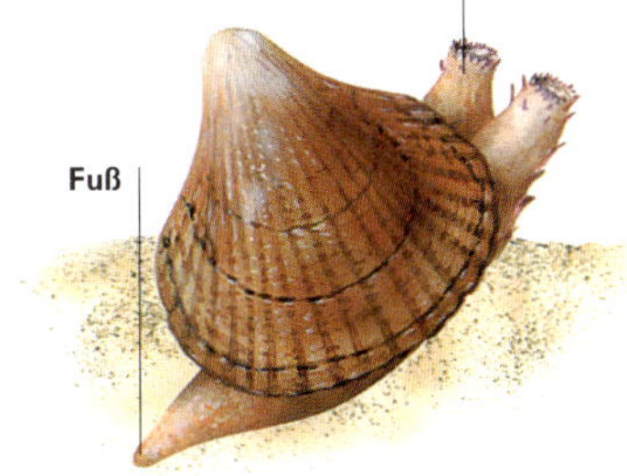

Durch die Siphone strömt Wasser in den Körper und wieder hinaus. Der Fuß dient zum Graben.

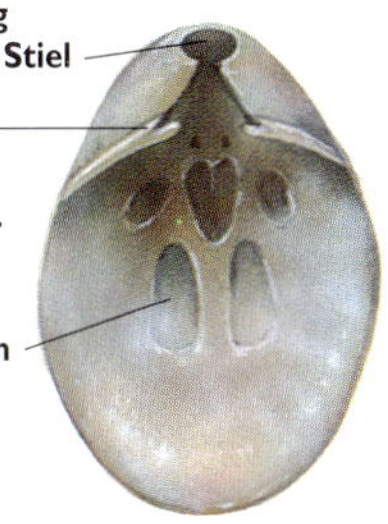

Brachiopodenschale von innen

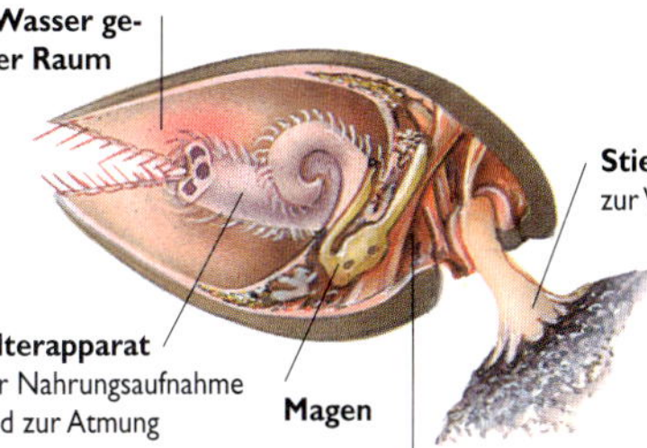

Längsschnitt durch einen lebenden Brachiopoden

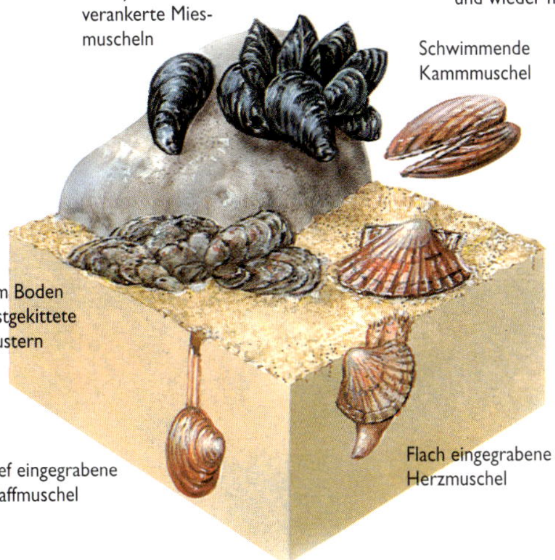

Möglichkeiten der Verankerung bei den Muscheln

Symmetrische Schalenklappen einer Muschel

Asymmetrische Schalenklappen eines Brachiopoden

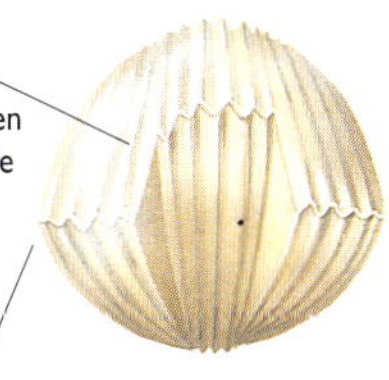

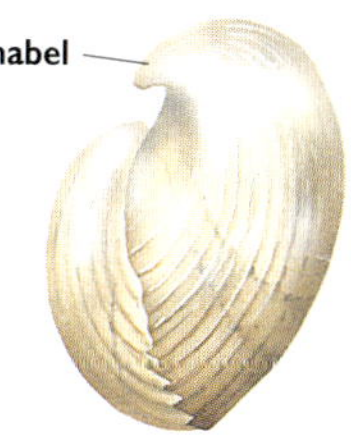

Große, runde, frei lebende Gattung *Kirkidium*

Brachiopodenform, die sich auf weiches Sediment spezialisiert hat

ANPASSUNGEN VON SCHALENTIEREN AN DEN UNTERGRUND

men und damit der Platz für den Körper der Armfüßer erheblich verkleinert.

Dieses Problem lösten manche Arten mit einer halbkugeligen Form, bei der die untere Klappe wie ein Becher gestaltet war, die obere hingegen flach; diese Variante findet man etwa in der Ordnung Strophomenida. Bei ihnen war das Gehäuse noch dazu mit Stacheln bedeckt, die das Tier im Boden festhielten. Die ideale Schalenform für Brachiopoden ist jedoch die, bei der sich die Filtrierorgane optimal entfalten, sodass das Wasser rasch durch den Körper des Tiers transportiert und dabei besonders viel Nahrung aufgenommen werden kann. Diese Gestalt ist typisch für die großen, fast kugeligen Pentameriden. Da Muscheln ganz ähnlich leben, gelten für sie die gleichen Regeln. Eine entsprechende Form weisen deshalb auch manche Muscheln auf; bei den Gruppen, die im Silur lebten, sind dies beispielsweise die Cardioliden.

Wie bei allen Tiergruppen gab es auch bei den Brachiopoden Außenseiter, die eine ganz neue Lebensweise ausprobierten, wie die Linguliden, die sich Röhren im weichen Sediment gruben. Diese Tiere, die auch als „Zungenmuscheln“ bezeichnet werden, entwickelten sich vor etwa 460 Millionen Jahren, im Ordovizium, und haben in fast unveränderter Form bis heute überlebt. So unterscheiden sich die Schalen der heutigen Zungenmuschel *(Lingula unguis)*, die vor allem an den japanischen Küsten häufig vorkommt, nur unwesentlich von denen mancher *Lingula*-Arten aus dem Silur. Diese Tiere sind ein weiteres Beispiel für Lebende Fossilien. Sie sind so hervorragend an ihre Umgebung angepasst, dass sie Hunderte von Jahrmillionen erfolgreich überstanden.

Stacheln gegen Feinde

Andere Tiere, die Stachelhäuter, schützen sich nicht durch dicke Schalen vor Jägern, sondern mit einem ganz anders gestalteten Panzer und mit Stacheln, die Fressfeinde wirksam abhalten. Diese Tiergruppe ist in den Meeren unserer Zeit mit Seesternen, Seeigeln, Seegurken und Haarsternen vertreten. Ihre Vorfahren waren in verschiedener Form an den Stränden des Silurs zu finden.

Im Silur waren Brachiopoden wie diese* Dolerorthis*-Art wesentlich häufiger als Muscheln. Beide Gruppen haben zweiklappige Schalen, doch völlig unterschiedliche Symmetrien. Im Lauf der Zeit gewannen die Muscheln dank ihrer Anpassungsfähigkeit die Vorherrschaft.

Die Panzer der Stachelhäuter sind aus gelenkig verbundenen Platten zusammengesetzt und bestehen in erster Linie aus Kalzit. Eine dünne Haut zieht sich über dieses Kalkskelett. Bei vielen Arten ragen überall auf der Körperoberfläche Stacheln auf, die durch Muskeln unter der Haut bewegt werden. Ein typisches Beispiel für die stachelige Form sind die Seeigel, bei denen der Panzer meist wesentlich starrer ausgebildet ist als bei den anderen Stachelhäutern. Die heutigen Seesterne besitzen weit flexiblere Panzer, die sich nicht so gut erhalten. In die robuste Haut sind zahlreiche harte Nadeln eingebettet; sie werden nur durch die Weichteile zusammengehalten. Das war jedoch in früheren Zeiten anders. Im Erdaltertum hatten viele Seesterne einen wesentlich festeren Panzer, der aus dicken Platten bestand. Daher blieben diese Tiere als Fossilien gut erhalten.

Seeigelpanzer zerfallen nicht so leicht wie die der Seesterne, weil die Kalkplatten selbst nach der Zersetzung der Stachelmuskeln und dem Abfallen der Stacheln noch gut zusammenhalten. Aus diesem Grund sind Seeigelskelette auch an unseren Stränden recht häufig zu finden. Die meisten der empfindlichen Gehäuse zerbrechen allerdings durch die Macht der Brandung oder werden von Kieselsteinen zerrieben. Damit sie als Fossilien intakt bleiben, müssen sie schnell im Sediment begraben werden.

Die schützenden, beweglichen Stacheln der Seeigel sitzen an besonderen Stellen ihres Panzers. Auch bei fossilen Arten (unten) sind diese warzenartigen Erhebungen deutlich zu erkennen.

Wie die anderen Stachelhäuter schützten und stützten sich auch die Seelilien durch flexibel miteinander verbundene Platten. Diese nahen Verwandten der Seesterne und Seeigel lebten ebenfalls bereits im Silur. Damals wie heute erinnern die eigenartigen Tiere an Pflanzen. Sie sind mit biegsamen Stielen, auf denen wie Kelche die eigentlichen Seelilien sitzen, am Meeresboden oder an Felsen festgeheftet. Die Stachelhäuter durchkämmen mit ihren gefiederten Armen das Wasser, um wie mit einem Netz mikroskopisch kleine Organismen aus dem Wasser zu fischen. Im Lauf der Zeit entwickelten sie lange Stiele, und seither müssen sie nicht mehr mit anderen Filtrierern wie Brachiopoden und Muscheln um Nahrung konkurrieren. Ähnlich wie Pflanzen in dichter Vegetation immer höher wachsen, um genügend Licht zu bekommen, versuchten Seelilien sinkendes Plankton schon weiter oben abzufangen, indem sie sich über ihre Konkurrenten erhoben.

Aufgrund des fünfstrahligen Körperbaus lassen sich viele Fossilien leicht als Seesterne identifizieren. Dieses gehört zur Gattung Platanaster.

In den Meeren des Silurs lebten neben Tiergruppen, die bis in unsere Zeit überlebt haben, auch längst ausgestorbene Formen. Dazu gehören die merkwürdigen Graptolithen. Sie saßen wie die Seelilien auf Stielen, die etwa 2,5 mm dick waren, am Meeresboden fest und ähnelten eher Pflanzen als Tieren. Ihre Fossilien sehen häufig aus wie Linien, die mit Bleistift auf einen Stein gezeichnet wurden, da sie ein Skelett aus Eiweißverbindungen hatten, das bei der Fossilisierung verkohlte.

Rätselhafte Muster auf alten Steinen

Mehr als 150 Millionen Jahre lang, vom mittleren Kambrium (vor etwa 550 Millionen Jahren) bis zum unteren Devon (vor fast 400 Millionen Jahren), waren Graptolithen in den Meeren der Welt etwa so häufig wie heute die Quallen. Im frühen 18. Jahrhundert wurden die Reste dieser Tiere falsch gedeutet. Die Wissenschaftler stellten sie in die gleiche Gruppe wie die flachen, moosähnlichen Muster auf Steinen, die als Dendriten bezeichnet werden; diese sind in Wirklichkeit keine versteinerten Lebewesen, sondern mineralische Strukturen.

Seit ihrer Entdeckung wurden die Graptolithen immer wieder neu in das System der Lebewesen eingeordnet. Manche Paläontologen sahen in ihnen Pflanzen, andere betrachteten sie als Würmer, Kopffüßer, Weichtiere oder Verwandte von Korallen und Quallen. Erst in den 30er Jahren unseres Jahrhunderts, nach einer akribischen Untersuchung ihrer Skelettstruktur, klärte der polnische Paläobiologe Roman Kozlowski die systematische Stellung der Graptolithen. Er zeigte, dass sie trotz ihrer pflanzenartigen Gestalt recht hoch entwickelte Tiere waren, die zu den Hemichordaten gerechnet werden müssen. Heute umfasst diese Tiergruppe nur wenige Arten, die kaum bekannt sind.

Sehr gut erhalten ist diese versteinerte Seelilie aus der Gattung Marsupiocrinus *(rechts), bei der man den Stiel und den Kelch mit den gefiederten Armen erkennt. Mit diesen Armen fing sie organische Sinkstoffe auf, wie es die Haarsterne noch heute tun (unten).*

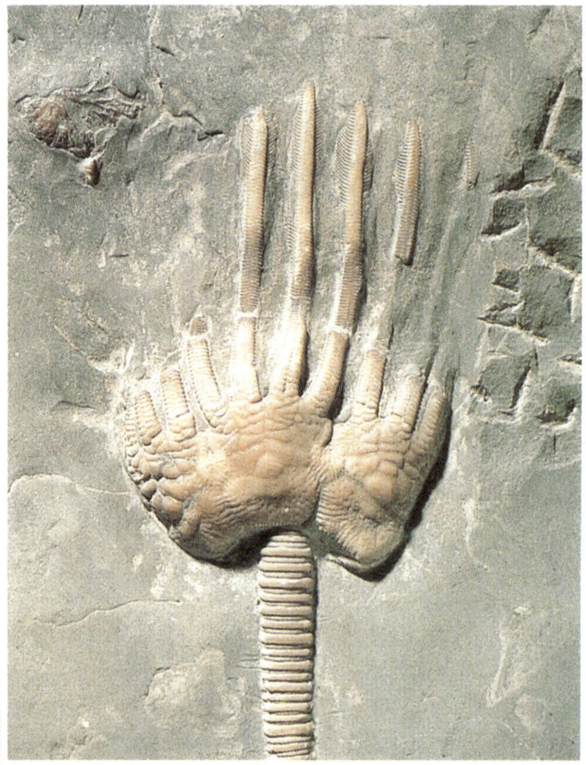

Die grazilen Graptolithen bildeten Kolonien, die aus zahlreichen winzigen Einzeltieren bestanden. Sie saßen entweder am Grund oder schwebten im Wasser.

Die filigranen Gebilde, die keinen Kalk einlagerten und daher nur selten erhalten blieben, umfassten eine große Zahl von Einzeltieren, die eine Kolonie bildeten. Jedes dieser Lebewesen saß in einer eigenen Röhre, und diese Behausungen standen dicht gedrängt nebeneinander. Viele Graptolithenkolonien waren in spezieller Weise verzweigt. Auch frei im Wasser treibende Kolonien wurden von der Strömung durch die Ozeane des Silurs getragen.

Unscheinbar: frühe Wirbeltiere

Durch die Felstümpel an den Küsten flitzten im Silur kleine, durchscheinende, wurmförmige Geschöpfe, die nur 2–4 cm maßen. Sie bewegten sich unablässig durch seitliches Schlängeln durch das Wasser. Schräg verlaufende Muskelpakete lagen vom Kopf bis zum Schwanz hintereinander; dazwischen zog sich an der Oberseite eine dünne Röhre oder ein biegsamer Stab durch den Körper und verlieh ihm eine gewisse Stabilität.

Der Kopf sah recht eigenartig aus: Unter den Augen lag ein kurzer, röhrenförmiger Apparat, der aus mehreren Teilen mit vielen spitzen Zähnen bestand, so genannten Conodonten, die den Tieren auch ihren Namen gaben. Diese Zähne wurden durch das Maul vorgeschnellt, um Beute zu ergreifen. Beim Zurückziehen des Apparats ins Maul schnitten die klingenartigen Conodonten die Beute in Stücke.

Die Beschreibung dieser Tiere beruht auf Fossilfunden aus jüngster Zeit, die zu dem Schluss führten, dass die Conodonten-Tiere echte Wirbeltiere waren, wenn auch in einem sehr frühen Entwicklungsstadium. Da ihre Fossilbelege bis ins Kambrium zurückreichen, vermuten Fachleute, dass sie die ersten Wirbeltiere waren.

Die ersten Fische

Nur selten findet man ganze tote Fische an den heutigen Stränden, da die Kadaver sehr schnell gefressen werden. Im Silur hingegen gab es wenige Aasfresser, sodass die Tiere häufig am Meeresboden liegen blieben und schließlich versteinerten. Dennoch gestaltet sich die Suche nach Fisch-Fossilien aus dem Silur recht schwierig, denn zunächst wissen die Paläontologen nicht, wonach sie überhaupt suchen müssen. Diese frühen Fische hatten mit den modernen äußerlich nicht viel gemein.

Wenn wir heute an ein Fischskelett denken, stellen wir uns eine Wirbelsäule mit zahlreichen daran ansitzenden langen, dünnen Rippen vor, den so genannten Gräten. Diese Beschreibung passt allerdings nur zu Knochenfischen wie Lachsen, Forellen und Dorschen, die in der Gegenwart die Gewässer dominieren. Solche Tiere gab es im Silur noch nicht. Viel eher ähnelte das Skelett der damaligen Fische dem der Knorpelfische, zu denen die Haie und Rochen gehören. Wie bei ihnen zersetzte sich die Wirbelsäule der fossilen Fische leicht, weil sie aus knorpelähnlichem Material bestand.

Die Haut der Urfische war wie die der Haie lederartig, mit einer ähnlichen Struktur: beim Darüberstreichen glatt in eine Richtung und rau wie ein Reibeisen in die andere. Wenn die Haut sich auflöste, zerfiel sie in viele spitze, etwa 1 mm große Schuppen, die als Fossilien erhalten blieben. Daneben findet man die Reste ledriger Platten, die auf einer Seite mit einem unregelmäßigen Warzenmuster versehen sind. Stücke solcher Hautplatten ordneten die Forscher der Gattung *Astraspis* zu, die in die Gruppe der Kieferlosen gehört.

Eine spätere Gruppe der Kieferlosen, die Cephalaspiden, hatte einen hufeisenförmigen Kopf mit nach hinten weisenden Stacheln an beiden Seiten, nahe beieinander liegende, kleine Augen auf der Oberseite und einen kleinen, ovalen Mund auf der abgeflachten Unterseite. Ihr übriger Körper wirkte fischartig, denn er war beschuppt

Wenig elegant wirkten die Fische des Silurs, wie Hemicyclaspis *in dieser Rekonstruktionszeichnung. Er besaß weder Kiefer noch Zähne, und sein Kopf war von einem ledrigen Panzer bedeckt.*

Durch die Entwicklung von Kiefern und Zähnen, die wahrscheinlich im Lauf des Silurs stattfand, konnten einige Fische zu räuberischer Lebensweise übergehen. Die Stachelhaie, wie sie genannt werden, schützten sich selbst mit harten knöchernen Schuppen vor Feinden.

und sie hatten eine Schwanzflosse. Das harte Kopfschild bestand aus einem recht starren, lederartigen Material, das fast so gut schützte wie echter Knochen, und war von einer dünnen Hautschicht überzogen.

Eine weitere Gruppe der Kieferlosen, die Thelodonten, zeigte eher die uns vertraute Fischgestalt. In ihrer Haut lagen zahlreiche nach hinten gerichtete Schuppen. Das Maul war direkt nach vorn gerichtet und ebenfalls kiefer- und zahnlos. Diese Tiere ernährten sich völlig anders als die meisten heutigen Knochenfische mit ihren kleinen, scharfen Zähnen. Sie lebten sicher von weichem organischem Material wie Schlamm oder sich zersetzenden Pflanzen.

Auch heute noch gibt es einige Fische, die keine Kiefer besitzen: die Neunaugen und Inger oder Schleimaale. Sie gelten als letzte Überlebende einer sehr ursprünglichen Gruppe von Wirbeltieren. Aus ihren Urahnen im Silur entwickelten sich vermutlich die ersten Kiefer tragenden Fische.

Diese „fortschrittliche" Linie im Stammbaum der Wirbeltiere begann mit kleinen Formen, die bis zu 20 cm Länge erreichten und als Acanthodier oder Stachelhaie bezeichnet werden. Sie trugen knöcherne Flossenstacheln an der Ober- und Unterseite und eine Haut mit winzigen knöchernen Schuppen. Über ihre Anatomie sowie ihre verwandtschaftliche Beziehung zu den Kieferlosen und den Conodonten ist nicht viel bekannt; man weiß aber, dass sie große Augen und Kiefer mit Zähnen besaßen. Manche von ihnen waren gefährliche Räuber; in einem versteinerten Stachelhai lag sogar ein ganzer kleinerer Fisch.

Zu den kieferlosen Fischen gehörte auch dieser Cephalaspide. Sein riesiges Kopfschild schützte den Vorderkörper, und der bewegliche Hinterleib war mit zahlreichen Schuppen bedeckt.

Wenn man davon ausgeht, dass gegen Ende des Silurs bereits zahlreiche verschiedene Tierformen um die gleiche Nahrung konkurrierten, dann überrascht es kaum, dass sich die Fische mit spitzen Stacheln und harten knöchernen Schuppen bewaffneten. Dieser Konkurrenzdruck war vielleicht auch der Grund dafür, dass einige Fische das

UNGEWÖHNLICHE ANFÄNGE DER WIRBELTIERE

Die rätselhaften Conodonten, winzige Fossilien, die in Meeressedimenten der ganzen Welt gefunden werden, sind den Paläontologen seit 1856 bekannt. Zunächst wurden sie von dem Balten Christian Heinrich Pander als Fischzähne beschrieben. Danach untersuchten zahlreiche Forscher die seltsamen Objekte; welchen Lebewesen sie zugeordnet werden sollten, blieb jedoch bis vor wenigen Jahren strittig. Da nur kleine Teile ihres Körpers bekannt waren, konnten sich die Wissenschaftler keine Vorstellung von ihrer Gestalt machen. Im Lauf von mehr als 100 Jahren wurden sie als Wirbeltiere, Schnecken, Kopffüßer und Würmer, ja sogar als Pflanzen beschrieben.

Einen neuen Hinweis auf die Natur der Conodonten-Tiere gaben 1983 Fossilienfunde aus Schottland, die etwa 350 Millionen Jahre alt waren und erstmals ganze Exemplare dieser rund 4 cm langen Organismen zeigten. Der britische Geologe Richard Aldridge stellte fest, dass sie eine Reihe von Muskelsegmenten und eine gegliederte Körperachse besaßen, und ordnete sie deshalb den Chordatieren zu – dem Stamm des Tierreichs, zu dem auch die Wirbeltiere gehören. Dass die Körperachse der Conodonten-Tiere eine Wirbelsäule war, wurde erst vor wenigen Jahren nachgewiesen.

Im Jahr 1995 machte Richard Aldridge einen sensationellen Fund in der Nähe von Kapstadt: In Ablagerungen aus dem Ordovizium, deren Alter man auf 440 Millionen Jahre schätzt, barg er ein unerwartet großes Conodonten-Tier. Während die in Schottland gefundenen Exemplare nur wenige Zentimeter maßen, hatte der neue „Riese“ eine Körperlänge von etwa 40 cm. Er erhielt von den Paläontologen den Namen *Promissum pulchrum*.

Dieses Exemplar war erstaunlich gut erhalten, ebenso wie ein gut 10 cm langes Tier, das bereits einige Jahre zuvor in Südafrika gefunden worden war. An ihnen konnten die Forscher nun die Struktur des Conodonten-Körpers genauer untersuchen. So sind bei den Fossilien die ältesten bekannten Wirbeltiermuskeln erhalten. In ihrer Struktur ähneln sie denen von Kieferlosen, den ursprünglichsten heute noch lebenden Wirbeltieren.

Besonders interessant sind die Augen von *Promissum pulchrum*. Sie lagen am Vorderende des Kopfs und wurden von mehreren Muskeln bewegt. Dieses Merkmal ist nur von Wirbeltieren bekannt. Wahrscheinlich waren die Tiere aktive Räuber und fixierten ihre Beute mit beiden Augen, die sie durch Muskelbewegungen auf ihr Ziel ausrichteten.

Obwohl wir uns inzwischen ein recht gutes Bild von den Conodonten-Tieren machen können, sind viele Fragen noch ungeklärt, beispielsweise die, warum die Zähne aus Chitin bestanden und nicht aus Kalziumphosphat wie die unseren.

Den ersten Hinweis auf das Aussehen der Conodonten-Tiere lieferten Gesteine in der Nähe von Edinburgh. Das kleine wurmförmige Lebewesen, das rechts abgebildet ist, gehört zu den ersten Vertretern der Wirbeltiere. An versteinertem Muskelgewebe (links) konnten die Paläontologen erkennen, dass ihr Körperbau dem primitiver Wirbeltiere ähnelte.

Meer verließen und die riskante Reise in die Süßgewässer unternahmen.

Die Evolution der Kiefer ermöglichte es den Wirbeltieren nicht nur, als Jäger andere Tiere zu erbeuten und zu zerreißen, sondern auch, derbes Pflanzengewebe abzubeißen und zu zerkauen. Dank dieser Organe waren die Kiefer tragenden Fische des Silurs ihren primitiveren Verwandten überlegen, und die Wirbeltiere begannen die Erde zu erobern.

Das Land ergrünt

Bisher wurden nur Organismen der Meere beschrieben – mit gutem Grund, denn dort zeigte sich in diesem Erdzeitalter fast die gesamte Vielfalt des Lebens. Was aber geschah an Land, hinter den Sanddünen der Küsten? So weit das Auge reichte, gab es vermutlich nichts als kahle, grauschwarze Felsen, braun und orange gefärbten Schlamm und ockerfarbenen Sand. Die Landschaft schien öde und leblos, ohne Bäume, Sträucher und Gräser.

Pflanzen brauchen Boden, in den sie ihre Wurzeln senken, um sich zu verankern und Wasser und Mineralsalze zu entnehmen. Für alle Landpflanzen ist das Wasser ein kritischer Faktor; sie brauchen es, damit ihr Gewebe nicht austrocknet. Krautige Pflanzen können bis zu 90 % Wasser enthalten. Da Regenwasser auf kahlen Felsen, wie sie für das Silur typisch waren, sehr rasch abfließt, steht es den Gewächsen dort nicht zur Verfügung.

Dennoch besiedelten bereits damals einige Pflanzenarten das Land. Im Lauf der Zeit spülten die Flüsse enorme Mengen Sediment in die See, und dabei wurden auch Pflanzen mitgerissen; sie sanken schließlich mit dem eingeschwemmten Material auf den Meeresgrund und versteinerten. So blieben die ersten Landpflanzen als Fossilien zwischen Tieren des Meers erhalten.

Wenn man Sedimente des Silurs nach Anzeichen pflanzlichen Lebens durchsucht, sollte man keine Formen erwarten, die den heutigen hoch entwickelten Blütenpflanzen ähneln. Selbst so scheinbar einfache Strukturen wie Blätter sind aus erdgeschichtlicher Sicht recht jung. Welche Gestalt hatten aber die Landpflanzen des Silurs?

Auch damals schon gewannen die Pflanzen ihre Energie durch Photosynthese aus dem Licht der Sonne. Daher mussten sie zum Licht hin wachsen – entgegen der Schwerkraft. Dies erforderte einen verstärkten, aufrechten Spross. Er konnte auch zur Ausbreitung der Pflanze beitragen, indem er die Organe, die die Sporen trugen, über die Erde hob und dort dem Wind anvertraute. Dieser Spross musste allerdings mit einem stabilen Wurzelsystem verankert werden; gleichzeitig hatten die unterirdischen Teile der Pflanze die Aufgabe, Wasser und gelöste Nährstoffe aus dem Boden aufzunehmen. Die oberirdischen Teile des Organismus mussten außerdem vor Austrocknung geschützt sein.

Die erste bekannte Pflanze, der dies alles gelang, hatte gegabelte Sprosse von nur 2–4 cm Länge, die an ihren Enden Sporenbehälter trugen. Sie wurde in die Gattung *Cooksonia* gestellt und bildete wohl die ersten grünen Flecken auf dem Land, das mehr als 4000 Millionen Jahre leblos gewesen war. Spuren dieser Pionierpflanze wurden in Gesteinen aus dem Silur gefunden; sie lebte vor über 400 Millionen Jahren.

Nur bei wenigen dieser Fossilien erkennt man anatomische Einzelheiten. An manchen entdeckte man aber Atemporen, die wohl den Spaltöffnungen an der Oberfläche heutiger Pflanzen entsprechen. Offenbar vermochte *Cooksonia* durch Photosynthese und Atmung Gase mit der Atmosphäre auszutauschen. Besonders verstärkte Zellen in ihren Sprossen zeigen, dass das Gewächs sich aufrecht halten und nach oben wachsen konnte. Die Verbreitung erfolgte durch Sporen, die in Kapseln an den Sprossenden heranreiften.

Zu den einfachsten heutigen Landpflanzen gehören die Moose, die auch an vielen unwirtlichen Orten wachsen. Die Evolution dieser Pflanzen ist jedoch nur sehr schwer zu verfolgen, da kaum Fossilien bekannt sind. 1982 wurden in Libyen moosartige Sporen in 470 Millionen Jahre altem Gestein aus dem Ordovizium gefunden, aber die dazugehörigen Pflanzen waren nicht erhalten. Im Jahr 1995 fand man Reste eines fossilen Lebermooses aus dem Devon, dessen Sporen denen aus Libyen ähnelten. Fachleute vermuten daher, dass die Moose bereits im Silur mehrere Arten entwickelt hatten und grüne Inseln bildeten, wo der Boden feucht genug war. Etwa 100 Millionen Jahre später beherrschten die Pflanzen bereits die Erde.

Feuchte Schwemmebenen, wie die Rekonstruktionszeichnung (unten) sie zeigt, stellten den Boden für die ersten Gefäßpflanzen dar, die das Land besiedelten. Die frühesten Formen, wie die links abgebildete Cooksonia-***Art, hatten kurze, aufrechte Sprosse ohne Blätter; an ihren Enden saßen Sporenkapseln.***

DAS LAND WIRD BESIEDELT

Aus amphibischen Lebewesen, die zaghaft das Wasser verließen, wurden im Lauf vieler Jahrmillionen echte Landbewohner. Zunächst fanden sie kahle Kontinente vor, doch sobald sich Pflanzen angesiedelt hatten, gab es auch für Tiere Nahrung und neue Entwicklungsmöglichkeiten.

Im Lauf des Devons, vor 410–360 Millionen Jahren, fassten die Pflanzen festen Fuß an Land, und ihnen folgten schon bald die ersten Wirbeltiere – es waren Abkömmlinge von Fischen, die auf vier Beinen liefen. Allerdings haben Forschungsergebnisse der letzten Jahre gezeigt, dass die Geschichte nicht ganz so einfach verlaufen sein kann.

Die Wissenschaftler stellten sich beispielsweise die Frage, warum die Vorfahren der vierbeinigen Wirbeltiere, der ersten echten Vierfüßer, Beine entwickelt hatten, obwohl sie als Fische solche Gliedmaßen nicht benötigten. Auch die Art und Weise, wie die Vierfüßer vom Wasser auf das Land übertraten, ist nicht geklärt. Schließlich konnten die Tiere die Richtung ihrer Entwicklung nicht steuern oder planen; es war sicher nicht so, dass sie sich wünschten, das Wasser zu verlassen, und ihnen daraufhin Beine wuchsen. Diese mussten sich noch im Wasser entwickelt und während einer Übergangszeit an das Laufen auf festem Grund angepasst haben.

Um diese Fragen beantworten zu können, müssen wir wissen, wie die Welt damals aussah und welche Voraussetzungen die Organismen brauchten, die das Wasser verließen. Wenn wir einen Blick auf die Erde werfen, wie sie etwa in der Mitte des Devons ausgesehen hat, sind wir zunächst recht verwirrt – der Planet, den wir betrachten, bietet ein ganz anderes Bild als die heutige Erde. Weder die vertrauten Formen der Kontinente wie Nordamerika, Afrika oder Australien, noch die der Meere, etwa des Mittelmeers, sind zu erkennen. Es gibt Meere und Kontinente mit Gebirgszügen, Seen und großen Flüssen, aber nichts davon ist wie heute.

Wahrscheinlich sahen die Vorfahren der Landpflanzen ähnlich aus wie diese einfachen Grünalgen, die auf der Oberfläche eines Sees schwimmen.

Bei näherer Betrachtung können wir immerhin einige Puzzleteile identifizieren. Die großen Landmassen von Nord- und Südamerika, Australien und Antarktika sowie Teile Asiens sind bereits vorhanden, aber völlig anders angeordnet als heute. Das liegt daran, dass die Kontinente über Millionen von Jahren hinweg durch Kräfte tief im Inneren der Erde über den Globus verschoben wurden.

Durch diese Verschiebungen gelangten die Kontinente im Lauf der Erdzeitalter in verschiedene Klimabereiche, und dies veränderte die Umwelt ihrer Bewohner entscheidend. Seit dem Devon wanderten beispielsweise die Landflächen, die die Britischen Inseln bilden, von einer Position 30° südlich des Äquators nach Norden. Bei dieser Reise durchquerte das Gebiet in einem Zeitraum von etwa 330 Millionen Jahren mehrere Klimazonen, tropische wie polare. Die verschiedenen Lebewesen, die das Gebiet während dieser Zeit bewohnten, mussten sich an die Veränderungen der Umgebung anpassen – oder sie starben aus.

Im späten Silur und frühen Devon beherrschten zwei gewaltige Landmassen die Weltkarte: Die südlichen Kontinente Südamerika, Afrika, Antarktika, Australien und Indien bildeten gemeinsam den Superkontinent Gondwanaland, und der zweite Erdteil mit dem Namen Laurasia umfasste Nordamerika und Nordeuropa. Diese beiden waren im frühen Erdaltertum allmählich näher zusammengerückt und hatten dabei den Iapetus-Ozean verdrängt, der sie in den vorhergehenden 200 Millionen Jahren getrennt hatte, fast wie der Atlantik heute. Als Nordamerika und Nordeuropa zusammendrifteten, wurde die Erde von zahlreichen heftigen Beben erschüttert. Beim Zusammenstoß der Kontinente faltete sich das relativ weiche Sedimentgestein der Schelfmeere zu großen Gebirgen von mehr als 1000 m Höhe und 160 km Länge auf.

Obwohl Erosion und Verwitterung diese alten Gebirge schon seit nahezu 400 Millionen Jahren abtragen, kann man an ihnen den Verlauf der damaligen Kollisionslinie noch sehr gut erkennen. Vom nördlichsten Norwegen verläuft eine große Gebirgskette nach Südwesten durch Norwegen über Schottland und Nordengland nach Nordirland und von dort in den Atlantik. Rund 5000 km weiter westlich taucht die Bergkette nach der langen Unterbrechung in Neufundland wieder aus dem Meer auf, und sie setzt sich nach Südwesten in die USA durch die Neuenglandstaaten bis in die Appalachen fort.

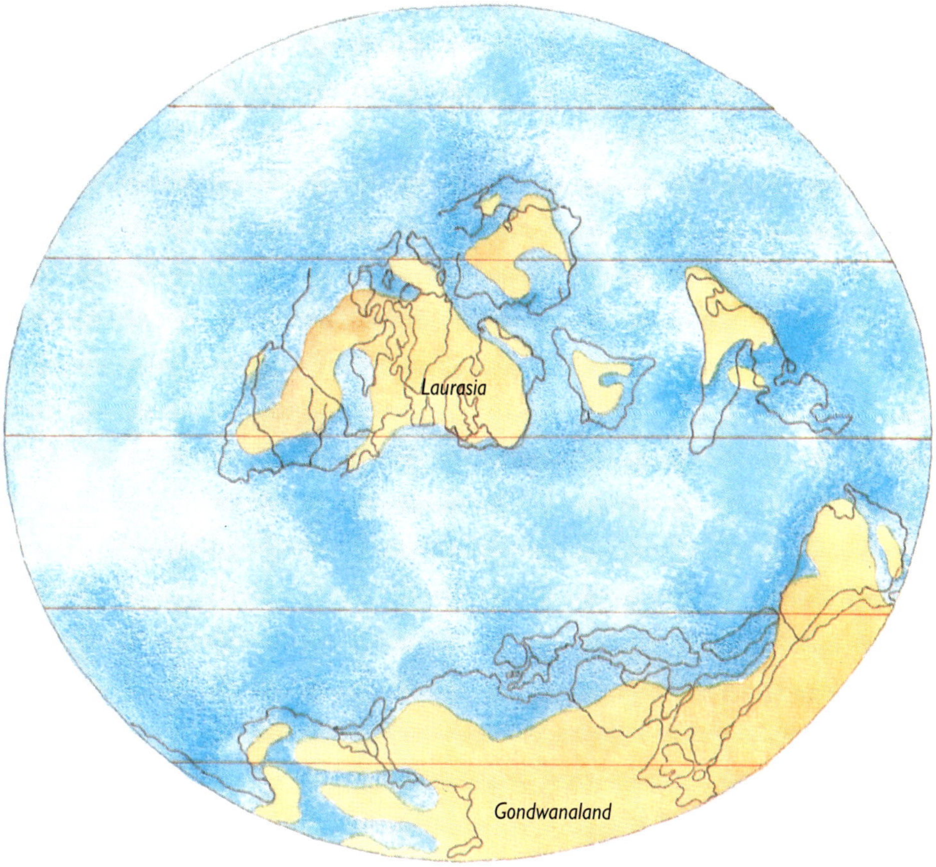

Seit der Entstehung der Erde verändert sich das Mosaik von Land und Meer ständig, da sich die Kontinentalplatten in verschiedene Richtungen bewegen. So etwa hat unser Planet vor 380 Millionen Jahren ausgesehen.

Neue Landschaften

Etwa zur gleichen Zeit, als die Gebirgsketten Laurasias entstanden, fanden entscheidende entwicklungsgeschichtliche Veränderungen statt. Vor dem Devon war das Land offenbar kaum besiedelt; zwar entwickelten sich erste fortschrittlichere Landpflanzen wie die Gattung *Cooksonia* bereits vor über 400 Millionen Jahren, aber wahrscheinlich waren diese kleinen Arten auf feuchte Umgebung beschränkt und gediehen nur dort, wo ständig Wasser zur Verfügung stand.

Fortsetzung Seite 34

IM SPÄTEN DEVON

Mehr als ein Jahrhundert mussten die Paläontologen auf der ganzen Welt forschen, bis sie genügend Informationen gesammelt hatten, um eine Landschaft aus dem späten Devon zu rekonstruieren. Auf dieser Doppelseite ist zu sehen, wie sich die Fachleute die Erde in dieser Periode nach dem heutigen Stand der Forschung vorstellen. Wenn irgendwo neue Fossilien entdeckt werden, untersuchen die Wissenschaftler deren Bau in allen Einzelheiten, analysieren die Funktion der verschiedenen Teile und versuchen so herauszufinden, in welcher Umgebung die betreffende Art lebte.

Bereits seit längerer Zeit ist bekannt, dass im Devon bereits vierfüßige Wirbeltiere an Land umherkrochen. Sie gehörten zu den Gattungen *Acanthostega* und *Ichthyostega*. In jüngster Zeit wurden einige neue Fossilien von ihnen gefunden und alte Reste neu analysiert; dabei stellte man fest, dass sich die frühen Vierfüßer überwiegend im Wasser aufhielten und sich dort weit wohler fühlten als an Land. Die Entwicklung der Gliedmaßen könnte daher mehr mit ihrem Leben in Flüssen zusammenhängen als mit der Eroberung des Lands; sie war jedoch eine Voraussetzung für die Fortbewegung auf festem Grund.

Im späten Devon fassten höhere Pflanzen auch an weniger feuchten Stellen Fuß, weit weg von Sümpfen und Flussufern. Darunter waren auch die ersten Bäume mit verholztem Gewebe, das stark genug war, um sich viele Meter über den Boden zu erheben und eine ausladende Krone zu tragen. Fossilien belegen, dass es zu dieser Zeit schon einen Nährstoffkreislauf gab. Abfälle von Pflanzen wie Schachtelhalmen, die zu den Pionierarten gehörten, Farnartigen und Bärlappen wurden von Pilzen und Bakterien zersetzt und beispielsweise von Tausendfüßern gefressen. Diese fielen wiederum großen Skorpionen zum Opfer.

1 *Archaeopteris*
2 Skorpion
3 *Sciadophyton*
4 Schachtelhalme
5 *Aglaophyton*
6 *Acanthostega*
7 *Ichthyostega*
8 *Cyclostigma* (Bärlapp)
9 *Cladoxylon* (früher Farn)
10 *Asteroxylon*
11 Tausendfüßer

8
9
7
6
5
10
11

DIE ERSTEN FEINDE DER LANDPFLANZEN

Erste Belege für Pflanzen fressende Tiere wurden in Gesteinen aus dem späten Silur und dem frühen Devon gefunden, die rund 400 Millionen Jahre alt sind.

1995 entdeckten britische Wissenschaftler in Sedimenten aus dem westlichen England, an der Grenze zu Wales, winzige Kügelchen. Lange rätselten sie, woher diese Gebilde stammten; selbst ein Rasterelektronenmikroskop konnte ihre Natur nicht sofort klären. Es zeigte allerdings, dass die winzigen Kügelchen aus dicht gepackten Pflanzensporen bestanden. Zunächst nahmen die Forscher an, dass sie abgetrennte Sporenbehälter von einfachen Landpflanzen wie *Cooksonia* vor sich hätten, doch dann erkannten sie, dass jedes Kügelchen die Sporen mehrerer Pflanzenarten enthielt – manchmal waren es neun verschiedene Formen.

Als die Botanikerin Dianne Edwards die Objekte ihrem Kollegen Paul Selden zeigte, einem Fachmann für fossile Gliederfüßer, erkannte dieser rasch, dass sie den versteinerten Kotklümpchen von Tausendfüßern glichen, den so genannten Koprolithen. Offenbar lebte im Devon ein Gliederfüßer an Land, der Ähnlichkeit mit den Tausendfüßern hatte und Sporen fraß.

Winzige versteinerte Kotstücke (links) gelten als erste Belege dafür, dass sich schon im frühen Devon Tiere von Landpflanzen ernährten. Im Raster-Elektronenmikroskop kann man erkennen, dass diese Kügelchen Hunderte von Pflanzensporen enthalten (unten).

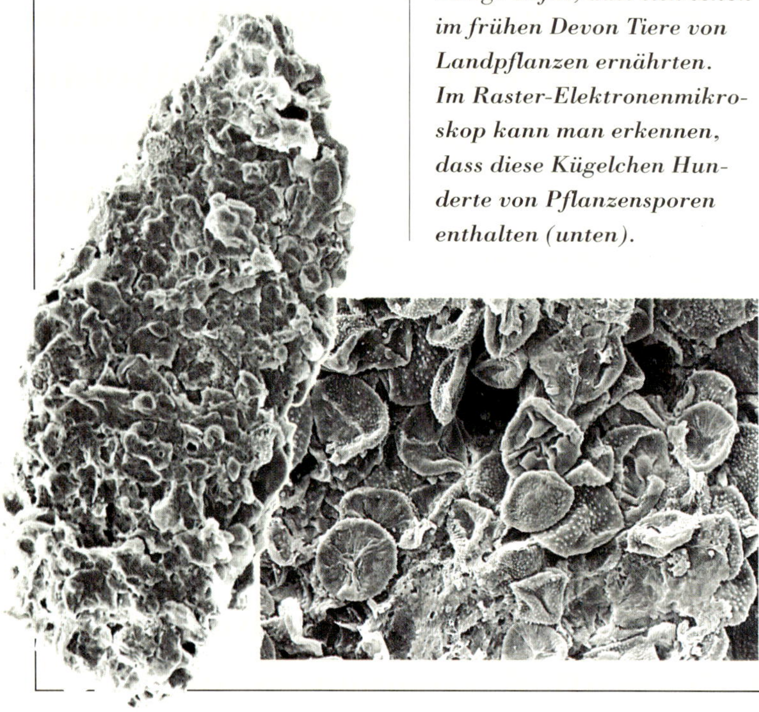

Nun war den Wissenschaftlern klar, dass sie die ersten fossilen Hinweise auf Pflanzenfresser entdeckt hatten. Ob Sporenbehälter vom lebenden Gewächs abgebissen worden waren oder ob sie von faulenden Resten am Boden stammten, blieb nach wie vor unklar.

Bei einer mikroskopischen Untersuchung erwiesen sich die Sporen als sehr gut erhalten; daraus kann man schließen, dass sie von lebenden Pflanzen stammten. Tote Pflanzen zersetzen sich am Boden sehr rasch und werden von Pilzen und Bakterien abgebaut. Vermutlich ernährten sich die unbekannten Pflanzenfresser in erster Linie vom Gewebe der Sporenbehälter, denn die Sporen selbst passierten den Darm der Tiere, ohne verdaut zu werden. Sie waren für die Gliederfüßer vielleicht nichts weiter als „Ballaststoffe".

Tiere, die tote Pflanzenteile verzehrten, wie Tausendfüßer (oben), fanden im Devon an Land reiche Nahrung. Andere Tiere nagten lebende Sprosse an; dies belegen verheilte Verletzungen an einer versteinerten Pflanze im Kieselschiefer von Rhynie in Schottland (unten).

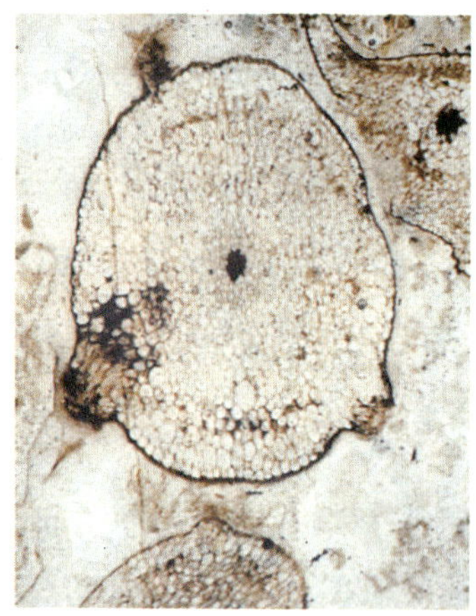

Da die empfindlichen Gewächse nicht ins Landesinnere vordringen konnten, schufen sie nur einen schemenhaften grünen Saum, der sich an sumpfigen Flussufern entlangzog. Überall sonst auf dem Superkontinent Laurasia, der am Äquator lag und daher heiß und trocken war, konnten zu dieser Zeit noch keine Lebewesen existieren. Dies änderte sich im Devon.

Das Überleben an Land war für Organismen aus dem Wasser sehr risikoreich. Sie mussten sich gegen Überhitzung, Austrocknung und die gefährlichen ultravioletten Strahlen schützen; außerdem enthielt die Atmosphäre damals noch zehnmal so viel Kohlendioxid wie heute. Bei der Fortbewegung mussten sie die Schwerkraft überwinden. Die Sinnesorgane der Tiere, die auf das Meer spezialisiert waren, mussten sich den völlig neuen Bedingungen an Land anpassen. Am wichtigsten war jedoch, dass die Tiere Nahrung fanden.

In Anbetracht dieser Hindernisse scheint es erstaunlich, dass sich überhaupt Tiere bemühten, das Meer zu verlassen und in die unsichere Welt von Luft und Erde vorzudringen. Wahrscheinlich wurden sie durch den zunehmenden Feinddruck im Flachmeer des Silurs gezwungen, sich eine neue Nische zu suchen, wo sie sich ungestört entwickeln konnten. Die weiten, offenen Flächen der Kontinente boten sich diesen Pionieren zur Besiedlung an. Sie mussten nur zäh genug, anpassungsfähig und entsprechend ausgerüstet sein, um mit diesen Bedingungen zurechtzukommen.

Letztlich hängt alles Leben auf der Erde von Pflanzen ab. Sie können aus Licht, Luft und Wasser organische Substanzen aufbauen, und von diesen Stoffen leben alle anderen Organismen. Die Pflanzen nehmen das für Tiere giftige Kohlendioxid aus der Atmosphäre auf und setzen stattdessen Sauerstoff frei. Die Tiere konnten daher das Land nur besiedeln, nachdem sich Pflanzen dort ausgebreitet hatten. Genau dies legen auch die Fossilbelege nahe. Als im mittleren Silur, vor mehr als 420 Millionen Jahren, *Cooksonia* auftauchte, war der erste Schritt zu dieser Besiedlung getan.

Wie die ersten Pflanzen entdeckt wurden

Winzige Bruchstücke pflanzenartiger Fossilien wurden schon vor über 150 Jahren westlich von Birmingham gefunden, unweit der Grenze zu Wales. Von dort stammen auch die ältesten Fossilien echter Landpflanzen, die die Paläontologen erst 1990 ausgruben. Um zu beweisen, dass sie eine landlebende Art vor sich hatten, suchten sie an der Oberfläche der Sprosse nach den charakteristischen Atemporen, den Spaltöffnungen, und im Inneren der Stängel nach den so genannten Tracheiden. Diese langen stützenden Elemente ermöglichen es den Pflanzen, aufrecht zu wachsen und gleichzeitig Wasser und Nährstoffe aus dem Boden durch den Spross nach oben zu leiten. Das ungefähr 410 Millionen Jahre alte *Cooksonia*-Fossil, das die Forscher in einem kleinen Steinbruch bei dem Dorf Stoke Erith in der englischen Grafschaft Herefordshire fanden, hatte sowohl Spaltöffnungen als auch Tracheiden. Zudem trug die Pflanze Sporenkapseln am Ende des gegabelten Sprosses; auch dies weist darauf hin, dass sie an Land lebte, weil Sporen vom Wind verbreitet werden. Anhand der Sporen in den Kapseln konnte man das Fossil als *Cooksonia pertoni* bestimmen.

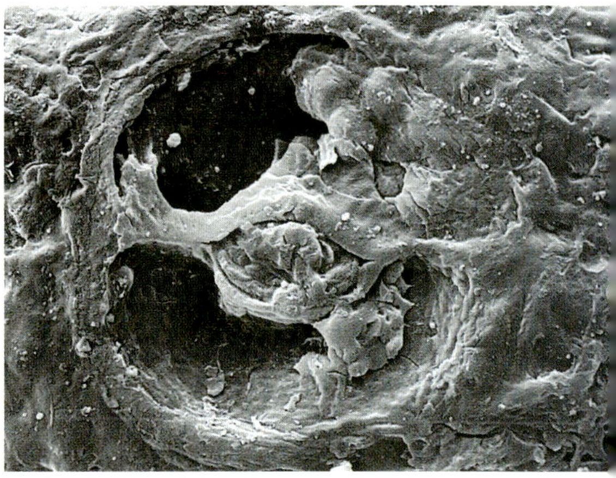

Ebenso wie die heutigen Landpflanzen besaß Cooksonia *Spaltöffnungen, durch die sie Gase aufnahm und abgab. Bei einigen Fossilien sind diese mikroskopisch kleinen Poren sehr gut erhalten.*

Genauere Informationen zu den ersten Landpflanzen stammen von den Feldern um Rhynie, einem Dorf in Nordostschottland. Im Jahr 1913 stieß man dort in einer Steinmauer, die ein Feld umgab, zufällig auf eine Fossilienquelle: hartes, feuersteinartiges Gestein namens Kieselschiefer. Bei näherer Untersuchung stellten Geologen fest, dass es Pflanzenfossilien enthielt, darunter auch eine *Cooksonia*-Art. Der glasartige Kieselschiefer lässt sich mit einer Diamanten-Steinsäge in extrem dünne, durchscheinende Scheiben schneiden, sodass der Feinbau der darin enthaltenen Fossilien sichtbar wird. Die Pflanzen sind sehr gut erhalten,

Diese drei Moorpflanzen aus dem frühen Devon – Rhynia, Asteroxylon *und* Aglaophyton *– bildeten Sporen in speziellen Organen an den Sprossenden. Wenn die Sporen reif waren, vertrauten die Pflanzen sie dem Wind an.*

Moose sind eine sehr alte Gruppe von Landpflanzen und bildeten schon im Devon Polster an feuchten Stellen. Aufgrund ihres einfachen Baus wurden sie aber nur wenige Zentimeter hoch und stellten keine Konkurrenz für die höher entwickelten Pflanzen dar.

weil sie in diesem Gestein nicht zerquetscht wurden. Dank der schonenden Versteinerung sind an den 390 Millionen Jahre alten Pflanzen erstaunliche anatomische Details zu beobachten.

Durch Grabungen bei Rhynie stellten die Geologen fest, dass der Kieselschiefer zwischen Sedimentschichten aus dem frühen Devon lag. Sie identifizierten darin 22 Arten ursprünglicher Pflanzen und mehrere Arten landlebender Gliederfüßer, die bisher ausschließlich von diesem Fundort bekannt sind. Zusammen mit verschiedenen Algen und Pilzen bildeten diese Organismen die älteste Lebensgemeinschaft an Land, die von den Paläontologen rekonstruiert werden kann. Manche der Pflanzen weisen sogar Verletzungen auf, wie sie Insekten hinterlassen, wenn sie Pflanzensaft saugen. Die vielleicht interessanteste Art, die bei Rhynie gefunden wurde, ist *Asteroxylon*, der erste bekannte Vorfahr der Bärlappe.

Grüne Vielfalt

Innerhalb von weniger als 50 Millionen Jahren entwickelten sich aus diesen einfachen Formen alle Hauptgruppen von Gefäßpflanzen (sie enthalten Leitgefäße für den Transport von Flüssigkeit) mit Ausnahme der Bedecktsamer. So breiteten sich im Devon Schachtelhalme, farnartige Pflanzen, Gewächse mit verschiedenen Blättern, Samenpflanzen und sogar die ersten baumförmigen Arten aus.

Auch unter den Pflanzen gab es nun heftige Konkurrenz um die besten Plätze. Ständig entwickelten sich neue Arten, die den anderen in bestimmten Punkten überlegen waren. Vor allem der Kampf um das Licht führte zu zahlreichen Neuerungen. Damit die Pflanzen höher werden konnten als die ursprünglichen Arten, musste ihr Spross komplizierte Gewebe enthalten. Im Devon verfügten schon einige Pflanzen über diese

Aus dem Devon stammt dieses Fossil einer farnartigen Pflanze namens Archaeopteris, *die in Ton konserviert wurde. Stängel und Blätter sind daran deutlich zu sehen.*

Strukturen, sodass gegen Ende dieses Erdzeitalters die ersten Wälder mit Höhen von 20 m und mehr entstehen konnten. Um den Transport von Wasser, Nährstoffen und Kohlenhydraten in alle Teile der Pflanze zu gewährleisten, besaßen die Bäume spezielle Gewebe.

Aus heutiger Sicht war die Entwicklung der ersten Samenpflanzen besonders wichtig. Davor waren alle Pflanzen bei der Fortpflanzung darauf angewiesen, dass die männlichen Keimzellen schwimmend zum weiblichen Fortpflanzungsorgan gelangten. Im Unterschied dazu werden bei den Samenpflanzen, die im Devon entstanden, die männlichen Keimzellen als Pollen vom Wind zu den Eizellen getragen. Dies erlaubt es den Pflanzen, sich auch in einer trockenen Umgebung fortzupflanzen – eine Voraussetzung für die Entstehung einer üppigen Flora im Karbon.

Als das Land ergrünt war, konnten die Pflanzenfresser das Wasser verlassen. Sie fanden allerdings keine leicht verdauliche Nahrung vor, sondern Organismen, die widerstandsfähige Zellwände aus unverwertbarer Zellulose entwickelt hatten. Diese Substanz konnten die Tiere nicht selbst abbauen; sie benötigten dazu die Hilfe von Bakterien, die sie in ihrem Verdauungssystem beherbergten. Erst als die landlebenden Tiere eine Symbiose mit den Darmbakterien eingegangen waren, konnten sie von halb zersetzten Pflanzenabfällen zu frischem Grünfutter übergehen.

Hinein in die Flüsse

Die Tiere gingen nach bisherigen Erkenntnissen nicht direkt aus dem Meer an Land, sondern drangen zunächst über die Flüsse in die Kontinente vor – genau wie es Forschungsreisende in fremden Gefilden tun. Doch dabei mussten sie ein Problem lösen: Das Süßwasser enthielt weit weniger Salz als das Meer und als ihre Körperflüssigkeit, und darauf war ihr Stoffwechsel nicht eingerichtet. Wenn ein Lebewesen aus dem Salzwasser in einen Fluss gelangt, dringt immer mehr Wasser durch die halb durchlässige Haut in seinen Körper ein, bis ein Gleichgewicht im Salzgehalt eingestellt ist. Die ersten Süßwasserbewohner benötigten eine Möglichkeit, dieses überschüssige Wasser loszuwerden. Bei den Wirbeltieren übernahmen die Nieren diese Aufgabe.

Am leichtesten konnten sich diejenigen Arten, die in der Nähe von Flussmündungen lebten, an den anderen Salzgehalt anpassen. Gliederfüßer wie Tausendfüßer und Seeskorpione mit ihren widerstandsfähigen

ERSTE FUSSSPUREN

Die ältesten Fußspuren der Welt an Land fanden britische Geologen in 450 Millionen Jahre altem Gestein aus dem Nordwesten Englands. Diese Abdrücke bestehen aus zwei parallelen Linien, die weniger als 1 cm auseinander liegen. Jede setzt sich aus winzigen, paarigen, dreieckigen Einkerbungen zusammen, die von einer Reihe spitz zulaufender Füßchen stammen.

Leider waren keinerlei fossile Überreste der zugehörigen Tiere erhalten. So konnten die Paläontologen nur herausfinden, wer die Spuren hinterlassen hatte, indem sie deren Verlauf untersuchten und mit ähnlichen Spuren lebender Organismen verglichen. Dabei fanden die Fachleute heraus, dass die fossilen Fußabdrücke von vielbeinigen Tieren stammten, deren paarige Gliedmaßen so kräftig waren, dass sie den Körper über das weiche Sediment anheben konnten. Die Anzahl der Gliedmaßen deutete darauf hin, dass es sich um segmentierte Lebewesen handelte, nicht um Tiere mit weichem Körper – wahrscheinlich ähnelten sie den heutigen Hundertfüßern. Diese altertümlichen Organismen lebten in einer Zeit, in der Nordwestengland zu einem Bogen aktiver Vulkaninseln gehörte, wo sich die Landschaft ständig änderte.

Auch in silurischen Sandsteinen Westaustraliens, die rund 30 Millionen Jahre jünger sind, wurden Spuren entdeckt. Die größten von ihnen – sie sind etwa 8 cm breit – haben Seeskorpione hinterlassen, die bis zu 2 m lang waren. Kleinere Spuren stammen von Euthycarcinoiden, die zu den Krebstieren gehören; sie waren 5 cm lang und besaßen zehn oder zwölf Beinpaare.

All diese fossilen Spuren deuten darauf hin, dass einige Gruppen von Gliederfüßern sehr viel früher ins Süßwasser einwanderten und sich an das Leben an der Luft anpassten, als man früher angenommen hatte. Diese Fähigkeit erlaubte es ihnen schließlich, das Land zu erobern und ständig dort zu überleben.

So unscheinbar diese Spuren auch aussehen, die vor etwa 450 Millionen Jahren Gliederfüßer auf feuchtem Ton hinterließen – sie beweisen, dass damals schon Tiere an Land lebten.

Außenskeletten gehörten zu den am besten ausgerüsteten Pionieren für diese gefährlichen Reisen, danach die Fische und die Muscheln. Viele der Tiere ernährten sich von Süßwasserpflanzen, Algen, mikroskopisch kleinen pflanzlichen Organismen und Zersetzungsprodukten. Ihnen folgten Fleischfresser, meist Kiefer tragende Fische, die im Silur im Meer gelebt hatten und von denen im Devon einige Arten in den Süßgewässern auftauchten.

Ein Problem für die Bewohner von Flüssen ist die Unbeständigkeit dieser Lebensräume. Der Wasserstand hängt stark von den Regenfällen ab, die je nach Jahreszeit ganz unterschiedlich ausfallen, und kann daher enorm schwanken; manchmal trocknen diese Gewässer sogar für mehrere Monate im Jahr völlig aus. Außerdem ändern Flüsse immer wieder ihren Lauf. Tiere, die in dieser Umgebung leben, müssen mobil sein und mit geringem Sauerstoffgehalt im Wasser zurechtkommen können. Einen Vorteil haben dabei die Arten, die in der Lage sind, Sauerstoff direkt aus der Atmosphäre aufzunehmen. Auch im Devon gab es Tiere mit dieser Fähigkeit, die zugleich die Voraussetzung für das Leben an Land war.

Heutige Amphibien wie Salamander, Frösche und Kröten sind meist an Land genauso zu Hause wie im Wasser; zur Fortpflanzung müssen aber fast alle ins nasse Element zurückkehren. Ganz anders verhalten sich die Reptilien unserer Zeit, die im allgemeinen besser an das Leben an Land angepasst sind. Schildkröten und Krokodile halten sich zwar gern im Wasser auf, müssen ihre Eier aber an Land ablegen. Man könnte daher erwarten, dass die ersten Landwirbeltiere Amphibien waren, aus denen sich später Reptilien entwickelten. Doch wie sahen diese Tiere aus?

Überraschenderweise wurden die ältesten bekannten Vierfüßerfossilien in der eisigen Wildnis Grönlands gefunden. Die rie-

Die Wirbeltiere des Lands können auf eine lange Geschichte zurückblicken. Sie begann bereits in den Meeren des Kambriums, als sich bei manchen Lebewesen eine Wirbelsäule entwickelte. Diese aal- oder wurmförmigen Organismen, die Conodonten-Tiere, lebten während des Ordoviziums und des Silurs, vor 510 bis 410 Millionen Jahren. Aus ihnen entstanden vermutlich die höher entwickelten Wirbeltiere – zunächst eine ganze Reihe seltsam gestalteter kiefer- und zahnloser Fische. Die Stachelhaie oder Acanthodier aus dem Silur waren die ersten Formen, die Kiefer und Zähne besaßen; kräftige Strahlen mit spitzen Stacheln stützten ihre Flossen.
Im frühen Devon wanderten die ersten Fische ins Süßwasser, und einige Quastenflosser wie Eusthenopteron *wiesen paarige muskulöse Flossen im Schulter- und Beckenbereich auf, aus denen im Devon die Gliedmaßen der ersten Vierfüßer wie* Acanthostega *und* Ichthyostega *hervorgingen. Sie waren die ersten Wirbeltiere, die sich außerhalb des Wassers fortzubewegen vermochten.*

sige Insel bildete im Devon einen Teil des großen neuen Kontinents Laurasia und lag viel weiter südlich als heute. Eine Gruppe von Dänen fand die versteinerten Knochen zufällig im Jahr 1897, als sie nach dem vermissten Forscher Salomon Andrée suchten, der sich mit einem Heißluftballon auf den Weg zum Nordpol gemacht hatte.

Fortschritt auf vier Beinen

Erst 30 Jahre später wurde den Paläontologen klar, wie entscheidend dieser Zufallsfund aus der Kälte für das Verständnis von der Evolution der Landwirbeltiere war. Der schwedische Paläontologe Gunnar Säve-Söderbergh reiste daraufhin jeden Sommer zu den 360 Millionen Jahre alten Sandsteinen tief in der Schneewüste Ost-Grönlands, wo er mehrere Schädel fand. 1948 grub sein Assistent Erik Jarvik nach und nach die meisten Teile eines Skeletts aus. Es war das älteste damals bekannte Wirbeltier mit vier gut entwickelten Gliedmaßen – *Ichthyostega*. Der Vierfüßer hatte eine Länge von rund 1 m und ähnelte einem Salamander; er lebte und starb in einem Fluss der großen devonischen Landmasse. Erik Jarvik untersuchte bis vor wenigen Jahren den Körperbau von *Ichthyostega* im Detail.

Heute gilt dieses Lebewesen jedoch nicht mehr als erster Vierfüßer; in Ost-Grönland sind inzwischen weitere, zum Teil noch primitivere Arten aufgetaucht. Im kurzen arktischen Sommer von 1987 entdeckte die englische Wissenschaftlerin Jenny Clack die fossilen Überreste eines weiteren 1 m langen, salamanderähnlichen Lurchs, der noch älter war als *Ichthyostega*. Er erhielt den Namen *Acanthostega*.

***Sobald sich diese ersten Vierfüßer an Land niedergelassen hatten, schritt die Evolution rasch weiter. Mehrere krokodilgestaltige Vierfüßer entstanden, und im Lauf des Karbons tauchten die ersten Reptilien auf, beispielsweise* Hylonomus.**

Acanthostega zeigte ebenso wie *Ichthyostega* noch einige Fischmerkmale, vor allem den langen, abgeplatteten Schwanz und innere Kiemen. Selbst die Struktur der Gliedmaßen legt nahe, dass *Acanthostega* besser schwimmen und am Grund der Gewässer nach Nahrung wühlen konnte als auf festem Boden laufen. Dennoch war er dank seiner Beine sehr gut in der Lage, in einem austrocknenden Flusslauf über den feuchten Schlamm zu kriechen, um etwa einen wassergefüllten Tümpel zu suchen. Vielleicht dienten ihm die Gliedmaßen auch bei der Jagd auf kleine Beutetiere, die er außerhalb des Wassers fand. Eines hatten die Paläontologen bei *Acanthostega* aber nicht erwartet: An seinen Füßen zählten sie acht bzw. sieben Zehen statt der fünf, die zuvor als typisch für die ersten Vierfüßer gegolten hatten.

Gegen Ende des Devons, als sich die ersten Amphibien entwickelten, lebten im Meer und im Süßwasser viele Arten von Fischen, kieferlose ebenso wie Kiefer tragende. Nur die Fische mit Kiefer konnten zur räuberischen Lebensweise übergehen; die Kieferlosen legten sich einen schützenden Panzer zu, um diese Jäger abzuwehren. Von den vielen Gruppen Kiefer tragender Knochenfische wiesen nur wenige die anatomischen Voraussetzungen auf, die eine Entwicklung zu Vierfüßern ermöglichten. Um sich auf ihre Beine stützen zu können, brauchten die Tiere Knochen, und um den Körper über den Boden heben zu können, benötigten sie kräftige Muskeln. Die Knochen, die die Gliedmaßen stützten, mussten fest mit der Wirbelsäule verbunden sein. Man kann den Körper eines landlebenden Vierfüßers mit einer Hängebrücke verglei-

Das heutige Grönland war im Devon eine grüne Landschaft mit tropischem Klima und vielen Flüssen. An den Ufern lebte der Vierfüßer Acanthostega, *dessen Reste in Grönland gefunden wurden (unten). Daraus versuchten Wissenschaftler das Tier zu rekonstruieren (rechts). An den Vorderbeinen hatte es acht, an den Hinterbeinen sieben Zehen, mit denen es schlammige Flussufer erklomm.*

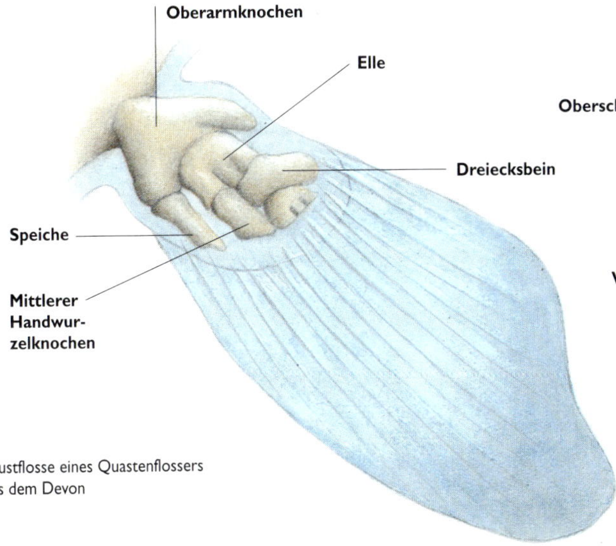

Brustflosse eines Quastenflossers aus dem Devon

Hinterbein von *Ichthyostega*

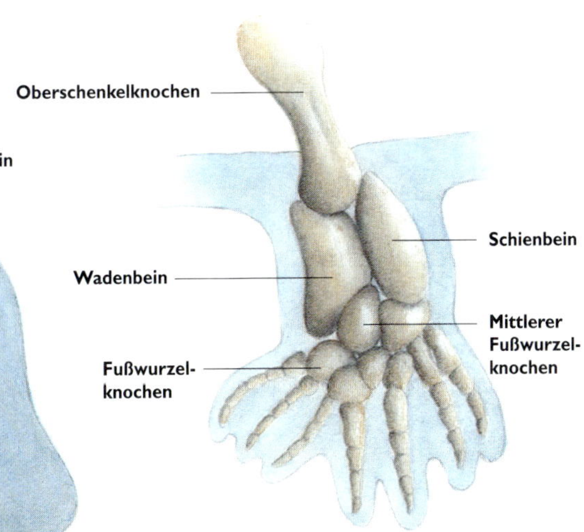

Auch wenn die Flosse eines Quastenflossers und das Bein eines Vierfüßers äußerlich kaum Gemeinsamkeiten aufweisen, enthalten sie fast die gleichen Skelettelemente. Beim Übergang vom Wasser- zum Landleben änderten sich ihre Form und Größe.

Bei genauer Untersuchung versteinerter Gliedmaßen der ältesten Vierfüßer wie **Ichthyostega** ***(oben) fanden die Wissenschaftler heraus, dass die Tiere mehr als fünf Zehen besaßen.***

chen, bei der die Hauptmasse an einem flexiblen Querbalken hängt, der von zwei Säulenpaaren gestützt wird.

Das Gliedmaßenskelett der Vierfüßer unterschied sich durch diese Grundstruktur beträchtlich von dem der Fische. Einige Kiefer tragende Fische aus dem Devon besaßen jedoch bereits Merkmale, die die Entwicklung in diese Richtung andeuten: lange, paarige Flossen mit kräftigen inneren Stützelementen sowie Schulter- und Beckengürtel zur Befestigung dieser Knochen an der Wirbelsäule. Solche Besonderheiten im Skelett findet man beispielsweise bei Fleischflossern, zu denen die Lungenfische und die Quastenflosser gehören. Paläontologen halten den Quastenflosser *Eusthenopteron*, der bereits die Knochen für die Beine der Vierfüßer besaß, für den Vorgänger der Landtiere. Allerdings lebte *Eusthenopteron* als Fisch nur im Wasser und hätte seinen Körper mit den Flossen an Land nicht tragen können. Analysen von Erbmaterial weisen neuerdings darauf hin, dass die Lungenfische den Landwirbeltieren näher stehen als die Quastenflosser.

Auch wenn die Ahnenreihe noch bei weitem nicht vollständig ist – die Paläontologen gehen davon aus, dass während des Devons räuberische Fische in die Flüsse und Seen einwanderten und sich dabei von Wasserpflanzen und Kleintieren ernährten, die sich bereits vorher dort angesiedelt hatten. Die Lebensbedingungen waren in dieser neuen Umwelt ganz anders, sodass die Tiere ganz neue Formen und Spezialisierungen entwickeln mussten. Fische, die über muskulöse, gliedmaßenähnliche Flossen verfügten, fanden sich in dem fremden Lebensraum besonders gut zurecht und breiteten sich aus. Einige gingen auch ans Ufer, um Feinden auszuweichen, Beutetiere zu verfolgen oder von einem Gewässer in ein anderes zu wechseln. So entstanden die Amphibien.

Quastenflosser lebten im Devon nicht nur im Meer; dieser in Sandstein erhaltene **Osteolepis** ***gehörte zu den Formen des Süßwassers.***

WÄLDER DER VERGANGENHEIT

Die ersten Wälder auf unserem Planeten gestalteten ganz neue Landschaften und reicherten die Luft weiter mit Sauerstoff an. Sie prägen noch heute unser Leben – als Kohle. Wenn diese verbrannt wird, nähert sich die Zusammensetzung der Luft langsam dem alten Zustand an.

Auf das Devon folgte das Erdzeitalter des Karbons, das vor etwa 360 Millionen Jahren begann und vor 290 Millionen Jahren endete. Der Name dieser Periode kommt von dem lateinischen *carbo*, das „Kohle" bedeutet. Das hat einen einfachen Grund: Die Steinkohlevorräte der Erde entstanden in dieser Zeit. In Schächten, die zum Abbau der Kohle gegraben wurden, fand man zahlreiche Fossilien, die uns ein gutes Bild von der faszinierenden Tier- und Pflanzenwelt des Karbons vermitteln.

Die sumpfigen Wälder, in denen die Kohle entstand, boten neue Möglichkeiten, neue Lebensräume und neue Nahrungsquellen und waren daher schon bald erfüllt von Tieren – Insekten und anderen Kleintieren ebenso wie Amphibien und Reptilien. Aber auch in anderer Hinsicht gab es im Karbon große Veränderungen.

In der ältesten Phase, dem Unterkarbon, stieg der Spiegel der Ozeane. Viele tief gelegene Küstenregionen der alten Landschaft aus dem Devon wurden überflutet und verwandelten sich in Flachwasserzonen und Schelfmeere. In den flachen tropischen Gewässern, die das heutige Nordamerika und große Teile Westeuropas damals umgaben, entstanden riesige Riffe und andere Kalkstrukturen. In den Meeren wimmelte es von allerlei neu entstandenen Tierarten, von Muscheln und Korallen bis zu einer Vielzahl von Knochen- und Knorpelfischen, darunter auch einigen ursprünglichen Haien.

Jüngste Entdeckungen im Osten Schottlands lieferten interessante Einblicke in die Lebewesen, die die Kontinente im frühen Karbon besiedelten. Zu jener Zeit bildete Schottland einen Teil des Gebirgsgürtels, der sich von Skandinavien bis nach Nordamerika zog. Die Stelle am Meer, wo heute Edinburgh liegt, befand sich damals weit im Landesinneren an den bewaldeten Hängen einer Bergkette.

Ein Fenster in eine andere Welt

Das Schloss von Edinburgh liegt auf den Resten eines Vulkans, der vor rund 340 Mil-

Kaum zu übersehen: Bei diesem Fossil aus dem Karbon handelt es sich um einen Skorpion. Er gehört zur Gattung Pulmonoscorpius.

Baumfarne prägen noch heute das Gesicht mancher Wälder, beispielsweise in Neuseeland. Ähnliche Pflanzen wuchsen schon in den Sumpfwäldern des Karbons, die später zu Kohle wurden.

lionen Jahren die ganze Region beherrschte. Er stieß gelegentlich Aschewolken aus und spie Lava. Das glühende Gestein in der Erde erhitzte das Grundwasser, das in heißen Mineralquellen und Seen an die Oberfläche stieg. Die Asche wurde vom Regen in die Flüsse und Seen geschwemmt. Das Wasser in diesen Seen war giftig, sodass sich dort keine Lebewesen ansiedeln konnten, aber manchmal fielen Tiere hinein und starben. Da sie nicht zersetzt wurden, blieben sie als Fossilien hervorragend erhalten.

Über einen dieser Seen am Fuß des Vulkans wissen die Forscher recht gut Bescheid; die Sedimente, die dort abgelagert wurden, findet man heute als Kalkstein im Steinbruch von East Kirkton, in einem Vorort Edinburghs. 1984 entdeckte Stanley Wood, ein professioneller Fossiliensammler, das 338 Millionen Jahre alte Kalkgestein in einer Mauer. In den folgenden Jahren trug er einen Teil der Mauer Stein für Stein ab, und 1988 machte er tatsächlich einen sehr interessanten Fund: einen 20 cm langen Vierfüßer mit der Gestalt einer Eidechse. *Westlothiana lizziae*, wie das Fossil genannt wurde, erlangte weltweite Berühmtheit und rief vielfältige Spekulationen über die Evolution der Reptilien hervor. Später wurde noch ein weiteres Exemplar dieser Tierart gefunden. Oberflächlich ähnelt *Westlothiana lizziae* einer kleinen Eidechse mit langem Schwanz, kleinen Zähnen und seitwärts gerichteten Gliedmaßen, doch ihre genaue Einordnung in das System der Reptilien ist noch nicht geklärt. Wahrscheinlich lebte das Tier im Laub am Waldboden und jagte dort kleine Wirbellose mit weichem Körper.

***Westlothiana lizziae** wurde zunächst als das älteste Reptil eingeordnet, doch nach neueren Untersuchungen handelt es sich um einen urtümlicheren Vierfüßer.*

In East Kirkton wurden auch zahlreiche Gliederfüßer des Karbons gefunden, darunter Eurypteriden, Skorpione, Tausendfüßer und der älteste bekannte Weberknecht – alle gut erhalten in feinkörnigem Kalkgestein. Die Skorpione, von denen einige bis zu 28 cm lang sind, gehören zu den interessantesten Tieren; sie waren offenbar die ersten vollständig landlebenden Arten, die den Sauerstoff direkt aus der Luft aufnehmen konnten. Vorher hatten die Paläontologen gedacht, die Skorpione aus dem Karbon seien Wasserbewohner gewesen, doch *Pulmonoscorpius* aus East Kirkton besaß bereits Buchlungen wie die heutigen Skorpione.

Fortsetzung Seite 46

HOCH HINAUS

Tropische Regenwälder gab es schon im Karbon – sie waren die ersten ausgedehnten Wälder der Erde. Intensive Sonnenbestrahlung, ganzjährige Wärme und üppige Niederschläge förderten das Wachstum der Pflanzen und damit auch die Konkurrenz: Jede Pflanze versuchte die anderen zu überwuchern. Je schneller und je höher sie wuchs, desto mehr Licht konnte sie einfangen. Riesenbärlappe wie *Sigillaria* und *Lepidodendron*, deren Stämme ein typisches Rautenmuster aufwiesen, Schachtelhalme mit gegliederten Stämmen *(Calamites)*, Farne *(Psaronius)* und die Nacktsamer-Gruppe der Cordaiten *(Cordaites)* bildeten das obere Kronendach. Von den Bäumen hingen Farnsamer wie Lianen herab, und andere Vertreter dieser Gruppe bildeten mit echten Farnen den Unterwuchs.

In diesen Sumpfwäldern lebten Riesentausendfüßer (*Arthropleura*, Mitte unten), Hundertfüßer (Mitte links) und Schaben (*Archimylacris*, Mitte rechts), die vermodernde Pflanzen fraßen. Ihre Feinde waren Spinnen (*Graeophonus*, unten rechts), Riesenlibellen *(Meganeura)* und die ersten echten Reptilien *(Hylonomus)*. Am Wasser jagten Skorpione (*Paraisobuthus*, unten links) und Amphibien wie *Dendrerpeton* (unten rechts).

Die Pflanzenmasse auf einem Quadratmeter Wald betrug ein Vielfaches von der aller anderen Vegetationstypen. Den Großteil dieser Masse machten Kohlenhydrate aus, die die Pflanzen durch Photosynthese aus Kohlendioxid und Wasser aufbauten. Dazu entzogen sie der Luft riesige Mengen von Kohlenstoff, den sie in organischen Substanzen banden. Als „Abfallprodukt“ dieser Prozesse entstand Sauerstoff, dessen Konzentration in der Atmosphäre zunahm.

Wenn die Pflanzen starben, sammelten sie sich in Schichten aus Torf, Sand und Schlamm. Mit der Zeit wurde die gesamte Masse zusammengepresst und in Kohle umgewandelt. Seit etwa 200 Jahren nutzen wir die fossilen Brennstoffe aus dem Karbon und führen der Atmosphäre dadurch wieder Kohlendioxid zu. Seither ändert sich nicht nur die Zusammensetzung der Atmosphäre, sondern auch das globale Klima.

Dieser Bärlapp aus einem Feuchtgebiet des Karbons ist von heutigen Arten kaum zu unterscheiden.

Diese Atemorgane bestehen aus zarten, kiemenähnlichen Lamellen, die in Taschen an der Bauchseite liegen. Außerdem besaßen die Skorpione des Karbons Schreitbeine und ein ausgezeichnetes Sehvermögen für die Jagd am Tag.

In den Ablagerungen aus dem Karbon fand man auch viele Amphibien, darunter die ältesten Temnospondyli, die bis in die untere Kreide, mehr als 200 Millionen Jahre lang, überlebten und sich in über 30 Familien und 170 bekannte Gattungen aufspalteten. Die meisten Fossilien von East Kirkton aus dieser Gruppe gehören zur Art *Balanerpeton woodi,* die etwa 50 cm lang wurde. Wahrscheinlich verbrachte dieses Tier die meiste Zeit an Land und kehrte nur zur Fortpflanzung ins Wasser zurück. Es konnte sicher Schall wahrnehmen, der durch die Luft übertragen wurde; darauf deutet ein dünnes Knöchelchen im Ohr des Tiers hin, das hohe Töne vom Trommelfell zum Innenohr leitete. Wie bei den meisten landlebenden Tieren waren seine Fuß- und Handwurzelknochen verwachsen, was ihnen zusätzliche Stabilität verlieh. Insgesamt ähnelte *Balanerpeton* sehr den heutigen Salamandern, die den größten Teil ihres Lebens auf dem Trockenen verbringen.

Seit seiner Entdeckung wurde der Steinbruch von East Kirkton von zahlreichen Fachleuten durchsucht. Sie fanden viele gut erhaltene Tiere und Pflanzen, wobei unter Letzteren die Farne und Bärlappe dominierten. Zu diesen Gruppen gehören die erfolgreichsten Pflanzen des Karbons. East Kirkton zählt heute zu den bedeutendsten paläontologischen Fundorten der Welt.

Insektenleben

Ein Steinbruch ist für einen Wissenschaftler wie ein Fenster, das ihm manchmal Einblicke in das Leben der Vergangenheit gewährt. Auch die Frühgeschichte der Insekten konnten sie auf diese Weise ergründen. Insekten sind die bei weitem erfolgreichsten vielzelligen Lebewesen aller Zeiten. Ihre Gesamtzahl wird heute auf rund eine Trillion (10^{18}) Individuen geschätzt, die sich auf etwa eine Million bekannter Arten verteilen; tatsächlich dürfte es heute aber nach Schätzungen von Fachleuten zwischen 3 und 30 Millionen Insektenarten geben.

Die ersten echten Insekten, die den Paläontologen bekannt sind, stammen aus dem Karbon; man kann allerdings davon ausgehen, dass ihre Entstehung weiter zurückliegt und dass bisher nur noch keine älteren Fossilien gefunden wurden. Da es sehr wenige versteinerte Insekten gibt, ist ihre Stammesgeschichte schwer zu rekonstruieren. Nur Tiere mit stabilem Außenskelett wie Käfer blieben recht gut erhalten. Außerdem sind

Einem Tausendfüßer ähnelt das links abgebildete kleine Tier mit den vielen Segmenten und gegliederten Beinen in Schluffstein. Vielleicht war es eines der Beutetiere von Balanerpeton woodi *(rechts), der ebenfalls in den Wäldern des Karbons lebte und sich meist an Land aufhielt.*

die meisten Insekten sehr klein. Damit sie fossilisieren können, müssen sie ins Wasser gelangen und im Sediment abgelagert werden. Die Außenskelette der Tiere sind jedoch sehr empfindlich und werden durch schnell fließende Flüsse leicht zerstört; das bedeutet, dass sie nur in langsam fließenden, schlammigen Gewässern erhalten bleiben können. Auf solche Sedimentschichten konzentrieren sich daher die Paläo-Entomologen – Wissenschaftler, die sich mit fossilen Insekten befassen.

Bei der systematischen Durchsuchung einer alten Kohlengrube bei Lower Writhlington in Südwestengland stießen die Forscher auf mehr als 300 neue fossile Insekten. Sie befanden sich an der Oberfläche dünner Schieferschichten, die im Karbon feinkörniger Schlamm waren. Wenn der Torf, der sich später in Kohle verwandelte, bei Hochwasser überschwemmt wurde, blieb dieser Schlamm darauf liegen und hielt die Insekten fest.

Die meisten Insektenfossilien sind Bruchstücke des Chitinskeletts. Zur Bestimmung der Art lassen sich die Flügel mit ihrer charakteristischen Aderung noch am ehesten verwenden. Dass sie in der Vergangenheit oft nicht als Reste von Insekten erkannt wurden, liegt unter anderem an ihrer Struktur: Sie sehen aus wie Blätter. Diese Ähnlichkeit ist vermutlich kein Zufall; wahrscheinlich diente sie den Insekten als schützende Tarnung vor der zunehmenden Zahl hungriger Amphibien, die in den Sumpfwäldern des Karbons lauerten. Das Muster der Flügeladerung verwenden Fachleute zur Unterscheidung einzelner Arten. Die große Mehrzahl der Insekten aus dem Karbon, die bisher gefunden wurden, sind Schaben. Sie haben sich seit über 300 Millionen Jahren kaum verändert und gehören noch heute zu den verbreitetsten Insektengruppen. Wesentlich auffälliger waren andere Kerbtiere, die ebenfalls in den Wäldern des Karbons lebten: die Libellen. Einige von ihnen wiesen damals Flügelspannweiten von bis zu 70 cm auf und waren damit die größten fliegenden Insekten aller Zeiten.

Schaben gehören nicht nur zu den erfolgreichsten, sondern auch zu den ältesten Insekten. Sie entstanden im Karbon und haben sich seither in mehr als 2000 Arten aufgespalten.

Libellen erobern die Luft

Im Jahr 1996 entdeckten Paläontologen der Technischen Universität Clausthal ein Fossil der ältesten bekannten Libelle. Sie fanden das Tier bei einer Bohrung im Raum Bitterfeld/Delitzsch in Gesteinen aus dem Unterkarbon. Das Tier, das nach dem Fundort den Namen *Delitzschala bitterfeldensis* erhielt, hatte nur eine Flügelspannweite von wenig mehr als 2 cm und war damit recht klein. Trotz seines Alters von 320 Millionen Jahren konnte man die unregelmäßigen Farbmuster auf seinen Flügeln gut erkennen. Sie dienten wohl zur Tarnung, wenn das Insekt mit ausgestreckten Flügeln auf einer Pflanze saß; wahrscheinlich mussten sich die Libellen bereits in diesem frühen Stadium ihrer Evolution vor Feinden schützen. Damals kam die Gefahr allerdings nicht aus der Luft wie heute, sondern die Jäger lauerten am Boden.

Alles, was Flügel hat, fliegt

Eine der großartigsten Errungenschaften in der Tierwelt ist die Fähigkeit, aktiv zu fliegen – die ersten Lebewesen, denen dies gelang, waren Insekten. Vor mehr als 325 Millionen Jahren schwangen sich die ersten Pioniere in die Lüfte. Lange rätselten die Wissenschaftler, wie sich die Tiere in die Luft erheben konnten; erst kürzlich fanden amerikanische Biologen Hinweise darauf. Vermutlich entwickelte sich das aktive Fliegen aus einem passiven Gleiten mit Tragflächen, die in der Luft ausgebreitet wurden. Diese Art der Fortbewegung beobachtet man noch heute bei einigen Tieren wie den Steinfliegen, die auch an Teichen und Flüssen Mitteleuropas leben. Sie sind relativ ursprünglich und gehören in die Verwandtschaft der Eintagsfliegen und Libellen.

Irgendwann vor langer Zeit entwickelten sich bei den Vorfahren der heutigen Steinfliegen kleine flügelähnliche Gebilde, mit denen die Tiere durch die Luft gleiten konnten. Dazu musste die Fläche nicht sehr groß sein; selbst ein Fünftel der Flügelgröße einer Steinfliege reicht noch zum Gleiten aus. Da die Träger dieser neuen Fortbewegungsorgane sehr erfolgreich waren, setzte sich dieses Merkmal immer stärker durch, und die „Flügel" wurden immer größer und tragfähiger. Leider gibt es bisher keine Fossilbelege für primitive Vertreter dieser Insektengruppe aus dem Karbon, aber die Steinfliegen-Theorie wird inzwischen von zahlreichen Fachleuten als die plausibelste betrachtet.

Die Insekten konnten sich im Karbon völlig ungestört in die Lüfte erheben, weil sie in dieser Phase der Erdgeschichte als einzige dazu in der Lage waren. Wirbeltiere eroberten den Luftraum erst später. Zu den versteinerten Insekten aus dieser Zeit gehören so auffällige Formen wie *Meganeura*, eine räuberische Riesenlibelle mit einer Flügelspannweite von etwa 70 cm. Sie wurde bereits 1885 von dem französischen Naturforscher Charles Brongniart beschrieben. Allerdings behaupteten sich die Libellen als Herrscher der Luft nur recht kurze Zeit, da sie anderen Fliegern unterlegen waren. Dies lag vor allem daran, dass sie ihre Flügel in Ruhestellung nicht über dem Körper zusammenfalten können. Dadurch unterscheiden sie sich heute von mehr als 99 % der geflügelten Insekten. Nach dem Zusammenklappen sind die Flügel besser geschützt; außerdem gewinnen die Tiere eine wesentlich größere Beweglichkeit und können sich besser vor Feinden verstecken.

Als die Insekten diese Hürde erst einmal überwunden hatten, gab es kein Halten mehr – zumindest so lange nicht, bis die fliegenden Reptilien allmählich mit ihnen in Konkurrenz traten. Die Fähigkeit zu fliegen stellte einen so großen Vorteil für die Insekten dar, dass sich flugfähige Arten durchsetzten. Auch gegenüber gefährlichen Verfolgern wie fliegenden Reptilien oder Vögeln konnten sie sich bis heute behaupten.

Die Kerbtiere entwickelten sich parallel mit den Blütenpflanzen, davon sind die Experten überzeugt, auch wenn sie den Beginn dieser gemeinsamen Evolution fast nur anhand versteinerter Pflanzen nachvollziehen können. Im oberen Karbon, vor ungefähr 300 Millionen Jahren, hatten diese die Tiefländer der Erde endgültig erobert.

Schachtelhalme bilden heute eine recht unscheinbare kleine Pflanzengruppe. Im Karbon war das anders; zu dieser Zeit gab es unter ihnen mächtige Bäume.

Riesenpflanzen des Karbons

Viele der Gewächse, die das Landschaftsbild des Karbons beherrschten, gab es bereits seit dem Devon: Bärlappe, Schachtelhalme und Farne sowie die Samenfarne oder Farnsamer. Viele dieser Gruppen haben sich bis heute gehalten, und einige – wie die Farne – sind nach wie vor sehr artenreich. Die Vorfahren dieser Pflanzen im Karbon hatten allerdings häufig eine ganz andere Gestalt und Größe, weshalb die Wälder damals sicher anders aussahen als die heutigen.

Die Bärlappe entstanden im Devon und wuchsen an tief gelegenen sumpfigen Stellen. Im Oberkarbon gab es unter ihnen Riesenformen wie die Siegelbäume *(Sigillaria)*, die mehr als 30 m hoch wurden und nur wenige Äste trugen, oder die Schuppenbäume *(Lepidodendron)* mit Höhen von über 40 m und einer verzweigten Krone, deren Bestände ein dichtes Kronendach bildeten. Diese riesigen Bärlappe verschwanden im Perm, vor etwa 260 Millionen Jahren, aber einige ihrer kleineren Verwandten überlebten; aus ihnen gingen die winzigen Brachsenkräuter *(Isoëtes)* hervor.

Etwa zur gleichen Zeit wie die Bärlappe entwickelten sich die Schachtelhalme; während des Karbons entstanden in dieser Gruppe besonders viele und besonders mächtige Arten. Die größten Schachtelhalme gehörten zu den Calamiten, von denen einige bis zu 20 m hoch wurden. Sie wuchsen aus unterirdischen Sprossen, die den weichen Schlamm und Sand von

In den Wäldern des Karbons bewegten sich verschiedene Libellenarten wie dieses Tier der Gattung Namurotypus.

Flussdeltas durchzogen, und die Pflanzen bildeten dichte Bestände, ähnlich wie heute Bambus. Die Calamiten und die Sphenophyllen, die ebenfalls zu den Schachtelhalmen gehören, starben im unteren Perm aus. In der Trias, vor rund 230 Millionen Jahren, lebten noch rund 20 *Equisetum*-Arten; zu dieser Gattung gehören auch die heutigen Schachtelhalme.

Die echten Farne haben ihren Ursprung ebenfalls im Devon. Im Karbon entwickelten sie eine Vielzahl von Formen, von denen einige eine Höhe von über 15 m erreichten und Wedel mit bis zu 3 m Länge ausbildeten, beispielsweise *Psaronius*, eine Gattung, die mit der heutigen Gattung *Marattia* verwandt ist. In ihrer Gestalt sahen die Riesenfarne des Karbons aus wie moderne Baumfarne, etwa der Gattung *Dicksonia*. Heute gibt es mehr als 12 000 Farnarten, die fast in jedem für Pflanzen denkbaren Lebensraum zu finden sind.

Farnwedeln sehr ähnlich sahen die Blätter der Farnsamer oder Samenfarne. Daher wurden ihre fossilen Reste, die in Kohlenflözen aus dem Karbon zutage kamen, im

Baumförmig wuchsen Farne nicht nur im Karbon – auch heute noch gedeihen in Regenwäldern Baumfarne, wie die der Gattung Cyathea *(unten) in Neuseeland. Die Palmfarne (rechts) stammen vermutlich von den Farnsamern des Karbons ab.*

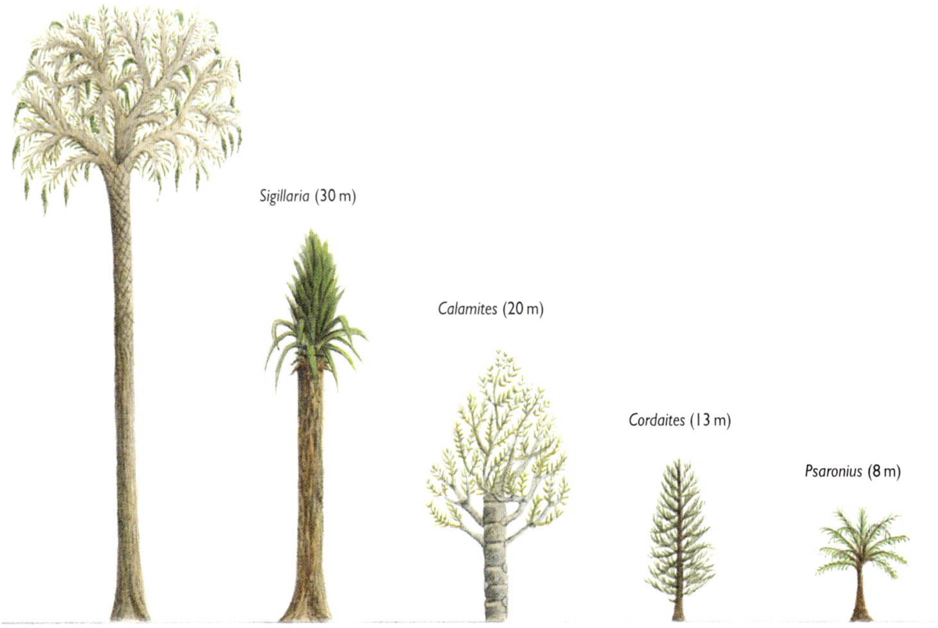

Im Karbon erreichten die Bäume schon beachtliche Höhen. Riesenbärlappe wie Lepidodendron *und* Sigillaria *überragten Schachtelhalme wie* Calamites, *Cordaiten wie die Gattung* Cordaites *und Farne wie* Psaronius.

letzten Jahrhundert oft fälschlicherweise als Farne beschrieben. Ihre Wedel sind meist komplizierter verzweigt als die der Farne und die Blättchen größer und kräftiger. Unter den Farnsamern des Karbons gab es kriechende und kletternde Formen, Lianen, Büsche und Bäume, die bis zu 10 m hoch wurden. Ihre Blätter konnten eine Länge von 7 m erreichen und eindrucksvolle Kronen bilden, etwa bei *Medullosa*.

Die Sümpfe waren auch die Heimat einer Gruppe baumförmiger Pflanzen, die man Cordaiten nennt. Sie gehörten, ebenso wie die Farnsamer, zu den Samenpflanzen; ihre nächsten Verwandten sind die Koniferen. Die Cordaiten hatten verholzte Stämme und Äste und waren damit die ersten Pflanzen, die in der Gestalt wie unsere heutigen Bäume aussahen. Sie wurden manchmal mehr als 30 m hoch.

Im Perm wurde diese Gruppe vermutlich von den echten Koniferen verdrängt, die im Oberkarbon auftauchten. Im Unterschied zu den anderen Pflanzen konnten die Koniferen auch außerhalb der Sümpfe, unter recht trockenen Bedingungen, überleben. Die ersten Vertreter dieser Gruppe ähnelten wahrscheinlich den heutigen Araukarien.

Für die Paläobotaniker stellt die Rekonstruktion der Pflanzen aus dem Karbon oft ein großes Problem dar, weil ihnen meist nur kleine Fragmente vorliegen, die weit weg von ihrem ursprünglichen Standort versteinerten. Das liegt daran, dass die Bäume in Flüsse fielen, die sie Hunderte von Kilometern forttrugen, bis sie schließlich in Sedimenten liegen blieben und fossilisierten. Auch heute noch geschieht dies auf die gleiche Weise. Wenn ein Baum an Land umfällt, verrottet er nach und nach, bis nichts mehr von ihm übrig ist; nur wenn er rasch unter Sediment begraben wird, besteht die Möglichkeit, dass er erhalten bleibt.

Wo sich Fossilien bilden

Flüsse sind auf dem Festland ganz entscheidend an der Entstehung von Versteinerungen beteiligt. Wenn ein Fließgewässer Pflanzen von seinen Ufern mitreißt, etwa bei Hochwasser, werden diese flussabwärts mitgetragen und schließlich auf den Schwemmebenen abgelagert. Dort sammeln sich rasch Sand und Schlamm über ihnen, sodass sie

Echte Farne wie Neuropteria *(links) brauchten mehr Feuchtigkeit als Farnsamer wie* Sphenopteridium *(rechts).*

Empfindliche Pflanzen und Insekten werden nach dem Tod vollständig zersetzt. Einige Exemplare bleiben dennoch erhalten, wenn sie beispielsweise rasch in feinem Sediment von Flussbetten begraben werden.

ENTSTEHUNG VON FOSSILIEN IN EINEM FLUSS

unter einer Sedimentdecke begraben werden, die alle Abbauprozesse stoppt. Leichtere Pflanzenteile, die gut schwimmen, wie Blätter, Früchte und Pollen, gelangen häufig bis zum Mündungsdelta oder sogar ins Meer und versteinern dort bisweilen unter Meeressedimenten vor der Küste.

Oft stehen die Wissenschaftler vor einer sehr gemischten Ansammlung fossiler Pflanzenteile – Sprosse, Blätter, Früchte – und wissen nicht, ob sie von der gleichen Pflanze oder von verschiedenen Arten stammen.

Ein steinerner Wald

Nur sehr selten in der Geschichte der Erde blieben ganze Wälder als Fossilien erhalten. Im berühmten Petrified Forest im US-Bundesstaat Arizona sind nur die von einem Fluss weggeschwemmten Stämme erhalten. Ganz anders sieht es im Victoria Park bei der schottischen Stadt Glasgow aus. Im Jahr 1887 fand man dort auf engstem Raum elf versteinerte Stümpfe baumförmiger Bärlappe mit ihrem ganzen Wurzelsystem. Sie befanden sich noch am gleichen Ort wie zu ihren Lebzeiten vor 325 Millionen Jahren. Diese Stümpfe sind die ältesten erhaltenen Reste eines Riesenbärlapp-Walds aus dem Unterkarbon. Da die Bäume an ihrem Ursprungsort stehen, kann man gut abschätzen, wie dicht sie damals wuchsen: In dem Wald, der während des Karbons am Äquator lag, standen etwa 4500 Bärlapp-Bäume pro km^2.

Die Schwierigkeit beim Zusammensetzen dieses Puzzles ist, dass niemand eine Vorstellung hat, wie das fertige Werk aussieht, und dass sich die Teile nicht so einfach zusammenfügen lassen.

Heute weiß man, dass die Steinkohlenflöze des Oberkarbons vor etwa 320 Millionen Jahren aus Torfablagerungen von Sumpfwäldern im Binnenland und von Flussdeltas gebildet wurden. Bei Analysen der fossilen Pflanzenteile, aus denen dieser Torf entstand, ergab sich das folgende Bild: Die Wälder wurden von Riesenbärlappen dominiert, deren Reste an Ort und Stelle erhalten blieben.

Die Baumfarne der Gattung **Dicksonia** *beweisen, dass einige Pflanzenformen des Karbons auch unter den heutigen Bedingungen noch überleben können.*

Heute findet man eine besonders große Vielfalt an Pflanzenarten am Rand tropischer Flüsse, und genauso war es auch im Karbon. Die eindrucksvollen Schachtelhalme, Farne, Farnsamer und andere Bäume des Karbons gediehen in der Nähe von Flüssen, die in Sümpfe und Deltas flossen. Leider sind die Flussufer selbst nur selten als Ablagerungen erhalten. Die Reste der Pflanzen, die einst an diesen Ufern wuchsen, versteinerten in der Regel dort, wo sie der Fluss liegen ließ – häufig kilometerweit von ihrem ursprünglichen Standort entfernt.

Während Bäume, die an Flüssen wuchsen, recht oft als Fossilien erhalten wurden, gibt es aus dem Oberkarbon kaum Versteinerungen von Pflanzen, die in den trockeneren Gebieten fernab der Sümpfe, Ströme und Flussdeltas gediehen.

Die Luft des Karbons

Obwohl die Wissenschaftler bei der Untersuchung pflanzlicher Fossilien eine sehr unvollständige Vorstellung von der Flora des Karbons bekommen, können sie klar erkennen, dass sich die Pflanzenwelt zwischen dem Devon und dem Karbon explosionsartig entwickelte. Die Vegetation wuchs danach so üppig, dass sich die Zusammensetzung der Atmosphäre änderte. Zum ersten Mal in der Erdgeschichte fiel der Kohlendioxidgehalt drastisch, weil die Pflanzen diese Verbindung der Luft entzogen; gleichzeitig stieg der Sauerstoffanteil.

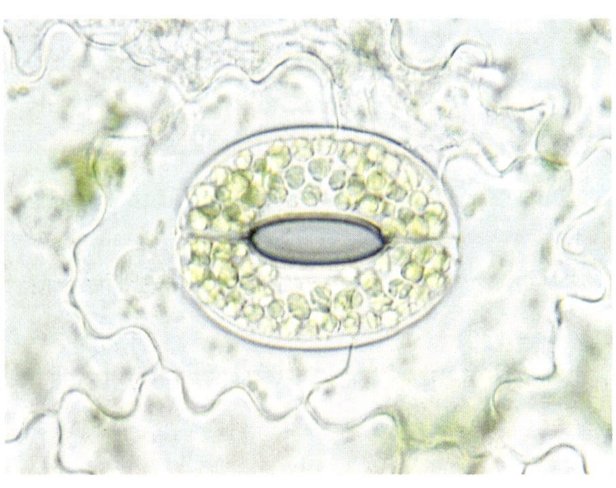

An ihrer Blattunterseite tragen Pflanzen zahlreiche mikroskopisch kleine Spaltöffnungen, durch die sie Gase mit der Atmosphäre austauschen.

Die Paläobotaniker haben eine interessante Methode entwickelt, mit der sie die Zusammensetzung der Atmosphäre in der Vergangenheit rekonstruieren können: Sie prüfen die Verteilung der Spaltöffnungen bei den Pflanzen. Über diese Organe wird Kohlendioxid aus der Luft aufgenommen und Sauerstoff abgegeben. Wenn sich die Konzentration des lebenswichtigen Kohlendioxids ändert, passen die Pflanzen die Zahl ihrer Spaltöffnungen den neuen Bedingungen an. Ist die Konzentration hoch, benötigen die Gewächse weniger Spaltöffnungen pro Quadratzentimeter, sinkt sie dagegen, steigt die Dichte der „Atemorgane“. So können die Wissenschaftler die Schwankungen der Kohlendioxidkonzentration im Lauf der Erdgeschichte nachvollziehen.

Vor rund 400 Millionen Jahren, im Devon, enthielt die Atmosphäre 10- bis 20-mal

WURZELN EINES STEINKOHLENWALDS

Kurze Stücke von Stämmen, deren Oberfläche mit charakteristischen Narben bedeckt ist, gehören überall auf der Welt zu den häufigsten Fossilien in Kohle aus dem Karbon. In Museen lagern zahlreiche Exemplare der Versteinerungen, die der französische Naturforscher Adolphe-Théodore Brongniart im Jahr 1828 *Stigmaria* genannt hatte. Worum es sich dabei tatsächlich handelt, konnte erst in unserem Jahrhundert geklärt werden.

Als 1839 in England die Bahnlinie von Manchester nach Bolton gebaut wurde, fanden die Arbeiter große fossile Baumstümpfe mit ausladenden Wurzeln. Es waren Sandsteinabgüsse. Solche Fossilien entstehen folgendermaßen: Das Holz im Inneren von Stämmen und Wurzeln zersetzt sich häufig schneller als die Rinde, sodass ein hohler Stamm zurückbleibt. Wenn der Waldboden danach überflutet wird, kann sich Sediment in dieser Hülle ansammeln, das irgendwann zu Stein wird. Die Bäume, die beim Bau der Eisenbahn ans Tageslicht kamen, standen noch an der gleichen Stelle wie zu ihren Lebzeiten, denn das verzweigte Wurzelsystem erstreckte sich bis in die darunter liegende Kohleschicht.

Von den am besten erhaltenen Exemplaren fertigten Präparatoren Gipsabgüsse an, die im Museum von Manchester ausgestellt sind. 1844 wurden in der Region weitere Funde gemacht. Sie zeigten, dass die *Stigmaria*-Wurzeln zu Bäumen aus der Gruppe der Bärlappe gehörten, die den Namen *Lepidodendron* trugen – dies bestätigte sich 1848 durch Funde in den Kohlenfeldern von Nova Scotia in Kanada. Die Anatomie dieser Riesenbärlappe wurde 1887 von dem englischen Geologen William Crawford Williamson genau beschrieben.

In diese Veröffentlichung ging auch ein Baumstumpf ein, den man 1886 in der Grube von Murgatroyd bei Bradford gefunden hatte. Dieses 5 t schwere Exemplar erregte in der Öffentlichkeit so große Aufmerksamkeit, dass Williamson dadurch internationale Berühmtheit erlangte. Der 310 Millionen Jahre alte Baum maß 1,5 m im Durchmesser, und die *Stigmaria*-Wurzeln erstreckten sich mehrere Meter nach allen Seiten.

Hier wurde der versteinerte Stamm eines Riesenbärlapps freigelegt, der vor mehr als 300 Millionen Jahren abstarb und sich mit Sediment füllte.

Beim Ausheben einer Grube im 19. Jahrhundert stieß man auf den verzweigten Wurzelstock eines Stigmaria-Baums aus dem Karbon.

Reptilien bildeten im Karbon verschiedene Formen aus. Einige von ihnen lebten im Wasser, wie Silvanerpeton; die Hinterbeine dieses etwa 30 cm langen Tiers sind flossenähnlich gestaltet.

mehr Kohlendioxid als heute; vor 300 Millionen Jahren war der Gehalt dieses Gases nur noch doppelt so hoch wie heute.

Das allmähliche Vordringen der Pflanzen in trockenere Gebiete im Oberkarbon eröffnete den Tieren neue Lebensräume. Um diese besiedeln zu können, mussten sie sich allerdings auch vom Wasser unabhängig machen. Von den Wirbeltieren erforderte dies vor allem ein Ei mit fester Hülle, in dem sich der Embryo außerhalb des Wassers entwickeln konnte. Diese Errungenschaft kennzeichnet die Entstehung der Reptilien.

Abschied vom Wasser

Heute sind die Reptilien leicht von den Amphibien zu unterscheiden; die beiden Gruppen haben immerhin 300 Millionen Jahre einer getrennten Entwicklung hinter sich. An den Fossilien aus dem Karbon lässt sich allerdings nicht erkennen, ob die Tiere bereits Eier mit fester Schale legen konnten. Die Paläontologen müssen sich daher an anderen Merkmalen orientieren.

Als sich die ursprünglichen Vierfüßer zu reinen Landtieren entwickelten, veränderte sich auch ihr Skelett. Die Reptilien entstanden wahrscheinlich vor rund 300 Millionen Jahren; ihre Reste wurden erstmals vor gut 150 Jahren in einem Kohlenfeld aus dem mittleren Karbon auf Nova Scotia gefunden. Als Geologen dort nach neuen Kohlevorkommen suchten, entdeckten sie die versteinerten Stämme und Wurzeln baumförmiger Bärlappe. Diese Siegelbäume der Gattung *Sigillaria* waren zwar von Sandstein, Tonstein und Kohle umgeben, standen aber nach 300 Millionen Jahren noch immer aufrecht an der Stelle, wo sie gewachsen waren.

Bis 1852 wurden mehr als 30 dieser fossilen Stümpfe geborgen, und zum großen Erstaunen der Geologen enthielten manche von ihnen Knochen. Insgesamt kamen Reste von einigen Hundert kleinen Amphibien und mehreren Reptilienarten zum Vorschein. Unter den Letzteren fielen zwei schlanke echsenähnliche Tiere mit einer Gesamtlänge von etwa 20 cm auf. Anders als bei den meisten Amphibien hatten sie einen recht kleinen Kopf, einen leicht gebauten Schädel und kleine konische Zähne. Die beiden Arten, die *Hylonomus* und *Palaeothyris* genannt wurden, ernährten sich vermutlich von Insekten und anderen Gliederfüßern. Durch zusätzliche Muskeln im Kieferbereich waren sie in der Lage, kräftiger zuzubeißen. Mit den scharfen, spitzen Zähnen und den starken Muskeln konnten sie sicher den harten Panzer eines Tausendfüßers knacken.

Die Geologen haben heute eine recht gute Vorstellung davon, wie die Fossilien dieses Walds entstanden. In den Sumpfwäldern, die die Seen des alten Nova Scotia umgaben, wurden die Siegelbäume bis zu 30 m hoch. Von Zeit zu Zeit traten die Seen über die Ufer und bedeckten den torfigen Waldboden mit Sand und Schlamm, sodass die Pflanzen im Sediment standen. Als sie abstarben, verrottete der obere Teil der Stämme zusammen mit der Krone, während der untere Teil durch das Sediment geschützt war und stehen blieb. Nur das Innere der Stämme zerfiel, und der Hohlraum füllte sich mit Sand und Schlamm.

Zunächst nahm man an, dass die Tiere, die in diesem Wald gefunden wurden, in den hohlen Bäumen gelebt hätten; neuere Untersuchungen weisen jedoch darauf hin, dass diese wie Fallen funktionierten. Einige der Lebewesen, die hineinfielen, konnten nicht mehr herausklettern. Sie lebten einige Zeit von Kleintieren, die ebenfalls in die Falle geraten waren und die sie dort fingen, doch irgendwann verhungerten sie.

Aus den ersten, eher unscheinbaren Reptilien gingen schon bald die verschiedensten Formen hervor. Sie zogen aus, Gebiete zu erobern, die für die Amphibien unerreichbar waren, und übernahmen die Herrschaft über die Erde – dazu wären die Lurche nicht in der Lage gewesen.

Wahrscheinlich hatten schon die ersten Reptilien eine mit Schuppen geschützte Haut und legten Eier mit fester Schale – wie etwa die Grüne Mamba –, sodass sie sich an Land fortpflanzen konnten.

2 Zeitalter der Giganten

200 Millionen Jahre lang stapften die Dinosaurier über unsere Erde.

Aus den unscheinbaren Wirbeltieren, die aus dem Wasser gestiegen waren, ging im Erdmittelalter eine eindrucksvolle Vielfalt von Lebensformen hervor. Die Pflanzen hatten sich auf der ganzen Erde ausgebreitet und boten dadurch unzählige ökologische Nischen für anpassungsfähige Reptilien. Das Zeitalter der Dinosaurier brach an. Sie eroberten das Land, das Wasser und die Luft, wobei sie die verschiedensten Formen entwickelten. Mächtige Kolosse weideten in den Sümpfen, und gefährliche Räuber zogen auf der Suche nach Beute über das Land und durch die Luft. Nichts schien den faszinierenden Reptilien im Weg zu stehen, als sie die Herrschaft über die Erde antraten. In ihrem Schatten entwickelten sich jedoch bereits neue Lebewesen, die später die Welt dominieren sollten.

Auch die Luft wurde von den Reptilien beherrscht.

REPTILIEN ÜBERNEHMEN DIE MACHT

Die Dinosaurier überragten im Erdmittelalter alle anderen Tiere, doch neben den bekannten Riesen gab es unter den Reptilien auch Arten, die in eine Jackentasche gepasst hätten. Sie alle waren ausgezeichnet an die Lebensbedingungen der damaligen Welt angepasst.

Jedes Kind kennt heute die mächtigen Dinosaurier und weiß, dass sie zu ihrer Zeit die „herrschenden" Reptilien waren. Die lange Geschichte ihrer Vorfahren und aller anderen Reptilien ist unter Laien weit weniger bekannt – obwohl diese Tiere genauso interessant sind und die Geschichte der Lebewesen entscheidend bestimmt haben.

Die Reptilien oder Kriechtiere spielen mit 6000–8000 Arten – die Säugetiere umfassen derzeit etwa 4700 Arten – auch in der heutigen Tierwelt noch eine große Rolle. In der Mehrzahl gehören sie zu den Echsen, die sich in ganz unterschiedlichen Lebensräumen hervorragend behaupten, von den trockensten Wüsten bis zu Flüssen und Seen; sogar den Luftraum haben einige Arten erobert, indem sie von Baum zu Baum gleiten. Der Grund dafür ist ihr sehr anpassungsfähiger Körperbau. Obwohl viele Echsenarten sehr jung sind, hat diese Reptiliengruppe eine lange Geschichte hinter sich.

Eine Erfolgsgeschichte der Evolution

Im Lauf des Karbons, des Perms und der Trias, vor etwa 360–210 Millionen Jahren, fand die frühe Entwicklung der Reptilien statt. Gegen Ende des Karbons waren die Landmassen, die heute als Südamerika, Südafrika, Antarktika, Australien und Indien bekannt sind, um den Südpol angeordnet und bildeten den Urkontinent Gondwanaland. Als die Temperaturen in dieser Phase der Erdgeschichte weltweit sanken, dehnte sich die Eiskappe am Südpol aus, und riesige Gletscher bedeckten das Land. Sie drängten die riesigen Sumpfwälder zurück, aus denen die Steinkohle entstand.

Während des Perms sorgten geologische Veränderungen im Erdinneren dafür, dass die südlichen Erdteile nach Norden drifteten. Als sie sich dem Äquator näherten, brachte das tropische Klima das Eis zum Schmelzen. Schließlich trafen der südliche Kontinent Gondwanaland und die nördliche Landmasse Laurasia zusammen und bildeten den Superkontinent Pangaea, was so viel bedeutet wie „gesamte Erde".

Diese gewaltige Landmasse bedeckte rund ein Fünftel der Erdoberfläche. Sie wurde umgeben von einem mächtigen Ozean, der bisweilen als „Panthalassa" bezeichnet wird. Das Klima im Inneren von Pangaea war größtenteils heiß und recht trocken, sodass in Nordamerika

Obwohl die seltene Brückenechse aus Neuseeland wie eine ganz gewöhnliche Echse wirkt, ist sie für Zoologen etwas ganz Besonderes: ein Lebendes Fossil.

Fachleute ordnen die Dinosaurier in die hier gezeigten Verwandtschaftsgruppen, die Arten mit ähnlichem Körperbau zusammenfassen. Die rund 800 bekannten Arten sind allerdings nur ein Bruchteil der gesamten Dinosaurierformen, die auf der Erde gelebt haben.

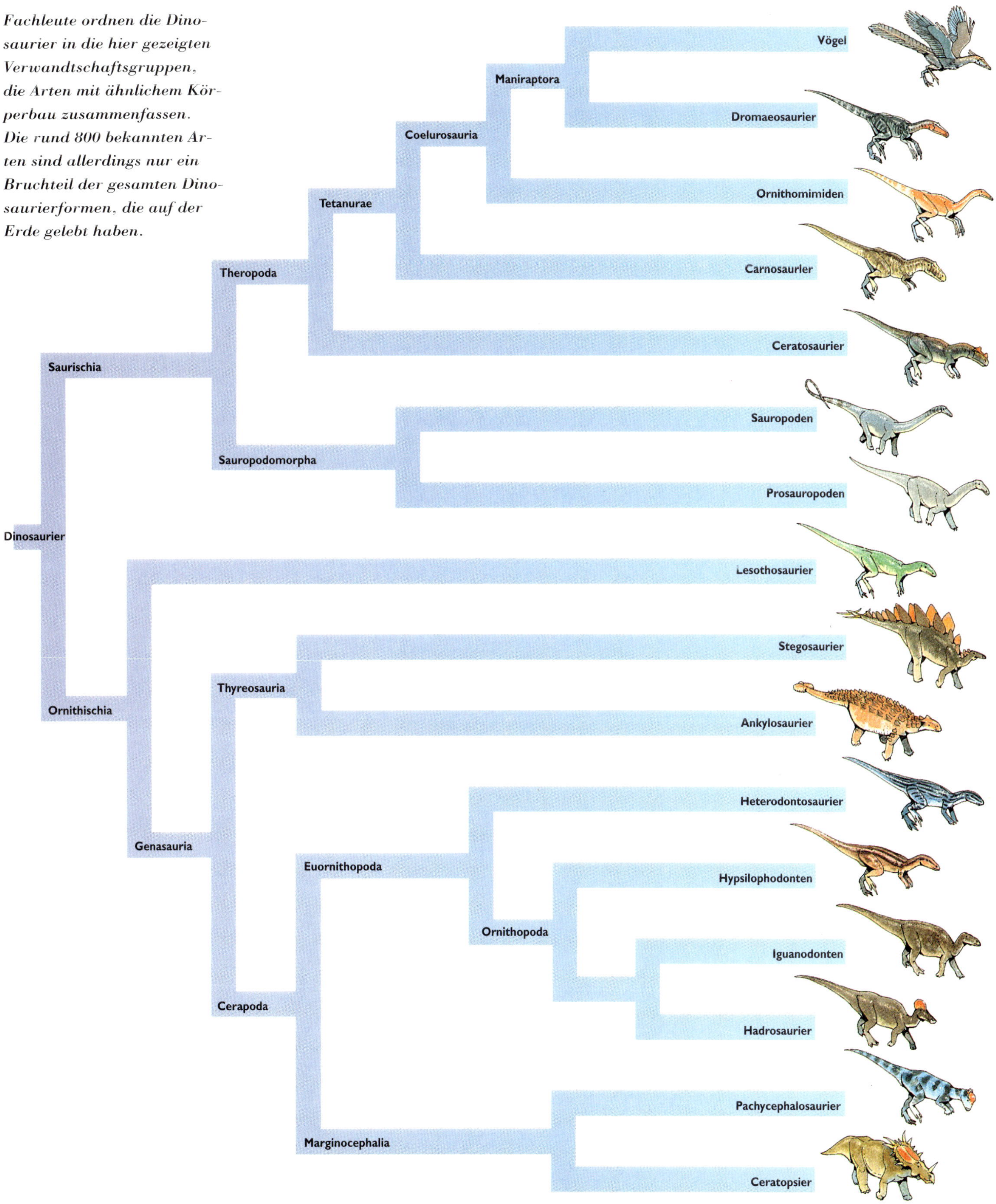

ENTHÜLLUNGEN AUS DER TIEFE: DIE LAGUNE VON SOLNHOFEN

Schon seit Jahrhunderten wird in Südbayern Sedimentgestein aus dem Jura abgebaut. Die Besonderheit dieser Steine ist, dass sie sich in große Platten unterschiedlicher Dicke mit glatter Oberfläche aufspalten. In den Solnhofener Steinbrüchen findet man feinkörnige Kalke, in die gelegentlich dünne, flache Platten eingelagert sind. Dadurch lassen sich die Schichten sauber trennen.

Der Kalkschlamm, aus dem diese Schichten bestehen, war ursprünglich das Sediment einer flachen Lagune, in der sich zahlreiche tote Tiere sammelten. Vermutlich lagen viele kleine, nur wenig über die Wasseroberfläche ragende Inseln verstreut in der Lagune, die durch ein Riff vom Tethysmeer abgeschirmt war. Die Ablagerungen dieses Meers bilden heute die Alpen.

Ganz verschiedene Tiere sind in den Kalken erhalten geblieben. Krebstiere und Fische herrschen eindeutig vor; möglicherweise war der Sauerstoffgehalt am Grund der Lagune und im Sediment so niedrig, dass sich dort keine Tiere ansiedeln konnten. Im Jura herrschten im heutigen Mitteleuropa sehr hohe Temperaturen, sodass sich das Wasser aufheizte. Für die Erhaltung der Lebewesen, die auf das Sediment sanken, war der Sauerstoffmangel ein Vorteil: Sie wurden nicht von Mikroorganismen zersetzt und sind daher oft ausgesprochen gut erhalten.

Manchmal finden sich auch Reste fliegender Tiere wie Insekten und Flugsaurier in den Solnhofener Steinbrüchen oder gar ein *Archaeopteryx*. Von diesem Urvogel, der die Fundstelle berühmt machte, wurden im Lauf der Jahre mindestens sieben Exemplare freigelegt. Dank der außergewöhnlichen Bedingungen in der Lagune sind die Federn erhalten geblieben; sonst hätte man dieses einzigartige Tier aus dem Jura vielleicht nie als Vogel identifizieren können, sondern hätte es als kleinen Dinosaurier betrachtet.

Aus den Steinbrüchen von Solnhofen wurden früher vor allem Kalkplatten für den lithographischen Druck gewonnen – heute suchen dort auch Paläontologen nach Fossilien (rechts oben).

und Europa während des Perms und der Trias zahlreiche Seen und abflusslose Senken austrockneten; dabei entstanden ausgedehnte Salzablagerungen. Die klimatischen Veränderungen wirkten sich auch auf die Pflanzenwelt aus. Im Norden gediehen zunehmend „moderne“ Nacktsamer, während im Süden die so genannten Zungenfarne die Bärlappe und Schachtelhalme des Karbons ersetzten.

Pioniere im Kalkschlamm

Über viele Jahrmillionen hinweg blieb der Meeresspiegel etwa konstant, sodass sich am Rand der Kontinente große Mengen von Sedimenten ansammeln konnten. Den Tieren, die darin versteinert wurden, verdanken die Paläontologen ihre Kenntnisse von der Entwicklungsgeschichte der Reptilien. Wie gut diese Lebewesen erhalten sind, hängt von dem Gestein ab, in dem sie liegen. Die Kadaver landlebender Tiere wurden nicht immer am Ort ihres Todes fossilisiert, sondern manchmal durch Flüsse fortgetragen und vor der Küste im Schlamm begraben. Dort blieben die Fossilien in der Regel am besten erhalten.

Aus diesem Grund fanden Wissenschaftler im Kalkschlamm von Lagunen, beispielsweise im Jura bei Solnhofen oder in den Wealden-Tonen aus der Kreide im Süden Englands, besonders aufschlussreiche Versteinerungen. Auch einige der ersten Funde von Dinosaurierfossilien stammen aus Sedimentgesteinen in Südengland, die auf einer niedrig gelegenen Küstenebene abgelagert worden waren.

Auch wenn ein Tier noch so gut erhalten ist, fällt es den Fachleuten häufig schwer, es in das System der Tiere einzuordnen – vor allem, wenn es nur wenig Ähnlichkeit mit heute lebenden Formen zeigt. Aus diesem Grund werden Versteinerungen manchmal nach einiger Zeit ganz neu interpretiert. Dies gilt auch für die frühen vierfüßigen Wirbeltiere aus dem oberen Karbon und dem unteren Perm. Ihre Fossilien werden meist auf der Nordhalbkugel gefunden, wo es damals wärmer war als im Süden.

Bedeutsame Neuerungen

Reptilien haben im Lauf ihrer Geschichte an Land, im Wasser und in der Luft gelebt; diese Anpassungsfähigkeit an unterschiedliche Lebensbedingungen ist sicher der wichtigste Grund für ihren großen Erfolg. Möglich wurde dies erst durch grundsätzliche Änderungen bei der Fortpflanzung: Die Befruchtung wurde ins Innere des weiblichen Körpers verlegt, und der Embryo ent-

Wahrhaft urtümliche Wesen sind die Krokodile. Sie gehören zur Gruppe der Archosauria, die noch älter sind als die Dinosaurier.

wickelte sich in einer Hülle, dem so genannten Amnion. Neben den Kriechtieren besitzen heute auch die Vögel und Säugetiere dieses Merkmal.

Da die Keimesentwicklung bei den Reptilien in die schützende Schale verlegt wurde und an Land stattfand, wurden sie von Feuchtgebieten unabhängig. Während die Amphibien mit ihrer empfindlichen Haut auf feuchte Gebiete beschränkt blieben, erlaubte der feste Panzer den Reptilien die Besiedlung trockener Landstriche. Dennoch gab es zahlreiche Kriechtiere, die wieder ins nasse Element zurückkehrten.

Landtiere im Wasser

Kaum waren die frühen Wirbeltiere vom Wasser unabhängig geworden, vollführten einige von ihnen unvermittelt eine Kehrtwendung und besiedelten die verschiedensten Gewässer. Die ersten Hinweise darauf sind die Reste einer etwa 30 cm langen Echse, die im US-Bundesstaat Kansas gefunden wurde. Das rund 300 Millionen Jahre alte Fossil aus dem oberen Karbon erhielt den Namen *Spinoaequalis.* Der Schwanz dieser Echse war ans Schwimmen angepasst. Offenbar handelt es sich um einen der ersten Vertreter der Reptilien, die wie ihre Vorfahren amphibisch lebten. Sie waren weder an Land noch im Wasser ganz zu Hause. Die Versteinerungen deuten darauf hin, dass die fortschrittliche Fortpflanzung mit beschalten Eiern für dieses Tier nicht unbedingt ein Vorteil war.

Spinoaequalis gehörte zur Gruppe der Diapsiden, zu denen neben den Dinosauriern auch die Mehrzahl der heute noch lebenden Reptilien gehört – Echsen, Krokodile und Schlangen. Aus all diesen Gruppen sind wasserlebende Arten bekannt.

Das Fossil aus Kansas ist zwar nicht vollständig erhalten, aber viele seiner winzigen Knochen waren noch an den Gelenken verbunden. Es ist deshalb recht unwahrscheinlich, dass der Kadaver über größere Entfernungen transportiert wurde, bevor er im Sediment landete. Da die Reste in Meeresablagerungen zum Vorschein kamen, zusammen mit vielen hervorragend erhaltenen Meeresfischen, nimmt man an, dass die Echse im Meer zu schwimmen vermochte.

Nachdem die ersten Reptilien aufgetaucht waren, vermutlich vor 320 Millionen Jahren, dauerte es wohl nicht lange, bis sie sich in mehrere Formen aufzuspalten begannen. Vergleicht man die beiden Gattungen *Spinoaequalis* (300 Millionen Jahre alt) und *Hovasaurus* (255 Millionen Jahre alt), fallen zunächst scheinbar verblüffende Ähnlichkeiten auf. Bei beiden Formen weisen die Schwanzwirbel keine Querfortsätze auf, aber ungewöhnlich lange obere und untere Dornfortsätze, an denen die kräftigen Muskeln für die Bewegung des Schwanzes ansetzten. Dieser war seitlich stark abgeplattet und maß in der Breite etwa ein Viertel der Länge. Der Bau der Gelenke zwischen den Schwanzwirbeln ermöglichte eine große Bewegungsfreiheit nach der Seite; dies ist eine entscheidende Voraussetzung für die Fortbewegung im Wasser mit dem Schwanz.

In anderer Hinsicht unterscheiden sich die beiden Reptilienformen allerdings erheblich: in der Gestalt der Gliedmaßen. Wie andere Tiere, die ausschließlich im Wasser leben, hat *Hovasaurus* spezielle, für das Schwimmen umgeformte Gliedmaßen, die zur Fortbewegung an Land nur bedingt geeignet sind. Die Beine von *Spinoaequalis* hingegen sind recht lang und dünn; mit ihnen

Der kräftige, seitlich abgeflachte Schwanz von Hovasaurus *weist zusammen mit anderen Merkmalen darauf hin, dass dieses Reptil aus dem Perm im Wasser lebte.*

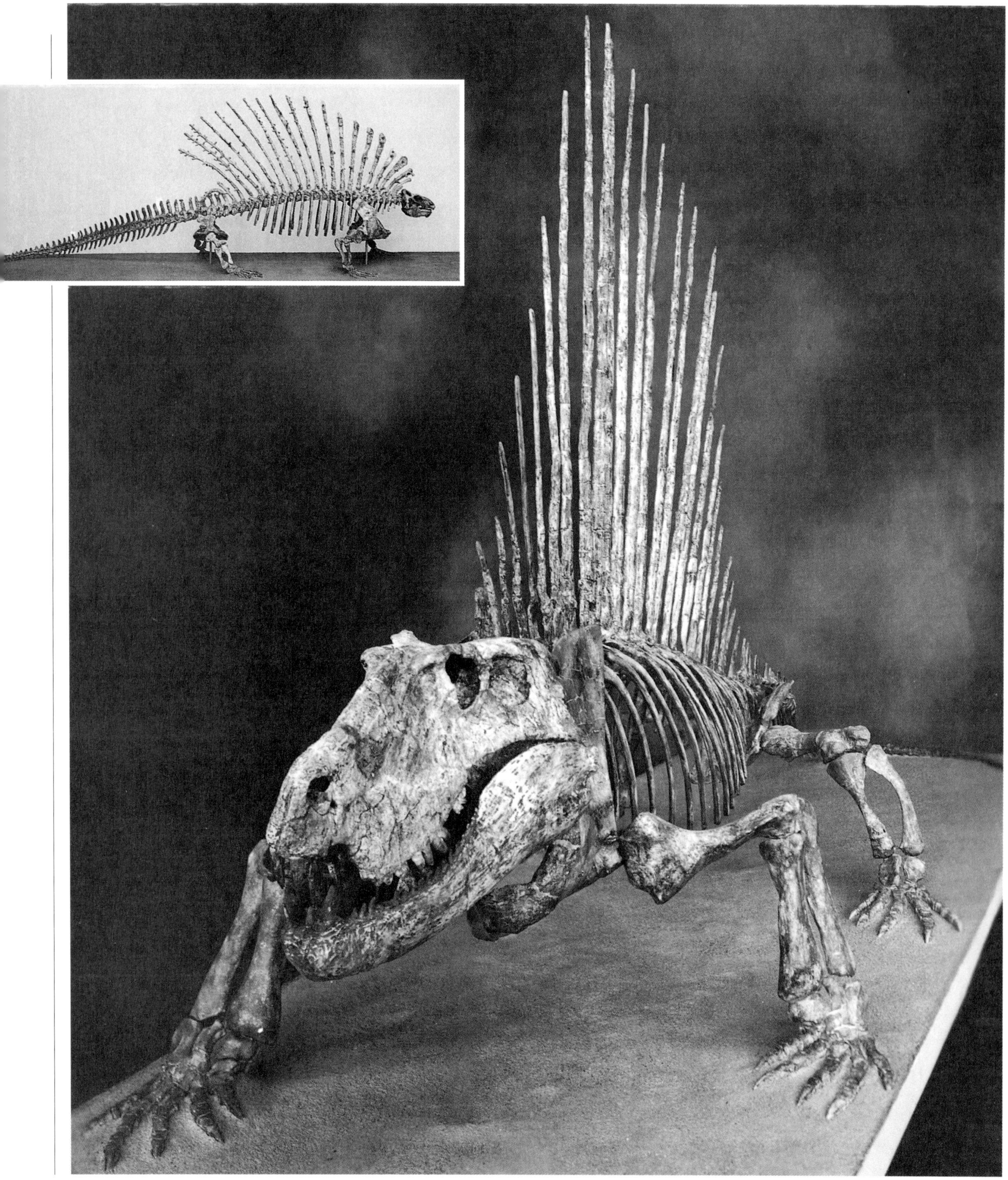

Ein riesiges Segel, das von gewaltigen Wirbelfortsätzen gestützt wurde, kennzeichnet die Pelycosauria oder Segelrückenechsen. Zu ihnen gehörten sowohl Fleischfresser wie* Dimetrodon *(großes Bild) als auch Pflanzenfresser wie* Edaphosaurus *(kleines Bild).

stapfte das Tier wohl vornehmlich durch die Landschaft, während es zum Schwimmen besonders seinen Schwanz einsetzte.

Echsen mit Segel

Einige Reptilien zogen sich zwar ins Wasser zurück, aber die interessantesten Entwicklungen fanden an Land statt. Dort erschienen beispielsweise im unteren Oberkarbon die Pelycosauria oder Segelrückenechsen. In den heißen Halbwüsten, die im unteren Perm große Teile der Landschaft prägten, spaltete sich diese neue Gruppe bald in zahlreiche Formen auf. Zu jener Zeit entstanden Gesteine wie der Sandstein, der im US-Bundesstaat Texas weit verbreitet ist.

Die Pelycosauria gehören zu einer großen Reptiliengruppe namens Synapsiden, aus denen später auch die Säugetiere hervorgingen. Zu den bekanntesten Vertretern der Synapsiden gehören der echsenähnliche *Edaphosaurus*, der 2,80 m lang wurde, und *Dimetrodon*, der sogar eine Länge von 3 m erreichte. Die Gliedmaßen standen seitlich vom Körper ab, sodass sich beim Laufen der ganze Leib wellenförmig bog; wahrscheinlich bewegten sich die Tiere ähnlich wie die ursprünglichen Vierfüßer. Das auffälligste Merkmal dieser Reptilien war ihr Rückensegel. Gebildet wurde es durch verlängerte Dornfortsätze der Wirbelsäule, die von Haut überzogen waren.

Wenn man die beiden Gattungen *Edaphosaurus* und *Dimetrodon* mit ihren Vorfahren vergleicht, stellt man fest, dass sie sich bereits deutlich weiterentwickelt haben. Sie konnten verschiedene Nahrung sehr effizient nutzen. *Edaphosaurus* war auf Pflanzenkost spezialisiert, die er durch Kauen leichter verdaulich machte. Mit zapfenförmigen Zähnen, die an den Kiefern und am Gaumenknochen saßen, zerquetschte das Tier die harten Zellwände der Pflanzen, bevor es die Nahrung schluckte.

Dimetrodon zeichnete sich durch einen viel größeren Schädel und die charakteristischen längeren und schärferen Zähne eines Fleischfressers aus. Im Unterschied zu den ursprünglichen Reptilien waren bei diesem Räuber nicht alle Zähne gleich gestaltet. Er besaß größere, dolchförmige Zähne, mit denen er seine Beute festhielt und tötete, sowie kleinere Zähne, mit denen die Opfer in Stücke gerissen wurden. Seine Vorfahren vermochten ihre Beute noch nicht zu zerreißen und mussten sie daher ganz verschlingen, genau wie es auch heute noch zahlreiche Reptilien tun – beispielsweise die Schlangen. Für wechselwarme Tiere wie die Reptilien stellt diese primitive Form der Nahrungsaufnahme keinen großen Nachteil dar, weil ihr Energiebedarf relativ gering ist und sie daher nicht jeden Tag Nahrung aufnehmen müssen. Säugetiere benötigen wesentlich mehr Energie, um ihre Körpertemperatur ständig aufrechtzuerhalten, und müssen deshalb beim Beutefang und bei der Verwertung der Nahrung wesentlich effizienter vorgehen.

Die Pelycosauria waren vermutlich wie die heutigen Reptilien wechselwarme Tiere, die ihren Körper nicht durch Stoffwechselvorgänge auf einer konstanten Temperatur halten konnten. Sie waren auf äußere Wärmequellen angewiesen, um ihre Körperfunktionen richtig in Gang zu bringen. Vielleicht spielte das Segel der Tiere dabei eine Rolle. Es gibt Hinweise darauf, dass die Haut, die die Wirbelfortsätze überzog, und die Stützelemente selbst mit zahlreichen Blutgefäßen versorgt waren; die Reptilien könnten daher mithilfe des Segels ihre Körpertemperatur reguliert haben – sei es, dass sie damit in der Morgensonne Energie tankten, um aktiv zu werden, oder bei Hitze überschüssige Wärme abgaben, wie es Afrikanische Elefanten mit ihren Ohren tun.

In der südafrikanischen Karru, einer großen Halbwüste, wurden bereits mehr als 200 verschiedene Formen fossiler Reptilien aus dem Perm gefunden.

Ohne ein solches Segel als Wärmeaustauscher hätte ein großer *Dimetrodon* von 250 kg Gewicht sich wohl mehr als drei Stunden in der Sonne aufwärmen müssen, um seine Körpertemperatur von 26 °C auf 32 °C zu erhöhen. Dank der zusätzlichen Fläche, die das Segel ihm bescherte, brauchte er dazu vermutlich weniger als die Hälfte der Zeit.

Aus dem Schädelbau mancher fossiler Reptilien schlossen Fachleute, dass die Tiere mit Kopfstößen gegen Angreifer vorgingen – ähnlich wie es heute Dickhornschafe beim Rivalenkampf tun.

Als Räuber hat ihm das sicher einen beträchtlichen Vorteil gegenüber seinen trägeren Beutetieren verschafft. Ein solches Segel entwickelte sich bei den Pelycosauria mindestens zweimal unabhängig voneinander – einmal bei Pflanzenfressern und einmal bei Fleischfressern. In beiden Gruppen gab es aber auch Arten ohne Segel.

Ein wehrhafter Vegetarier

Von der Mitte bis zum Ende des Perms gab es auf dem Land eine enorme Vielfalt an Lebensformen. Die ökologischen Beziehungen wurden immer komplizierter, weil sich die Arten weiter aufspalteten, um spezielle Lebensräume zu besiedeln. Die wachsende Zahl der Reptilien umfasste auch einige Arten, die mit den Pelycosauria verwandt waren, aber dennoch eine eigene Gruppe bildeten – die Therapsiden. Zu diesen Tieren zählen sehr interessante Formen, die jedoch kaum bekannt sind; allzu lange standen sie im Schatten der Dinosaurier.

In Gesteinsschichten aus dem Perm fanden Wissenschaftler in Russland und in der Karru Südafrikas wichtige Fossilien von Landwirbeltieren; allein aus den Sedimenten des mittleren und oberen Perms in der Karru bargen sie über 200 verschiedene fossile Reptilienformen. Eines der bekanntesten davon ist *Moschops*, ein außerordentlich plump wirkendes Tier, das bis zu 5 m lang wurde. Sein massiger Körper mit dem relativ kleinen Kopf wurde von kurzen, kräftigen Beinen getragen. Das Reptil konnte seine Hinterbeine unter dem Körper aufsetzen, sodass die Fortbewegung weniger Kraft kostete. Die Vordergliedmaßen waren allerdings noch zur Seite gerichtet, wie bei den älteren Reptilienformen.

Man nimmt an, dass *Moschops* den Kopf, der von kräftigen Nackenmuskeln gehalten wurde, ziemlich hoch trug. Diese Muskulatur setzte an den Schultern und am Nacken an. Der Rücken von *Moschops* fiel nach hinten ab, sodass er sich in der Gestalt deutlich von den meisten heutigen Echsen unterschied.

Die Proportionen und das Skelett des gewichtigen Reptils sind typisch für Pflanzenfresser. So musste *Moschops* eine beachtliche Menge Nahrung aufnehmen, da diese in der Regel wenig Eiweiß enthielt. Die Verdauung des pflanzlichen Gewebes dauerte sehr lange, und der Magen der Tiere musste große Mengen von Nahrung speichern können. Um den vollen Bauch zu stützen, benötigten sie außerdem ein robustes Knochengerüst und entsprechend kräftige Muskeln zur Fortbewegung.

Durch ihre Masse wurden die Tiere allerdings recht träge und konnten Feinden nicht durch Flucht entkommen. Die Zähne, die auf das Zermahlen von Blättern spezialisiert waren, nützten ihnen zur Abwehr von Angreifern wenig. *Moschops* verteidigte sich deshalb auf andere Weise: mit seiner Masse. Er hielt seinen Feinden stand, statt wegzulaufen. Der empfindliche Bauch war durch den mächtigen Brustkorb geschützt. Die wichtigste Waffe des Reptils war wohl sein Kopf; das ungewöhnlich massive Schädeldach erreichte eine Dicke von bis zu 10 cm.

Ein wahres Muskelpaket war der Pflanzenfresser Moschops. Vermutlich schlug er Feinde in die Flucht, indem er sie mit seinem kräftigen Schädel rammte.

Ähnlich massive Schädelknochen haben unter den heutigen Tieren mehrere Arten von Wildschafen und -ziegen, die auf eine ganz bestimmte Art kämpfen: Sie rammen ihren Kopf gegen den ihres Rivalen. Bei diesen Auseinandersetzungen verhindert die Verstärkung des Schädels, dass der Knochen bricht und das Tier eine Gehirnverletzung erleidet. Wegen der Parallelen im Körperbau nimmt man an, dass *Moschops* seinen Schädel auf ähnliche Weise einsetzte – als Rammbock zum Vertreiben von Angreifern.

Was fressen die größten Tiere?

In der Regel ernähren sich die gewichtigsten Vertreter der verschiedensten Landtiere von Grünzeug. Elefanten, Nashörner und Flusspferde sind ebenso Vegetarier wie Gorillas, die größten Primaten. Auch die Strauße, die größten Vögel, verzehren überwiegend Pflanzen, und Gespenstschrecken, die größten Insekten, sind reine Blattfresser. Im Wasser ernähren sich die Giganten der Meere, die Bartenwale und die größten Haie, von Kleinlebewesen, die sie aus dem Wasser filtern. Sehr große Tiere sind aufgrund ihrer gewaltigen Masse nicht so beweglich wie kleinere Formen und daher keine geborenen Jäger. Sie müssen sich mit Nahrung begnügen, die sie ohne viel Anstrengung finden, auch wenn das Futter nicht sehr nahrhaft ist. Dies wiederum bedeutet, dass sie jeden Tag riesige Mengen davon verzehren müssen.

Effizientere Nahrungsaufnahme

Moschops ist ein recht ursprünglicher Vertreter der Therapsiden des oberen Perms. Höher entwickelt sind die Dicynodonten, von denen einige fast 3 m lang werden konnten. Sie lösten die primitive Gruppe ab, zu der *Moschops* gehörte, und waren die wichtigsten Pflanzen fressenden Wirbeltiere am Ende des Perms. In großen Herden zogen diese Reptilien durch Afrika; sie waren so häufig, dass sie vermutlich eine ähnliche Rolle spielten wie heute die Huftiere der afrikanischen Savannen.

Besonders viele Dicynodonten-Fossilien werden in Südafrika gefunden, wo bis zu 90 % des ausgegrabenen Knochenmaterials von diesen Tieren stammen. Im Lauf der Zeit veränderten sich die Schädel und Zähne der verschiedenen Arten auffallend, wahrscheinlich damit die Tiere die Pflanzennahrung besser verwerten konnten. Der stammesgeschichtliche Erfolg der Dicynodonten ist vermutlich eine Folge der Entwicklung ihrer Kiefer und Zähne.

Bei den meisten frühen Reptilien funktionierten die Kiefer wie eine Schere, konnten sich also nur öffnen und schließen. Mit diesem einfachen Mechanismus schnitten die Tiere Zweige von den Bäumen, aber er war kaum zum Zermahlen grober Pflanzenteile geeignet. Dazu müssen die Kiefer in der Waagrechten bewegt werden, sodass die Zahnreihen von Ober- und Unterkiefer aufeinander reiben können. Eine solche Bewegung ist wesentlich komplizierter als ein einfaches Zuschnappen und erfordert daher ganz anders gestaltete Kiefergelenke und eine komplexe Muskulatur.

Solche fortschrittlichen Merkmale besaß beispielsweise *Emydops* mit einem 5 cm langen Schädel, einer kurzen, schnabelförmigen Schnauze und einer reduzierten Zahl von Zähnen. Die Schnabelschnauze war vielleicht von Horn umhüllt. Sie diente zum Abreißen von Blättern. Scharfe Eckzähne trug das Tier nur noch im Oberkiefer, dahinter folgte eine Lücke im Gebiss. Weit hinten im Mundraum konnte man eine Reihe kleiner, dicht stehender Zähne finden; sie bildeten dort eine ähnlich breite Fläche zum Zermahlen der Nahrung wie die Backenzähne bei den Säugetieren.

Bei einer Untersuchung der Abnutzungsmuster zeigte sich, dass *Emydops* im Vergleich zu seinen Vorfahren außerordentlich bewegliche Kiefer besaß. Um Pflanzen abzubeißen, schob das Reptil den Unterkiefer zunächst vor, und anschließend brachte es die Nahrung mit der Zunge zu den hinteren Zähnen, wo sie beim Zurückschieben des Kiefers zermahlen wurde.

Jäger des Perms

Schon im Perm mussten sich die Pflanzenfresser vor hungrigen Räubern in Acht nehmen. Einige von ihnen kamen ebenfalls aus der vielgestaltigen Gruppe der Therapsiden: die Gorgonopsiden. Zu ihnen gehörten etwa die Gattungen *Lycaenops* und *Arctognathus* mit recht kleinen Arten – sie maßen nur etwa 1 m.

Äußerlich unterschieden sich die Jäger ganz deutlich von den Pflanzen fressenden Formen. Sie waren muskulös und sehr beweglich, hatten kräftige Beine, mit denen sie schnell laufen konnten, und einen langen Schwanz, mit dem sie das Gleichgewicht hielten. Ihr Schädel war verhältnismäßig klein. Sie packten ihre Opfer mit den vergrößerten, messerscharfen Eckzähnen, wobei sie dank ihres neuartigen Kiefergelenks das Maul bis zu 90° weit öffnen konnten. Außerdem töteten oder lähmten sie die Beutetiere vermutlich mit den Eckzähnen.

Fortsetzung Seite 66

Der Schädel von Cynognathus *mit seinen kräftigen Kiefern und unterschiedlichen Zahnformen erinnert schon mehr an ein Säugetier als an ein Reptil.*

Im Perm, vor über 250 Millionen Jahren, gab es etwa in der südafrikanischen Karru erste Lebensgemeinschaften großer Wirbeltiere an Land. Amphibien lebten in Feuchtgebieten; wo es trockener war, herrschten Reptilien – lange vor den Dinosauriern. Zu diesen frühen Formen gehörten auch die Urahnen der Säugetiere: Pflanzenfresser wie Moschops *und* Dicynodon *und Fleischfresser wie* Lycaenops *und* Titanosuchus. *Weitere Reptiliengruppen vertraten* Pareiasaurus *und* Youngina.

Youngina
schops
Pareiasaurus

WIE DIE GEOLOGISCHEN ZEITALTER ZU IHREN NAMEN KAMEN

Die großen Einheiten der Erdgeschichte erhielten ihre Namen bereits im 19. Jahrhundert. Da den Geologen damals vor allem Europa und die Ostküste Amerikas vertraut waren, wurden die geologischen Systeme nach diesen Regionen entwickelt. Die Unterteilungen der Zeitskala erfolgten später.

Das Karbon wurde von den Engländern William Conybeare und John Phillips im Jahr 1822 benannt. Der Name bezog sich auf die enormen Kohlenmengen, die in den Schichten des Karbons enthalten sind, obgleich in den unteren Schichten Kalkstein und Tonschiefer vorherrschen. Später bemerkten amerikanische Geologen, dass die Kalksteine im Mississippi-Tal besonders deutlich zutage traten, und die jüngeren, kohlereichen Schichten in Pennsylvania. Aus diesem Grund wird das frühe Karbon auch als „Mississippian" und das spätere Karbon als „Pennsylvanian" bezeichnet.

Das Perm erhielt seinen Namen 1841 von Roderick Murchison nach der russischen Stadt Perm. Im nahe dieser Stadt gelegenen Ural traten bunte Gesteine aus dieser Periode – vorwiegend Sandsteine – besonders gut zutage. Murchison verdanken wir auch die Benennung des Silurs (1835) und des Devons (1839, zusammen mit Adam Sedgwick). Das Silur wurde nach dem vorkeltischen Volksstamm der Silurer benannt und das Devon nach der gleichnamigen englischen Grafschaft.

Im Jahr 1834 wurde das System der Trias von dem deutschen Geologen Friedrich August von Alberti eingeführt. Der Name bezieht sich auf die Dreiteilung dieses Erdzeitalters in Deutschland: Buntsandstein, Muschelkalk und Keuper. Beruflich beschäftigte sich Alberti vor allem mit dem Bergbau und den Salzablagerungen in Deutschland, die aus der Trias stammen. Ein Großteil der Sedimente aus dieser Periode, die Salz enthalten, sammelte sich in flachen Küstengewässern.

Nach eingehenden Studien in Russland führte der schottische Geologe Roderick Impey Murchison (1792–1871) die Bezeichnung „Perm" ein. Die Skizze aus einem seiner Notizbücher zeigt Gesteinsschichten aus dem Perm bei der russischen Stadt Sviask.

Danach trennten sie einzelne Stücke ab, um sie zu verschlingen, indem sie den Kiefer vor und zurück bewegten. Die Eckzähne wirkten wohl wie scharfe Klingen, wenn sie aneinander vorbeigeschoben wurden.

Die Cynodonten

Aus entwicklungsgeschichtlicher Sicht waren die Cynodonten, die zum ersten Mal gegen Ende des Perms auftraten, die interessantesten Therapsiden. In der Trias entwickelten sie viele Formen, von denen einige bis in den Jura überlebten, die große Zeit der Dinosaurier. Aus diesen späten Therapsiden entstanden die Säugetiere.

Selbst die ältesten Cynodonten wie *Procynosuchus* waren im Vergleich zu ihren Verwandten sehr fortschrittlich. Im Lauf der Zeit kamen immer mehr säugetierähnliche Merkmale zum Vorschein; die Kiefermuskeln wurden größer und komplizierter, und ein knöcherner Gaumen trennte die Atemwege vom Mundraum. Ein weiterer Fortschritt war das mechanische Zerkleinern der Nahrung vor der Verdauung, sodass die Tiere wesentlich mehr Nährstoffe ihres Futters nutzen konnten. So wurde das ausgiebige Zerkauen der Pflanzen erst durch den neu entwickelten Gaumen möglich. Ohne die Trennung von Mund- und Nasenraum kann ein Tier nicht gleichzeitig fressen und atmen, sodass es gezwungen ist, die Nahrung rasch hinunterzuschlingen.

„Heißblütige" Abweichler

Diese körperlichen Veränderungen zur besseren Futterverwertung entstanden sicher nicht ohne Grund. Offenbar hatten die Tiere einen aufwändigeren Stoffwechsel als andere Reptilien. Warum dies so war, wird unter Fachleuten noch heftig diskutiert. Vermutlich waren die Cynodonten aktiver als ihre Verwandten und hatten daher einen höheren Energiebedarf. Dies erinnert auffallend an die Verhältnisse bei gleichwarmen Lebewesen wie Säugetieren und Vögeln. Mit Fossilien lässt sich allerdings in der Regel nicht nachweisen, ob ein Tier der Vorzeit gleichwarm oder wechselwarm war. Wenn die Cynodonten tatsächlich ihre Körpertemperatur konstant hielten, könnte dies auch auf andere Reptilien zutreffen. Ein besonders eifriger Verfechter dieser „Warmblüter-These" ist der amerikanische Dinosaurierspezialist Robert Bakker, der es sich zur Aufgabe gemacht hat, traditionelle Vorstellungen in Frage zu stellen.

Nach Ansicht des Forschers gibt es reichlich Hinweise in den Versteinerungen, wenn auch indirekt, ab wann die Tiere ihre Körpertemperatur konstant hielten. Robert Bakker stützt seine These beispielsweise auf die Nahrungskette. Wenn man die Lebensgemeinschaften der verschiedenen Reptiliengruppen untersucht, kann man das Verhältnis von Pflanzenfressern zu Fleischfressern mit dem vergleichen, wie wir es heute bei den gleichwarmen Säugetieren und bei den wechselwarmen Reptilien kennen. Bei den Säugetieren stehen relativ wenige räuberische Individuen an der Spitze der Nahrungspyramide, deren breite Basis die wesentlich häufigeren Pflanzenfresser bilden. Unter Reptilien dagegen lebt eine verhältnismäßig große Zahl von Tieren räuberisch, weil ihr Energiebedarf nicht so hoch ist.

Als Bakker die verschiedenen Fossiliensammlungen nach solchen Lebensgemeinschaften durchsuchte, fand er heraus, dass es bei den Segelrückenechsen aus dem frühen Perm recht viele große Fleischfresser im Vergleich zu Pflanzenfressern gab. Zudem weisen sie den typischen Körperbau wechselwarmer Reptilien auf, und sie bewegten sich recht behäbig. Im Unterschied dazu gibt es bei den jüngeren Therapsiden aus dem oberen Perm Südafrikas verhältnismäßig wenige Fleischfresser. Bakker schloss daraus, dass sie gleichwarm waren. Einen weiteren Beleg dafür fand er in der Mikrostruktur der Knochen, die darauf hindeutet, dass die Therapsiden schneller wuchsen, ähnlich wie die Säugetiere. Auch die Gelenke ihrer Gliedmaßen, die Muskulatur und die Fortbewegungsweise waren fortschrittlicher, sodass sie eine höhere Geschwindigkeit erreichten.

Im oberen Perm herrschte im Bereich der heutigen Karru ein gemäßigtes Klima, und deshalb mussten sich die Tiere offenbar vor Wärmeverlust schützen. Robert Bakker nimmt an, dass die Cynodonten Haare besaßen, auch wenn nach Ansicht der meisten Zoologen erst Säugetiere solche Strukturen entwickelten. Haare bestehen zwar aus sehr robustem Eiweiß, bleiben jedoch nur äußerst selten bei der Fossilisierung erhalten, sodass es bisher keine direkten Beweise für Bakkers Vermutung gibt.

Katastrophe und neue Chance

Am Ende des Perms ereignete sich eine weltweite Katastrophe: das größte bekannte Artensterben in der Erdgeschichte. Fachleute schätzen, dass etwa die Hälfte der Familien wirbelloser Tiere in den Meeren und mehr als 70 % der Wirbeltierfamilien des oberen Perms – insgesamt 27 Gruppen – völlig vernichtet wurden. Dazu gehörten auch mehrere Amphibien- und Reptiliengruppen. Nur etwa zehn Vierfüßerfamilien überlebten. Zu Beginn der Trias, des folgenden Zeitalters, breiteten sich diese Überlebenden auf der ganzen Erde aus, auch dort, wo sie vorher von stärkeren Konkurrenten fern gehalten worden waren.

Der Grund für dieses Massensterben liegt noch immer im Dunkeln. Niemand weiß, über welchen Zeitraum es sich hinzog. Zwar nehmen viele Forscher an, dass es durch eine plötzliche Katastrophe verursacht wurde, aber dafür gibt es keine überzeugenden Beweise. Die Verluste betrafen ein breites Spektrum von Tier- und Pflanzenformen, die in vielen verschiedenen Lebensräumen an Land und im Meer lebten. Kein Zweifel besteht jedoch, dass dieses tragische Ereignis die ganze Erde in Mitleidenschaft zog.

Vielleicht resultierte die Katastrophe aus einer Kettenreaktion von globalen Veränderungen, deren Auslöser letztlich die Zusammenlagerung mehrerer Erdteile zum Superkontinent Pangaea war. In den letzten Jahren hat sich immer deutlicher gezeigt, wie eng die Ozeane, die Atmosphäre und die Biosphäre mit komplizierten Wechselwirkungen untereinander verbunden sind. Veränderungen bei einer einzigen Meeresströmung, wie beim El Niño im Pazifik, können sich innerhalb eines einzigen Jahrs auf die Wassertemperatur, die Wanderungen von Meereslebewesen, das Klima und die Erträge der Fischerei auswirken. Alle größeren Änderungen in den Strömungsmustern der Ozeane würden ähnliche, aber noch wesentlich weitreichendere Folgen haben; sie könnten die gesamte Erde in einem katastrophalen Ausmaß verändern. Die meisten Lebewesen sind so sehr an ihre speziellen Lebensräume gebunden, dass sie auf starke Schwankungen des Klimas und des Nahrungsangebots nicht schnell genug reagieren können.

Durch die Vereinigung der Kontinente zu Pangaea wurde die Fläche der Flachwasserbereiche an den Küsten drastisch verkleinert, und es kam zu einem Absinken des Meeresspiegels. Dabei reduzierte sich der

Diese Rekonstruktion zeigt einen Dinosaurier der Gattung **Baryonyx***, der im Schlamm eines Sees begraben wurde.*

Blindwühlen wie diese Gymnophis *sind ungewöhnliche Amphibien, die im Boden ihre Gänge graben. Im Lauf der Evolution verloren sie ihre Gliedmaßen und ihr Sehvermögen – beides Attribute, die sie in der Dunkelheit des Erdreichs nicht mehr brauchen.*

Lebensraum für die Organismen der Kontinentalschelfe ganz erheblich, und ihre Vielfalt ging zurück. Eine schlüssige Erklärung für das weltweite Massensterben ist dies allerdings nicht; es gibt zwar viele Vermutungen, aber keine Lösung des Rätsels.

Zu Hause in zwei Elementen

Während die Reptilien in den Vordergrund traten und das Zentrum der evolutionären Bühne einnahmen, entwickelten sich auch die Amphibien weiter – ihre Veränderungen waren zwar nicht so dramatisch, aber ebenso interessant. Der entwicklungsgeschichtliche Ursprung aller heute lebenden Amphibien lässt sich schwer nachvollziehen, weil nur wenige Fossilien gefunden wurden, die ihre Entstehung nachzeichnen. Klar ist, dass die drei Gruppen der modernen Amphibien, die Froschlurche, die Schwanzlurche und die Blindwühlen, bereits gegen Ende der Trias existierten und dass ihr Ursprung am Beginn dieses Zeitalters liegen dürfte.

Von Froschlurchen stammen die ältesten Fossilien; einige davon sind über 200 Millionen Jahre alt und stammen aus der oberen Trias. Sie belegen, dass sich der Körperbau der erwachsenen Frösche von heute grundsätzlich von dem ihrer ältesten Vorfahren unterscheidet. Diese sahen mehr wie Salamander oder Kaulquappen im letzten Entwicklungsstadium aus, mit deutlich ausgebildeten Schwänzen und vier mehr oder weniger gleich großen Gliedmaßen.

Die zweite Gruppe, die Schwanzlurche, scheint sich gegenüber ihren Ahnen aus dem oberen Jura verhältnismäßig wenig verändert zu haben. Kaum bekannt ist die dritte Amphibiengruppe, die der wurmförmigen Blindwühlen, die heute bis zu 1,30 m lang werden. Mit mehr als 160 Arten sind diese versteckt lebenden Tiere in unserer Fauna vertreten, insbesondere in den Tropen. Sie graben Gänge unter der Erde und haben ihre Gestalt perfekt an diese Lebensweise angepasst: Ihren wurm- oder schlangenförmigen Körper durchzieht eine Wirbelsäule, die aus 82–285 Wirbeln besteht; die Froschlurche haben in der Regel nur neun Wirbel. Die Gliedmaßen der Blindwühlen sind reduziert, und aufgrund von zahlreichen Hautfalten, die sich wie Ringe um ihren Leib ziehen, erinnern sie an Regenwürmer. Ihre Augen sind klein und oft von Haut überwachsen, und manche Arten weisen einzigartige, ausstülpbare „Tentakel“ am Mundwinkel auf, die sie als Tastorgane einsetzen. Auf diese Weise orientieren sie sich und gleichen so den Verlust ihres Sehvermögens aus.

Blindwühlen haben einen kompakten Schädel mit kräftigen Kiefern. Sie sind aktive Jäger, die ihre Beute unter der Erde aufspüren; in ihrem recht großen Maul tragen sie zahlreiche kleine, spitze Zähne. In Anpassung an ihre Lebensweise pflanzen sich manche Arten im Gegensatz zu den anderen Amphibien fern vom Wasser fort: Sie bringen lebende Junge zur Welt, die sich im Mutterleib entwickeln und durch spezielle Drüsen ernährt werden.

Es gibt kaum Fossilien, mit denen Paläontologen die Entstehung der Blindwühlen nachvollziehen können. Dass sie weltweit in den Tropen vorkommen, deutet allerdings darauf hin, dass sie sich bereits vor dem Auseinanderbrechen des Superkontinents Pangaea entwickelt haben. Sie sind damit wahrscheinlich ein Relikt aus Gondwanaland, das bis in unsere Zeit überdauert hat.

1992 wurde in Arizona das Fossil einer Blindwühle entdeckt, dessen Alter man auf 200 Millionen Jahre schätzt. Dieses Tier, *Eocaecilia micropodia*, besaß ein einzigartiges Sinnesorgan der Blindwühlen und spezialisierte Kiefer, gleichzeitig wies es aber auch Merkmale der Schwanzlurche sowie einer der zahlreichen frühen Amphibiengruppen aus dem Erdaltertum auf. Besonders bemerkenswert ist jedoch, dass das Fossil zwar Beine hat, aber ungewöhnlich kleine Füße mit nur drei Zehen. *Eocaecilia* ähnelte den heutigen Gymnophionen zwar in Gestalt und Größe, besaß aber – im Unterschied zu diesen – gut ausgebildete Gliedmaßen und

Die Schwanzlurche sind eine recht junge Gruppe, obwohl sie vielen ausgestorbenen Amphibien aus dem Erdaltertum ähneln.

FASZINIERENDE DINOSAURIER

Bereits im letzten Jahrhundert zeigte die Öffentlichkeit an den gigantischen Reptilien der Urzeit ein großes Interesse. Aus diesem Grund erregte die Eröffnung des Kristallpalasts im Süden Londons im Jahr 1854 durch Königin Victoria großes Aufsehen – 40000 Menschen drängten sich vor dem Gebäude.

Auf dem Gelände um den Palast aus Glas und Eisen, den Joseph Paxton für die Weltausstellung drei Jahre zuvor gebaut hatte, standen lebensgroße Rekonstruktionen von mehr als 30 prähistorischen „Ungeheuern“ inmitten von Felsen, Pflanzen und Seen. Die Reptilien beeindruckten die Londoner Bevölkerung so stark, dass eine richtige Welle der „Dinomanie“ entstand.

Die Ausstellung hatte der englische Paläontologe Richard Owen konzipiert. Er sah darin eine Gelegenheit, seine eigene Meinung zur Evolution publik zu machen. Im Unterschied zu Charles Darwin, dessen revolutionäre Ideen damals gerade überall diskutiert wurden, war Owen von der Unveränderlichkeit der Arten überzeugt. Von diesem Wissenschaftler stammt die Bezeichnung „Dinosaurier“.

Benjamin Waterhouse Hawkins, ein unbekannter Künstler, wurde dazu ausersehen, die interessantesten ausgestorbenen Tiere und Pflanzen jedes Zeitalters in Gestalt und Größe lebensecht nachzubilden. Drei Inseln sollten das Erdaltertum, das Erdmittelalter und die Erdneuzeit vorstellen. Auf diesen Inseln und im Wasser um sie herum wurden Modelle von 14 ausgestorbenen Tierarten aufgebaut, angefangen von Amphibien aus dem Karbon über die Dinosaurier bis zu einem Riesenhirsch aus der Eiszeit.

Kurz bevor der Palast eröffnet wurde, arrangierte Hawkins einen genialen Werbecoup. Er veranstaltete am Silvesterabend 1853 ein Festessen für ausgewählte Gäste – im Modell des riesigen Iguanodons. Bilder von diesem ungewöhnlichen Dinner erschienen in Zeitungen und Zeitschriften rund um die Welt und erregten eine solche Aufmerksamkeit, dass jeder die unheimlichen Tiere sehen wollte.

Viele der Modelle sind bis heute erhalten geblieben; sie überstanden sogar die Zerstörung des Kristallpalasts durch ein Feuer.

Mit einem Silvesterbankett im Inneren eines Iguanodon-Modells wurde der Kristallpalast zum Jahreswechsel 1853/1854 eingeweiht.

Im 19. Jahrhundert stellte man sich die Dinosaurier ähnlich wie lebende Echsen vor, etwa die Brückenechse.

funktionsfähige Augen. Sie lebte also vermutlich noch nicht grabend im Boden.

Neue Chancen für neue Reptilien

Mit Beginn der Trias verschwanden die polaren Eiskappen, und das Weltklima änderte sich. Wahrscheinlich wurde das Wetter in den warmen, feuchten Regionen allmählich heiß und trocken. Nun breiteten sich die landlebenden Reptilien aus und begannen sich in zahlreiche Formen aufzuspalten. Die Therapsiden, die vorher so erfolgreich gewesen waren, sahen sich mit zwei anderen Reptiliengruppen konfrontiert, den Archosauria und den Rhynchosauria. Diese erwiesen sich als überlegene Gegner.

Einige Reptilien gingen zurück ins Meer und entwickelten sich zu Gruppen wie den Ichthyosauriern und den Plesiosauriern. Wieder andere eroberten gegen Ende der Trias die Lüfte; aus ihnen entstanden die

Phytosaurier wie dieser Nicrosaurus *ernährten sich vermutlich von Fischen, wie die heutigen Krokodile, und jagten auch auf ähnliche Weise.*

Pterosaurier. Eine besonders wichtige Rolle spielten jedoch die Archosauria, zu denen auch die Krokodile, Dinosaurier und Pterosaurier gehören. Ein früher Vertreter dieser Gruppe war *Chasmatosaurus* oder *Proterosuchus*, ein krokodilähnlicher Räuber aus der unteren Trias mit bis zu 2 m Länge. Da er kurze Gliedmaßen hatte und sich kriechend fortbewegte, nimmt man an, dass er nicht sehr schnell laufen konnte; seine Geschwindigkeit reichte wahrscheinlich gerade dazu aus, kleinere Reptilien zu erbeuten.

Die Gattung *Euparkeria* war nur etwa 50 cm lang, wies aber einige fortschrittliche Merkmale auf. So verfügte diese Form über lange Zähne, die fest in Zahnhöhlen saßen; dadurch konnten die Tiere fester zubeißen und ihre Beute besser halten. Dank ihrer langen Gliedmaßen und flexibleren Fußgelenke waren sie vermutlich schneller als andere Tiere.

Am Ende der unteren Trias, vor ungefähr 240 Millionen Jahren, entwickelten sich aus den Archosauria drei Hauptgruppen. Eine davon führte zu den Dinosauriern und zu den Vögeln, eine zu den Pterosauriern und die dritte zu den Crocodylia, aus denen auch die heute lebenden Krokodile hervorgingen. Manche der frühen Archosauria, wie der 2,50 m lange *Parasuchus* aus Indien, lebten als Räuber im Wasser und ähnelten in vielerlei Hinsicht den heutigen Krokodilen. Andere, beispielsweise der mächtige *Saurosuchus* aus der oberen Trias, der im heutigen Argentinien lebte, waren langbeinige, aktive landlebende Räuber. Fast alle anderen Tiere der damaligen Zeit mussten sich vor diesen Jägern vorsehen. Der äußerst erfolgreiche Körperbau dieser Tiere und ihre besondere Lebensweise haben alle Katastrophen der Erdgeschichte überdauert; noch heute sind die entfernten Nachfahren dieser frühen Archosauria, die Krokodile, gefürchtete Räuber.

Auf dem Weg zu den Dinosauriern

Eine Gruppe von Reptilien, zu denen etwa die Gattung *Ornithosuchus* gehört, war in der oberen Trias weit verbreitet – von Schottland bis nach Südamerika. Diese Tiere ähnelten bereits auffallend den Dinosauriern. Sie waren bis zu 3,50 m lang und hatten schlanke Gliedmaßen, wobei die Beine länger waren als die Arme. Wahrscheinlich vermochten sie ebenso gut auf zwei wie auf vier Beinen zu laufen.

Herrerasaurus, ein Zeitgenosse dieser Reptilien aus Argentinien, hatte etwa die gleiche Größe, aber einen anderen Körperbau; er lief auf zwei Beinen. Seine Hüfte war dieser Fortbewegungsweise angepasst und sein Fußskelett umgewandelt; er konnte seine Fußgelenke wesentlich stärker belasten. Diese kräftigen Gelenke sind typisch für die Dinosaurier.

Die Zehen von *Herrerasaurus* waren zum Laufen verlängert, vor allem die drei mittleren. Mit diesen drei großen Zehen hinterließ das Reptil Fußspuren, die denen von Straußen ähnelten; einige Forscher nahmen daher zu Beginn des 19. Jahrhunderts irrtümlich an, irgendwann in der Urzeit der Erde hätte ein Wettlauf von Riesenvögeln stattgefunden.

Es mag merkwürdig scheinen, dass die ersten echten Dinosaurier Fleischfresser waren; man könnte eher annehmen, dass entscheidende Veränderungen bei Tieren zunächst bei den Pflanzenfressern stattfinden, die in weit größerer Zahl vorkommen. Die Geschichte der Vierfüßer weist allerdings eher auf das Umgekehrte hin: In vielen Fällen entstanden neue Verwandtschaftsgruppen aus Fleischfressern. Bei den Reptilien überrascht dies nicht allzu sehr, weil ihre ursprüngliche Zahnform – eine recht einfache, konische Gestalt – eher für Fleisch- als für Pflanzennahrung geeignet ist. Viele Dinosauriergruppen, die sich von Pflanzen ernährten, entwickelten nie Mahlzähne, mit denen sie ihr Futter zur leichteren Verdauung hätten zerkleinern können. Zu diesem Zweck nahmen sie beim Fressen Steine auf,

In Argentinien wurde ein hervorragend erhaltener Herrerasaurus*-Schädel gefunden, an dem die Fachleute anatomische Einzelheiten untersuchen konnten (unten). Das Fleisch fressende Reptil, das vor 220 Millionen Jahren lebte, bewegte sich auf zwei Beinen (rechts).*

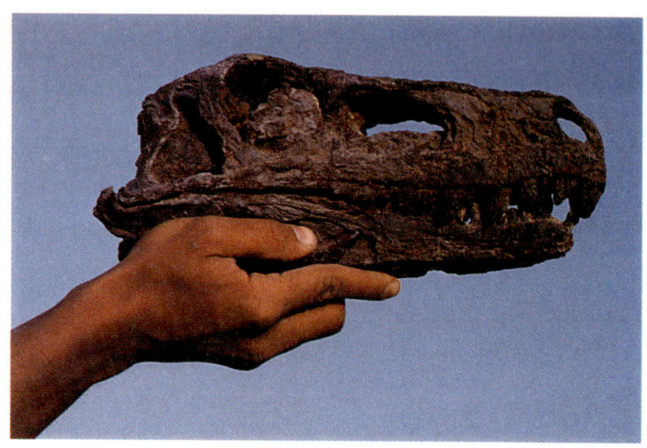

die in ihrem Magen liegen blieben und ihnen halfen, die Nahrung zu zerreiben. Auch heute noch bedienen sich viele Tiere, etwa viele Vögel, dieser Methode.

Dinosauriervielfalt in einer sich wandelnden Welt

Vor ungefähr 230 Millionen Jahren machten die Dinosaurier mit Formen wie *Herrerasaurus* die ersten Schritte auf der Erde. Damals waren sie noch recht unbedeutend. Innerhalb von 20 Millionen Jahren, bis zum Ende der Trias, entwickelten sie sich jedoch zur wichtigsten Gruppe landlebender Wirbeltiere. Sie verdrängten auch die hoch entwickelten Therapsiden. Wie und warum sie so erfolgreich wurden, ist nach wie vor Gegenstand von Diskussionen. Kontroverse Ansichten gibt es auch zu der Frage, ob die Dinosaurier gleichwarm waren und ob sie dadurch einen Vorteil gegenüber anderen Wirbeltieren genossen. Immerhin ist es möglich, dass es unter den Therapsiden ebenfalls gleichwarme Formen gab.

Manche Paläontologen meinen, dass die Dinosaurier von einer Katastrophe profitiert haben, durch die am Ende der Trias, an der Grenze zum Jura, zahlreiche Tierarten ausstarben. Vielleicht waren die Reptilien aufgrund ihrer Anpassungsfähigkeit in der Lage, in die frei gewordenen Nischen zu schlüpfen. Dieser Prozess könnte sich über viele Millionen Jahre hingezogen haben.

Während des Jura-Zeitalters und der Kreide eroberten die Dinosaurier fast alle Lebensräume an Land, und schon nach relativ kurzer Zeit hatte sich eine erstaunliche Vielfalt an Größen und Formen entwickelt. Unter den Pflanzenfressern gab es kleine, schnelle Tiere, die sich auf zwei Beinen bewegten, wie den 1,25 m großen *Thecodontosaurus*, neben mittelgroßen Formen, die entweder zweibeinig oder vierbeinig laufen konnten, etwa der 7 m große *Plateosaurus*, und sehr schweren, langsamen Arten, die sich nur vierbeinig fortbewegen konnten, beispielsweise der 27 m lange Sauropode *Diplodocus*.

Einige Saurier schützten sich durch eine Panzerung, die an die Rüstung mittelalterlicher Ritter erinnert. So trug der bis zu 9 m lange *Stegosaurus* riesige Knochenplatten auf dem Rücken, *Protoceratops*, der bis zu 2,70 m lang wurde, verfügte über mächtige Nackenschilder und der 9 m lange *Triceratops* über gewaltige Hörner. Andere Arten verteidigten sich mit gefährlichen Waffen – *Pinacosaurus* (5 m lang) trug eine Keule am Schwanzende, und der 4 m lange *Polacanthus* stellte Angreifern schreckliche Stacheln entgegen. Nur mit dieser massiven Bewaffnung konnten die Pflanzenfresser ihren Feinden widerstehen, den Räubern unter den Dinosauriern. Auch bei den Fleischfressern gab es eine beachtliche Zahl verschiedener Größen; das Spektrum reichte von kleinen, schnellen Tieren wie dem 60 cm großen *Compsognathus* und dem 3 m langen *Coelophysis* bis zu dem eher behäbigen 15 m langen *Tyrannosaurus*.

Mit mächtigen Knochenplatten, Dornen und einer Schwanzkeule schützte sich der Pflanzen fressende Ankylosaurier Euoplocephalus *vor Feinden.*

Diese Artenvielfalt der Dinosaurier entwickelte sich zunächst in einer recht stabilen Umwelt. Die Trockenheit der Trias wich nach und nach einem feuchteren, wärmeren Klima, das sich im Jura bis zu den Polen erstreckte. Daher fand man Fossilien subtropischer Farn- und Koniferenformen aus dem Jura am 60. nördlichen Breitengrad, an dem heute Oslo liegt.

Ein günstiges Klima

In der Pflanzenwelt fanden im Verlauf der Trias und des Juras bedeutende Veränderungen statt. Zu den Schachtelhalmen und Bärlappen, die im Erdaltertum die Landschaft geprägt hatten, kamen echte Farne, Farnsamer, Palmfarne und Nadelbäume;

sie verdrängten die älteren Formen weitgehend. In der unteren Kreide kamen die Pflanzen hinzu, die die Vegetation der heutigen Welt beherrschen: die Bedecktsamer. Im milden Klima dieser Phase entwickelten die Dinosaurier nicht nur eine enorme Artenvielfalt, sondern schwangen sich auch zu neuen Höhen auf – im wahrsten Sinn des Worts: Sie erreichten gigantische Größen.

Aus den zweibeinigen Dinosauriern der oberen Trias und des unteren Juras, zu denen *Thecodontosaurus* zählte, gingen vier Gruppen großer Pflanzen fressender, vierbeiniger Sauropoden hervor. Die Tiere werden anhand von Schädelmerkmalen klassifiziert. Bei zwei Gruppen, den Camarasauriern und den Brachiosauriern, verband eine Knochenbrücke die Nasenlöcher, die hinter einer kurzen Schnauze recht hoch und weit hinten am Kopf saßen. Die Diplodociden und Titanosaurier hingegen zeich-

Mächtige Hörner und ein knöchernes Halsschild waren für die langsamen Ceratopsia, zu denen auch der hier abgebildete Triceratops *gehörte, ein lebenswichtiger Schutz.*

Keine Baumstämme, sondern die Schwanzwirbel des gigantischen Sauropoden Seismosaurus *sind hier zu sehen; sie wurden 1979 in der Nähe von Albuquerque im US-Bundesstaat New Mexico freigelegt.*

neten sich durch eine lange, breite Schnauze und spezielle zylindrische Vorderzähne aus.

Alle diese Saurier brauchten große Wirbel, die ihre gewaltigen Eingeweide trugen, aber dennoch ein leichtes Knochengerüst, das ihre ohnehin beträchtliche Masse nicht zusätzlich erhöhte. Sie bewegten sich auf mächtigen, säulenförmigen Beinen, die denen von Elefanten ähnelten; die Gliedmaßen mussten sehr stabil sein, um den Körper der Dinosaurier hochzustemmen und aufrecht zu halten, und gleichzeitig gelenkig, damit sich die Riesen damit bewegen konnten.

Bei jedem Schritt bebte die Erde

Je mehr Dinosaurierfossilien gefunden wurden, desto besser konnten sich die Wissenschaftler vorstellen, welche Maße einige von ihnen erreichten. Dennoch waren die Fachleute erschüttert, als sie in den 80er Jahren auf die Überreste des größten aller Sauropoden stießen – sie nannten ihn *Seismosaurus*, die „Erdbebenechse".

Dieses Tier war schätzungsweise 38–50 m lang und wog ungefähr 100 t. Damit übertraf es in der Länge das größte heute lebende Tier, den Blauwal, beträchtlich. Das Gewicht des Meeressäugers erreichte *Seismosaurus* allerdings nicht ganz; ein Blauwal kann bis zu 160 t wiegen. Für Landtiere ist eine solche Masse kaum vorstellbar, denn die Wale können nur so schwer werden, weil das Wasser sie trägt. Aus diesem Grund ist es erstaunlich, dass sich *Seismosaurus* auf seinen vier Gliedmaßen, die über den Schulter- und Beckengürtel mit der Wirbelsäule verbunden waren, bewegen konnte. Vermutlich stellte sein Gewicht die äußerste Belastung für die Knochen eines Landtiers dar.

Die ersten Fossilien von *Seismosaurus*, einige Schwanzwirbel, entdeckten Wanderer 1979 in der Nähe von Albuquerque im US-Bundesstaat New Mexico. Der Geologe Jan Cummings erkannte schnell, dass es sich um Teile eines ungewöhnlich großen Sauropoden handeln könnte. Schon bald wurde ein Wissenschaftlerteam mit Spezialausrüstung vor Ort geschickt, um mehr Teile von „Sam, der Erdbebenechse" zu finden.

Zunächst mussten die Paläontologen feststellen, wo sich weitere Reste im Gestein befinden könnten. Sie wendeten dabei hoch entwickelte Techniken wie Radar an, sodass sie danach gezielt weitergraben konnten. Auch extrem empfindliche Gammastrahlen-Detektoren setzten sie ein. Ein mineralischer Bestandteil der Knochen, Hydroxyapatit, lässt sich durch Fluoreszenz nachweisen; in der Nacht arbeiteten die Forscher daher mit ultraviolettem Licht, um auf diese Weise Spuren von Knochen aufzuspüren. Später kamen die herkömmlichen Ausgrabungstechniken zum Einsatz – Hammer, Meißel, Gipsschalen, Flaschenzug und Ketten. Viele Stunden unermüdlicher, harter Arbeit unter der Wüstensonne kostete es, die Versteinerungen freizulegen.

Nach 15 Jahren waren 37 Wirbel, einige davon mit Rippen, das vollständige Becken

Dieses lebensgroße Modell des Skeletts eines Vorderbeins von Ultrasaurus *macht im Vergleich zu einem Menschen deutlich, welche Maße dieser Riese erreichte.*

Fossilien verraten den Paläontologen nicht nur, wie die Körper der Dinosaurier gebaut waren; manchmal bergen sie auch Hinweise auf das Sozialleben der Tiere. So nimmt man an, dass viele Arten, etwa Seismosaurus, *in Gruppen durch die Landschaft zogen, wie es heute Elefanten tun.*

Im Verhältnis zu ihrem mächtigen Körper hatten die riesigen Sauropoden sehr kleine Köpfe. Große Augenhöhlen und stiftförmige Zähne charakterisieren den Schädel von Diplodocus *(oben), während sich* Camarasaurus *(darunter) durch spatelförmige Zähne und riesige Nasenlöcher vor den Augenhöhlen auszeichnet. Beide fraßen Blätter von hohen Bäumen.*

und Teile des Schwanzes aus Staub und Stein ausgegraben. Ein einziger Block, der vier der kleineren Schwanzwirbel enthielt, wog allein 680 kg und der größte ausgegrabene Block 5 t.

Leider fehlten der Kopf und die Gliedmaßen des Tiers. Der Sauropode war schon recht lange tot, bevor er im Sand eines Flusses begraben wurde, und die Strömung hatte die fehlenden Körperteile weggetragen. Neben den Wirbeln fanden die Wissenschaftler 240 runde, polierte Kieselsteine von 2,5–10 cm Durchmesser. Höchstwahrscheinlich handelte es sich dabei um Steine, die das Tier geschluckt hatte, um seine Nahrung zu zerkleinern. Die Steine befanden sich vermutlich im Magen, denn sie lagen bei der Ausgrabung im Bereich dieses Organs. Allerdings lässt sich die Annahme, dass Dinosaurier Magensteine als Verdauungshilfe verwendet haben, nicht beweisen.

Wenn man davon ausgeht, dass Tausende dieser Dinosaurier gleichzeitig lebten und dass die Art mindestens eine Million Jahre lang existierte, kommt man auf eine gewaltige Menge von Skeletten, die irgendwo auf der Erde verborgen sind. Bisher haben die Paläontologen aber erst Teile eines einzigen Skeletts freigelegt. Vor dem gleichen Problem stehen die Forscher auch bei den anderen ausgestorbenen Tierformen, insbesondere aber bei Landwirbeltieren wie den Dinosauriern.

Das Geheimnis der langen Zähne

Um die Lebensweise solcher urzeitlicher Lebewesen mithilfe der versteinerten Knochen zu rekonstruieren, bedarf es detektivischer Kleinarbeit. So konnten die Paläontologen beispielsweise aus den Resten von *Diplodocus*, einem der riesigen Pflanzen fressenden Sauropoden, auf die Ernährungsweise des Tiers schließen. Der Riese zeichnete sich durch eigenartige lange, stiftförmige Zähne aus, die in dichten Reihen nebeneinander standen wie in einem Rechen und ungewöhnliche Abnutzungsspuren zeigten.

Mit den eigenartigen Zähnen streifte Diplodocus *wie mit einem Rechen Blätter von den Zweigen (links). Die dornförmigen Krallen an seinen Daumen dienten wahrscheinlich zum Festhalten an den Baumstämmen, wenn sich das Tier zum Fressen aufrichtete.*

Hier wird gerade der Schädel des vollständigsten bisher bekannten Tyrannosaurus-rex-*Skeletts präpariert, das 1990 in South Dakota, USA, gefunden wurde. 1997 erwarb das Field-Museum in Chicago dieses Skelett für die Rekordsumme von 7,6 Millionen US-Dollar.*

Zunächst dachte man, die Reptilien hätten mit diesen Zähnen Wasserpflanzen gefressen, aber heute nehmen die Forscher an, dass die langhalsigen Dinosaurier mit ihren Zähnen Laub von hohen Ästen streiften. Darauf weist die eigentümliche Abnutzung der rundlichen Vorderzähne hin. Sie standen nach vorn, wobei die flachen, abgenutzten Flächen nach außen zeigten. Zum Abstreifen seiner Nahrung konnte *Diplodocus* den Unterkiefer vor und zurück bewegen.

Eine solche Abnutzung der Zähne könnte entstanden sein, wenn das Tier in rund 15 m Höhe die Baumkronen abweidete. Mit einer Seitwärtsbewegung des Kopfs hat es dabei vermutlich das Laub eines ganzen Asts abgestreift. Fraß es an hohen Zweigen, wurde die obere Zahnreihe seitlich abgenutzt, und beim Abstreifen der Blätter eines tieferen Zweigs zog es den Kopf nach oben und nutzte dabei die unteren Zähne ab. Auf diese Weise konnte der Saurier an einem einzigen Baum die größtmögliche Menge an Futter verwerten – ein beträchtlicher Vorteil für einen so großen Pflanzenfresser, der die meiste Zeit mit der Nahrungsaufnahme beschäftigt war. Ein Riese wie *Diplodocus* musste täglich schätzungsweise 180–270 kg Blätter verzehren, um seinen Energiebedarf zu decken, vor allem deshalb, weil er keine Backenzähne besaß, mit denen er die Nahrung zerkauen konnte.

An den großen Zehen der Vorderfüße trägt *Diplodocus* wie viele andere Sauropoden eigenartige Krallen, die man zunächst für Waffen hielt. Mittlerweile sind einige Wissenschaftler überzeugt, dass es sich eher um eine Art Greifhaken handelte, mit deren Hilfe die Tiere an die hohen Zweige gelangten. Wenn sich einer dieser Saurier auf die Hinterbeine aufrichtete, um hoch in das Kronendach des Walds zu gelangen, verankerte er sich wahrscheinlich mit den bis zu 30 cm langen Krallen an den Baumstämmen und entlastete so die Hinterbeine. Sein Gewicht von 30–40 t stützte er dadurch bei der Nahrungsaufnahme sicher ab.

Wenn man die Größe und den Abstand der Vorderfüße der großen Sauropoden betrachtet und davon ausgeht, dass sie damit die Stämme umfasst haben, hätte es im Jura Bäume mit bis zu 3 m Stammdurchmesser geben müssen. Ob dies tatsächlich der Fall war, weiß niemand; bisher sind keine Fossilien solch großer Bäume gefunden worden.

Gewaltige Jäger

Das Wort „Dinosaurier" stammt aus dem Griechischen und bedeutet „schreckliche Echse". Diesem Namen werden ganz besonders die gigantischen Jäger unter den Reptilien gerecht, die Carnosaurier. Mit ihren gewaltigen Köpfen, dem kurzen, muskulösen Hals, den stummelartigen kurzen Armen, den kräftigen Beinen und den geraden, langen Schwänzen wirken sie in unseren Augen ausgesprochen grotesk. Ein solcher Körperbau war für einen derart großen Räuber allerdings optimal. Mit den langen, muskelbepackten Beinen konnte er seine Opfer mit hoher Geschwindigkeit verfolgen, und mit den mächtigen Zähnen tötete er sie rasch, bevor sie ihm entwischen oder sich wehren konnten. Auch beim Verschlingen der Beute musste er sich beeilen, damit ihm Aasfresser nichts wegschnappten.

Bisher ist noch nicht klar, welche Funktion die dünnen, kurzen Arme der Tiere hatten, denn sie reichten nicht einmal bis zum Maul. Mit dem kräftigen Schwanz hielten sie höchstwahrscheinlich das Gleichgewicht. Der Schädel war zwar riesig, aber bei den meisten Arten doch relativ leicht, da große Öffnungen im Knochen die Konstruktion auflockerten. Dennoch musste der Knochen so stabil sein, dass die mächtige

Kiefermuskulatur daran ansetzen konnte. Ein solcher Körperbau ist nicht nur für die Carnosaurier typisch, sondern auch für alle ihre Verwandten, die zur Gruppe der Theropoden gehörten – auch für die primitivsten Vögel wie *Archaeopteryx*.

Die Carnosaurier lebten vor allem im Jura und in der oberen Kreide und waren von Nordamerika bis nach Zentralasien verbreitet. Zu den größten Formen zählten die Arten der Gattung *Allosaurus*, etwa die 12 m langen Raubsaurier aus dem oberen Jura Nordamerikas, sowie die allseits bekannten Tyrannosaurier.

Ein Koloss auf zwei Beinen

Der mächtige *Tyrannosaurus rex* gilt mit seiner Länge von fast 15 m und einer Höhe von bis zu 6 m als der größte landlebende Fleischfresser aller Zeiten. Im Gewicht übertroffen wurde er vermutlich nur von *Giganotosaurus carolinii*, einer erst vor wenigen Jahren entdeckten Art, die bis zu 8 t gewogen haben dürfte – bei *Tyrannosaurus* waren es weniger als 7 t.

Wie *Tyrannosaurus rex* seine Beute fing, ist nach wie vor ungeklärt. Die Wissenschaftler sind sich uneins, ob er schnell laufen konnte oder nicht und ob das Tier überhaupt ein Jäger war; es könnte sich auch von

Mit einer Länge von etwa 3 m war Deinonychus *zwar nicht besonders groß, sah aber wahrhaft Furcht erregend aus. An den kleinen Vordergliedmaßen trug er gewaltige sichelförmige Krallen, und auch seine Hinterbeine waren mit scharfen Krallen bewaffnet. Man nimmt an, dass dieser Räuber der oberen Kreide in Gruppen auf die Jagd ging und große Beutetiere überwältigte (rechts unten), wie es noch heute beispielsweise Löwen tun.*

Aas ernährt haben. Eine solche Lebensweise hätte keine so hohe Geschwindigkeit erfordert, und das Verletzungsrisiko wäre geringer gewesen.

Als die Wissenschaftler die ersten Tyrannosaurier-Fossilien entdeckten, daraus Skelette zusammensetzten und damit die Gestalt der Tiere rekonstruierten, staunten sie nicht schlecht: Die Reptilien waren ungeheuer groß und zeigten in ihrem Körperbau, vor allem den massigen Köpfen und den winzigen Armen, kaum eine Ähnlichkeit mit heutigen Lebewesen. Besonders beeindruckt waren die Forscher von der Größe der riesigen Räuber, da sie sich solche Maße bei einem wechselwarmen Reptil nicht vorstellen konnten. Von den heutigen Bewohnern der Erde kommt der Afrikanische Elefant, das größte Landtier, den Jägern der Kreide noch am nächsten; alte Bullen können das Gewicht von *Tyrannosaurus* erreichen. Elefanten bewegen sich recht langsam, doch von Fleischfressern erwartet man hohe Geschwindigkeit.

Der schwere, versteifte Schwanz diente **Tyrannosaurus rex** *als Gegengewicht zu seinem gewaltigen Schädel und Körper.*

Je schneller ein Tier läuft oder je höher es springt, desto stärker ist der Druck, der bei der Landung auf seinen Füßen lastet. Entsprechend belastbar müssen die Beinknochen sein. Aufgrund der Maße dieser Knochen und des Körpergewichts kann man die maximal erreichbare Geschwindigkeit des Lebewesens berechnen. Wenn Fußspuren der betreffenden Tierart erhalten sind, lässt sich die Schrittlänge exakt ausmessen und ebenfalls zur Berechnung der Geschwindigkeit verwenden.

Die Knochen von *Tyrannosaurus rex* legen nahe, dass er sich mit einer Geschwindigkeit von rund 12 km/h fortbewegen konnte – damit war er alles andere als schnell. Beim raschen Laufen bestand die Gefahr, dass der Riese stolperte und hinfiel, wobei seine kurzen Vorderarme einen solchen Sturz nicht abgebremst hätten. Das schwere Tier wäre mit dem Kopf auf den Boden geprallt – mit einer Wucht vom Sechsfachen seines eigenen Gewichts – und hätte sich wahrscheinlich den Schädel gebrochen. Da das Verletzungsrisiko sehr groß war, konnten es sich die Tyrannosaurier eigentlich nicht leisten, schnell zu laufen. Vermutlich taten sie es trotzdem, zumindest manchmal; auch die Giraffen beispielsweise, die sich beim Sturz leicht ein Bein brechen können, galoppieren gelegentlich bis zu 56 km/h schnell über die Savanne.

Gigantische Fußspuren

Bisweilen blieben Spuren zurück, wenn die Dinosaurier über weichen Boden liefen, und versteinerten. Es gibt eine eigene Wissenschaftsdisziplin, die sich mit den Lebensspuren ausgestorbener Tiere befasst: die Paläoichnologie. Solche Spuren können erstaunliche Hinweise auf das Leben ausgestorbener Tiere enthalten, etwa auf das Sozialverhalten und die Räuber-Beute-Beziehungen. Besonders interessant sind Stellen, an denen mehrere Tiere Fußabdrücke hinterlassen haben. Allerdings lässt sich oft sehr schwer feststellen, von welcher Tierart eine Spur stammt, weil man nur selten Knochen findet, die man direkt mit den Spuren in Zusammenhang bringen kann. Das liegt beispielsweise daran, dass Spuren in anderem Gestein erhalten bleiben als Knochen.

Die Paläoichnologie existiert zwar schon seit 150 Jahren, aber die Suche nach Dinosaurierspuren wird erst seit wenigen Jahren intensiv betrieben – angeregt vor allem von

Fossile Fußspuren sind gewöhnlich in Sedimentschichten zu finden, die auf dem Festland entstanden, während Knochen meist am Boden von Gewässern erhalten blieben. Aus diesem Grund lassen sich die Spuren nur selten mit Skelettresten bestimmter Tiere in Verbindung bringen. Der Körperbau lässt sich nur teilweise rekonstruieren, aber dafür liefern die Fußspuren andere Informationen.

Das Tal des Purgatoire Rivers in Colorado, USA, ist einer der bekanntesten Fundorte für Dinosaurierspuren. Auf dem Foto rechts sind die Spuren von fünf Sauropoden zu sehen, die im oberen Jura nebeneinander durch feuchten Sand gelaufen sind.

Funden im westlichen Nordamerika während der letzten 20 Jahre. Das trockene Klima dieser Region, durch das vielerorts Gesteine freigelegt werden, ist ideal für die Erforschung solcher Fossilien, und da die Gesteine oft aus der Epoche der Dinosaurier stammen, ist die Chance für spektakuläre Funde sehr groß.

Da man die Spuren nur selten direkt mit Knochenresten in Zusammenhang bringen kann, ist die Bestimmung der Tiere außerordentlich schwierig. So sind in Gesteinen vom Ende des Erdaltertums die Fußabdrücke von Amphibien und Reptilien kaum zu unterscheiden.

Besonders berühmt sind die Spuren im Coconino-Sandstein aus dem Perm im Gebiet des Grand Canyons, die erstmals im Jahr 1918 beschrieben wurden. Man fand keine Skelettreste bei den Spuren, denen man den Namen *Laoporus* gab, was so viel wie „Steinspur" bedeutet. Sie bestehen aus Reihen paralleler Fußabdrücke eines kleinen vierfüßigen Tiers von ungefähr 40 cm Länge. Zuerst hielt man es für einen ausgestorbenen Lurch, aber dann ergab die geologische Untersuchung des Sandsteins, dass dieser aus Sanddünen von Wüsten entstanden war. Amphibien gab es in dieser Umgebung sicher nicht.

Einige der Spuren beginnen und enden abrupt und gehen von einer Vorwärts- in eine Seitwärtsbewegung über. Versuche mit lebenden Tieren zeigten, dass Salamander solche Bewegungen machen, wenn sie sich in flachem Wasser befinden, und Echsen, wenn sie über die Schrägen von Sanddünen laufen. Unregelmäßigkeiten in den Spuren bedeuteten vermutlich, dass sich das Tier mit unterschiedlichen Geschwindigkeiten fortbewegte. Heute nehmen die Paläoichnologen an, dass die Spuren auf den Sanddünen von säugetierähnlichen Reptilien stammen.

Erst die Entdeckung von Fußabdrücken eines Iguanodon *bewies die Annahme, dass sich der Saurier auf zwei und auf vier Beinen fortbewegen konnte.*

In vielen Teilen der westlichen USA wurden mittlerweile Dinosaurierspuren gefunden. Besonders gut erhalten sind sie im Tal des Purgatoire Rivers im Südosten Colorados. Bisher zählte man dort mehr als 1300 Spuren, die sämtlich auf einem riesigen flachen Gesteinsblock liegen. Sauropoden und Theropoden unterschiedlicher Größe hinterließen Fußabdrücke. Alles deutet darauf hin, dass diese Stelle

In den Wüsten der Mongolei brachte der amerikanische Paläontologe Roy Chapman Andrews (rechts) in den 20er Jahren zahlreiche Fossilien aus dem Erdmittelalter ans Tageslicht.

damals am Rand eines leicht alkalischen Sees lag, denn in der Nähe fand man versteinerte Pflanzen, Algen, Schnecken, Muscheln, Krebstiere und Fische. Der Fundort liefert auch Hinweise auf das Sozialleben der Sauropoden. So sind fünf parallel verlaufende Spuren von halb erwachsenen Apatosauriern zu sehen; offenbar zogen die Tiere gemeinsam umher.

Dinosaurier in den Bergen der Mongolei

In den letzten Jahren erhielt die Dinosaurierforschung neuen Schwung – vor allem wegen der Entdeckungen neuer Fossilien in Sedimentgesteinen aus der oberen Kreide in den Halbwüsten der Mongolei. Schon in den 20er Jahren hatte der Paläontologe Roy Chapman Andrews eine Expedition in die Wüste Gobi unternommen. Er entdeckte dort neben Resten kleiner Dinosaurier aller Altersstufen aus der Gattung *Protoceratops* auch mehrere Gelege. Man ging davon aus, dass die Eier von *Protoceratops* stammten. Dieser Fund erregte enorme Aufmerksamkeit, denn er offenbarte erstmals Einzelheiten zur Fortpflanzung und zur Jungenaufzucht dieser Reptilien.

Die Dinosauriergelege blieben nicht der einzige spektakuläre Fund in der Wüste Gobi. Sie wurde im Lauf der Zeit zu einem der wichtigsten Fossilfundgebiete der Welt. Die Versteinerungen liegen in 65 bis 97 Millionen Jahre alten Sedimentgesteinen aus der oberen Kreide. Der Erfolg der ersten Ausgrabung führte zu gemeinsamen polnisch-mongolischen und russisch-mongolischen Expeditionen in den 50er, 60er und 70er Jahren sowie mehreren amerikanischen Expeditionen in den 90er Jahren.

Die jüngsten Untersuchungen konzentrierten sich auf die Sandsteinberge von Ukhaa Tolgod im Süden der zentralen Mongolei. Diese abgelegenen Berge sind 80 Millionen Jahre alt und beherbergen außergewöhnliche Fossilien, von denen bisher nur wenige geborgen wurden. Die Versteinerungen sind so gut erhalten, dass die überraschten Wissenschaftler den Eindruck gewannen, die Tiere hätten nur wenige Augenblicke vor der Freilegung ihren letzten Atemzug getan.

1994 stieß eine Gruppe von Paläontologen auf einen der bedeutendsten Fossilienschätze, die jemals ausgegraben wurden: 100 Dinosaurier, 216 Echsen und 187 Säugetiere. Noch wichtiger war jedoch der erstaunlich gute Erhaltungszustand der Skelette. Viele von ihnen konnten vollständig zusammengefügt werden, einschließlich der kleinsten, zerbrechlichsten Knochen. Das ist recht ungewöhnlich, da die Kadaver von Tieren in der Regel durch Aasfresser auseinander genommen und dabei die Knochen verstreut werden. Auch geologische Vorgänge während der Fossilisierung beschädigen die empfindlichen Teile häufig.

Der Grund für den guten Erhaltungszustand ist das Sediment, in dem die Skelette begraben liegen. Nach Ansicht der Wissenschaftler hatte ein plötzlicher, heftiger Sandsturm die Tiere überrascht. Bevor die Saurier entkommen konnten, wurden sie von gewaltigen Sandmengen begraben. Ihr rascher Tod durch Ersticken ist vermutlich der Grund, weshalb sie so vollständig erhalten geblieben sind.

Der Name Oviraptor *bedeutet „Eierräuber". Heute nimmt man zwar an, dass er keine Eier fraß, aber sein wissenschaftlicher Name blieb ihm erhalten.*

Säugetiere und Dinosaurier

Die Funde in der Mongolei lieferten den Paläontologen auch neue, unerwartete Informationen über die Säugetiere der oberen Kreidezeit. Damals entwickelten sich in dieser Tiergruppe viele Formen, und ihre Individuenzahl nahm zu. Die Tiere waren noch recht klein, und man weiß erst sehr wenig über sie. Mit den Schädeln aus der Wüste Gobi lässt sich vielleicht feststellen, wie die verschiedenen Säugetiergruppen miteinander und mit den Dinosauriern in Beziehung standen.

Nach den bisherigen Funden scheint es, als hätten in dieser Phase plazentale Säugetiere (hierzu gehören alle heutigen Säuger mit Ausnahme der Beuteltiere und der Eier legenden Arten) gemeinsam mit Beuteltieren und einer altertümlichen, ausgestorbenen Gruppe namens Multituberculaten gelebt. Die Letzteren waren bei weitem in der Überzahl – man fand 169 Schädel dieser Pflanzenfresser, aber nur 18 Schädel von

Hervorragend erhalten ist dieses vollständige Protoceratops*-Skelett aus der Mongolei. Das Tier wurde an der Stelle verschüttet, an der es starb, und versteinerte unversehrt.*

Zu den unschätzbaren Fossilien, die bislang in der Mongolei gefunden wurden, gehören auch zahlreiche gut erhaltene Eier von Dinosauriern. Sie enthalten noch die Knochen der Embryos (oben). Sogar ein ganzes versteinertes Nest kam zum Vorschein, in dem ein Oviraptor die Vorderbeine um seine Eier legt (unten). Das war der erste stichhaltige Hinweis dafür, dass manche Dinosaurierarten Brutpflege betrieben.

plazentalen Säugern und Beuteltieren, die sich von Insekten ernährten.

Die ersten in der Wüste Gobi gefundenen Dinosaurier waren ebenfalls vornehmlich Pflanzenfresser, vor allem aus der Verwandtschaft von *Protoceratops*. In den 90er Jahren fanden die Wissenschaftler dagegen mehr Fleischfresser. 39 Skelette aus mindestens sieben verschiedenen Gruppen von Theropoden wurden freigelegt, darunter acht Oviraptoren, mehrere Dromaeosaurier, eine Form, die an Tyrannosaurier erinnerte, und *Mononykus*, ein dinosaurierähnlicher Vogel.

Wie all diese Arten zusammen lebten und starben, ist noch nicht bekannt, man hofft aber, dass weitere Funde dieses Rätsel lösen werden. Bei der Interpretation ihrer Entdeckungen können die Experten allerdings auch falsche Schlüsse ziehen. In den 20er Jahren wurde ein zweibeiniger Dinosaurier in der Mongolei bei einem Ceratopsiden-Gelege gefunden und als Eierräuber betrachtet. Man gab ihm den Namen *Oviraptor philoceratops*. In den 90er Jahren stellte sich heraus, dass die Eier wahrscheinlich seine eigenen waren. Einige Embryonen im Nest scheinen von einem anderen Dinosauriertyp zu stammen; möglicherweise gab es unter den Dinosauriern auch Brutparasiten, die wie Kuckucke Eier in fremde Nester legten. Beweisen lässt sich dies allerdings bisher nicht.

Echte Landeier

Hartschalige Eier, die sich an Land entwickelten, waren vermutlich eine der wichtigsten Errungenschaften der ersten Reptilien, die im oberen Karbon entstanden. Bisher wurden aber keine Eier dieser Pioniere gefunden. Das älteste beschalte Ei, das bisher bekannt ist, stammt aus dem unteren Perm im US-Bundesstaat Texas. Es wurde vor ungefähr 280 Millionen Jahren von einem Reptil gelegt – zu welcher Art dieses Tier gehörte, ist allerdings nicht bekannt. Etwas jüngere versteinerte Eier grub man in Südafrika aus. Auch sie stammen aus dem Perm, wahrscheinlich von Dicynodonten.

Dinosauriereier gibt es inzwischen zu Tausenden überall in den Museen der Welt und auf dem Fossilienmarkt. Nester wurden an mehr als 200 Plätzen in Europa, Asien und Amerika gefunden. Erst 1995 entdeckten Paläontologen eine Brutstelle in den Pyrenäen; sie vermuten dort bis zu 300 000 Eier. Die meisten davon sind allerdings zerbrochen.

Nester über Nester

Bereits 1859 wurden Dinosauriereier entdeckt, doch es hat lange gedauert, bis sich die Wissenschaftler intensiv damit befassten. Inzwischen sind Experten in der Lage, aus fossilen Eiern verschiedenste Informationen zur Lebensweise der Dinosaurier zu gewinnen. Die Nester und Gelege sagen viel über das Sozialverhalten der Tiere aus. Meist werden nur Bruchstücke der Eier ausgegraben, manchmal aber auch ganze Eier, die in Gruppen in den Originalnestern liegen. In einigen Exemplaren konnte man sogar die Reste von Embryos freipräparieren. Dinosauriereier weisen ganz verschiedene Größen, Formen und Oberflächenstrukturen auf, entsprechend der arttypischen Fortpflanzungsbiologie.

Durch die Untersuchung von Embryos und Nestlingen vermochten die Wissen-

schaftler das Wachstum der kleinen Dinosaurier nachzuvollziehen. Der erste zuverlässig bestimmte Sauropodenembryo, ein noch nicht geschlüpfter *Camarasaurus*, wurde in der Morrison-Formation in Colorado gefunden. Voll ausgewachsen maß dieses Pflanzen fressende Reptil 18 m; das Junge, das zusammengerollt in einem Ei mit etwa 7 Litern Volumen lag, war rund 1 m lang. Besonders bemerkenswert an diesem Fund war, dass er die bis dahin übliche Annahme widerlegte, die Sauropoden hätten lebende Junge zur Welt gebracht.

Riesige Tiere – riesige Eier?

Angesichts der Größe mancher Dinosaurier könnte man denken, dass die Tiere auch gigantische Eier legten. Das Ei eines Huhns hat ein Volumen von 50 Millilitern, das eines Straußes von 1,75 Litern. Wäre das Verhältnis zwischen einem Dinosaurierei und der Mutter ähnlich, müsste das Ei eines 20 m großen und 50 t schweren Sauropoden das gewaltige Volumen von 700 Litern gehabt und 700 kg gewogen haben – etwa so viel wie ein Kleinwagen. Die Schale hätte ungeheuer dick sein müssen, und der kleine Saurier hätte beim Schlüpfen einen Vorschlaghammer gebraucht, um sich aus seiner Hülle zu befreien.

Sicher sind die Größen von Vogeleiern nicht auf die Verhältnisse bei Reptilien übertragbar. Die größten heute lebenden Reptilien, die Krokodile, legen kleinere Eier als Strauße, selbst wenn die Eltern 1 t wiegen. Die größten beschalten Eier, die bisher überhaupt bekannt wurden, sind die der Madagaskarstrauße. Bei der größten Art, *Aepyornis maximus*, erreichten sie mehr als 30 cm Durchmesser und ein Volumen von fast 9 Litern.

Für die Dinosaurier kam offenbar selbst diese Größe nicht in Frage; die *Maiasaura*-Eier, die im US-Bundesstaat Montana gefunden wurden, waren nicht länger als 12 cm, obwohl die erwachsenen Tiere 9 m groß wurden. Die größten bekannten Dinosauriereier stammen von *Camarasaurus*. Sie haben einen Durchmesser von 24 cm, also die Größe eines Fußballs, und ein Volumen von 7 Litern. In einem Ei dieser Größe könnte ein eng zusammengerollter Dinosaurier mit etwa 1 m Länge und 7,5 kg Gewicht herangewachsen sein, der beim Schlüpfen so groß war wie beispielsweise ein Foxterrier.

Camarasaurus war kein großer Dinosaurier; er erreichte voll ausgewachsen eine Länge von etwa 18 m. Bisher wurde kein Ei von einem der riesigen Sauropoden gefunden, man weiß also nichts über die Größe; wahrscheinlich waren aber auch diese Eier kaum größer. Je größer das Ei, desto dicker und schwerer muss die Schale sein. Andererseits darf sie nicht zu dick sein, damit der Gasaustausch möglich ist und damit sich das Junge daraus befreien kann. Fußballgroße Eier sind vermutlich das Äußerste. Dies würde bedeuten, dass die größten Dinosaurier extrem kleine Jungtiere aufgezogen haben.

Viele Fragen sind noch offen, und wir dürfen auf weitere Forschungsergebnisse gespannt sein. Dank neuer Methoden kann man heute die Eier öffnen, ohne dabei die Skelette der Embryos zu beschädigen. Dies ermöglicht Einblicke in die frühe Entwicklung längst verschwundener Lebewesen.

In diesem versteinerten Ei kann man den Schädel, den Unterkiefer, die gebogenen Krallen und die Wirbel eines Therizinosaurier-Embryos sehen.

So könnte das Gelege eines Maiasauriers ausgesehen haben, wenn die Jungen aus den Eiern schlüpften. Die Rekonstruktion wurde nach einem Fund aus dem US-Bundesstaat Montana angefertigt.

UNGEHEUER DER TIEFE

Lange bevor die Dinosaurier das Land eroberten, beherrschten gewaltige Lebewesen die Ozeane. Was heute ins Reich der Legende gehört, war in der Urwelt Wirklichkeit: Gefährliche Ungeheuer machten die dunklen Tiefen unsicher und lauerten allem auf, was ihnen in den Weg kam.

Seit die Menschen zur See fahren, wird von Meeresungeheuern erzählt, und sogar im Süßwasser sollen riesige Tiere leben, wie das Ungeheuer von Loch Ness. Lange bevor der Mensch das Licht der Welt erblickte, gab es tatsächlich solche Wesen. Die ersten spektakulären Funde von Tierfossilien stammten nicht von Dinosauriern, sondern von Meeresgiganten – Drachen der Tiefe, wie sie die populäre „Nessie" verkörpert.

Vor etwa 200 Millionen Jahren überzog ein flaches, weites subtropisches Meer große Teile des heutigen Nordeuropa. Da die gesamte Region damals in Äquatornähe lag, verdunstete viel Wasser aus diesem Meer. Durch den Kontinentalschelf war es vor starken Fluten oder Unwettern geschützt, sodass sich am Boden sehr viel feinkörniger kalkhaltiger Schlamm sammelte. Der niedrige Sauerstoffgehalt im Sediment verhinderte, dass sich am Grund viele Lebewesen ansiedelten und dass Kadaver verwesten. Darüber, im warmen Wasser, lebte eine Vielzahl von Fischen und frei schwimmenden Kopffüßern wie Ammoniten und Belemniten, die wiederum größeren Wirbeltieren als Nahrung dienten.

Tote Organismen, die nicht gefressen wurden, sanken in den weichen Schlamm am Boden, wo sie von feinem Sediment bedeckt wurden. Innerhalb von etwa 25 Millionen Jahren entstanden einige Hundert Meter mächtige kalk- und tonhaltige Schichten. Im Lauf der Zeit verwandelten sich die Sedimente zu Kalkstein und Tonschiefer. Diese Gesteine treten heute beispielsweise in Klippen an Teilen der englischen Südküste und an der Schwäbischen Alb zutage.

Hunderte von Jahren wurde solches Gestein abgebaut und etwa als Baumaterial eingesetzt; die großen Schlösser der Normannen bestehen ebenso daraus wie mittelalterliche Kathedralen. Der Bedarf an solchen Steinen, die zum Bau von Gebäuden, Straßen und zur Herstellung von Ziegeln und Kalk verwendet wurden, stieg gegen Ende des 18. Jahrhunderts, sodass in Deutschland, Frankreich, den Niederlanden und England neue Steinbrüche erschlossen wurden. Dort traten

Auf dieser Darstellung aus dem 19. Jahrhundert ist eine tropische Lagune aus der Jurazeit mit Meeresreptilien, Flugsauriern und einem Archaeopteryx *zu sehen.*

1770 wurde im Maastrichter Kreidesteinbruch ein riesiger Reptilienschädel gefunden. Ein zeitgenössischer Künstler hat das Ereignis dramatisiert.

Gesteine zutage, die überwiegend aus dem Erdmittelalter und dem Tertiär stammten und größtenteils aus Meeressedimenten entstanden waren. Auch Geologen arbeiteten bei der Erschließung der Steinbrüche mit. So war es ganz natürlich, dass der verstärkte Abbau mit interessanten Fossilfunden einherging.

Die Gelehrten jener Zeit waren fasziniert von der Tatsache, dass in den alten Meeren Tiere gelebt hatten. Gegen Ende des 18. Jahrhunderts, als Charles Darwin noch nicht geboren war und der Evolutionsgedanke noch in weiter Ferne lag, zweifelten die meisten Menschen nicht daran, dass alle Lebewesen von Gott geschaffen und unveränderlich seien. Die Vorstellung, dass in längst vergangener Zeit ganz andere Tiere und Pflanzen gelebt haben sollten, schien der breiten Masse absurd.

Das erste Ungeheuer

Besonderes Aufsehen erregten die verschiedenen „Saurier“, wie man sie zu jener Zeit in der Regel nannte – der Name leitet sich von dem griechischen Wort für „Echse“ ab. Als bei Maastricht in den Niederlanden die ersten dieser Fossilien geborgen wurden, erweckte der Nachweis von ausgestorbenen Reptilien die Neugier der Naturforscher des ausgehenden 18. Jahrhunderts.

1766 wurden tief im Kalkgestein der oberen Kreide am St.-Pietersberg bei Maastricht einige große versteinerte Unterkieferknochen gefunden. Einige Jahre später, 1770, kam an der gleichen Stelle ein weitaus besser erhaltener, über 1 m langer Schädel zum Vorschein; er wurde zur wissenschaftlichen Sensation der 80er Jahre des 18. Jahrhunderts in Europa.

Der Besitz des Fossils war von Anfang an umstritten und führte zu einer Kette von Ereignissen, die sogar internationale Piraterie umfassten. Zunächst verkaufte der Bergarbeiter, der das Fossil entdeckt hatte, den Schädel an einen deutschen Militärarzt. Dieser wurde mit Erfolg von Canon Godin verklagt, dem Besitzer des Lands, auf dem das Tier gefunden worden war. Sobald Godin im Besitz des Fossils war, stellte er es in einer Vitrine in seinem Schloss aus, wo es 15 Jahre lang Gelehrte und Naturforscher anlockte.

Krokodil oder Echse?

Zu den Besuchern gehörte auch der Holländer Pieter Camper. Er untersuchte das Reptil und veröffentlichte die Ergebnisse 1786 in den Verhandlungen der britischen Royal Society, der ältesten wissenschaftlichen Gesellschaft der Welt. Bis zu diesem Zeitpunkt hatte man das Tier in die Verwandtschaft der Krokodile gestellt, aber Camper zeigte, dass es sich in vielen Merkmalen von lebenden Krokodilen grundlegend unterschied. Er kam stattdessen zu dem Schluss, der Schädel stamme in Wirklichkeit von einem Wal. Diese Aussage rief eine lang anhaltende akademische Debatte mit den Gelehrten hervor, ganz besonders aber mit den französischen, die darauf beharrten, es handle sich um ein Krokodil.

Im Jahr 1795 wurde der Schädel nach der Belagerung Maastrichts durch die Truppen Napoleons nach Paris gebracht. Dort befindet er sich noch heute im Naturhistorischen Museum. Bis 1799 hielten die französischen

Zu den ältesten Meeresreptilien zählen die Mesosaurier, die mit ihren vielen schmalen ineinander greifenden Zähnen Plankton aus dem Wasser siebten.

Naturforscher an der Meinung fest, es sei ein Krokodil, aber schon ein Jahr später zeigte der Sohn von Pieter Camper mit einer detaillierten Studie des Knochenbaus, dass es weder ein Wal noch ein Krokodil, sondern vielmehr eine riesige Echse war. In einem Brief an den großen französischen Anatomen und Paläontologen Georges Cuvier erläuterte Pieter Camper seine Schlussfolgerungen. Cuvier verfasste in der Folge mehrere Berichte über das Fossil, die Campers Ansicht untermauerten. Aufgrund seiner Berühmtheit war Georges Cuvier nun derjenige, dessen Name mit der Beschreibung des Fossils verbunden wurde, während der entscheidende Anstoß durch Camper bald in Vergessenheit geriet. So wird die richtige Identifizierung im Allgemeinen Cuvier zugeschrieben. Seinen Namen erhielt das seltsame Reptil schließlich von dem Engländer William Conybeare, der es im Jahr 1822 *Mosasaurus* (Mosasaurier oder Maasechse) nannte.

Das berühmteste Exemplar der „Maasechse“ **Mosasaurus hoffmanni** *befindet sich seit 1795 in Paris.*

Bis vor kurzem wurde an dem Originalexemplar nur sehr wenig weiter geforscht; erst vor wenigen Jahren begann man mithilfe moderner Techniken die berühmte Maastrichter Echse mit anderen Mosasauriern zu vergleichen – den größten bekannten räuberischen Meeresreptilien. Diese gewaltigen Tiere wurden über 17 m lang, besaßen 1,60 m lange Kiefer und breiteten sich mit beachtlichem Erfolg in den Ozeanen der oberen Kreide aus. Während dieser Periode entstanden weltweit 20 Gattungen und 70 Arten.

Der Schrecken der Kreidemeere

Eine der letzten und am weitesten entwickelten Mosasaurier-Arten war *Mosasaurus hoffmanni.* Dieser Jäger war so groß, dass die meisten anderen Meerestiere ihn wohl als Feind fürchten mussten. Seine Zähne waren mit besonders scharfen Schneidekanten ausgestattet, und jede Zahnkrone zeichnete sich durch mehrere Schneide- oder Mahlflächen aus; somit konnte das Tier seine Beute sowohl zerschneiden als auch zerquetschen. Das Gebiss war wesentlich effizienter und die Kaumuskulatur kräftiger als die seiner Vorgänger – außerdem war der Schädel stabiler. Vermutlich hatten die Mosasaurier keinen guten Geruchssinn, aber ihre Augen waren recht groß, und dies lässt in der Regel auf ein recht gutes Sehvermögen schließen.

Durch seitliche schlängelnde Bewegungen seines langen Schwanzes, der an den eines Drachens erinnerte, erreichte *Mosasaurus hoffmanni* wahrscheinlich eine beachtliche Geschwindigkeit; die Schwimmrichtung bestimmte er mit seinen beiden flossenförmigen Beinpaaren. Aus seiner Gestalt schlossen die Paläontologen auch, dass er wenden konnte, indem er den Anstellwinkel einer Flosse änderte.

Alle anatomischen Merkmale deuten darauf hin, dass diese Reptilien schnelle Jäger in oberflächennahen Gewässern waren; es gibt aber auch noch andere Hinweise auf

Gefährliche Zähne und große, durch einen Knochenring verstärkte Augen gehörten zu den Kennzeichen von **Prognathodon solvayi,** *einem Mosasaurier der lichtarmen Meeresschichten.*

In den Jura-Klippen bei Lyme Regis in Südengland (oben) sind im Lauf der letzten 200 Jahre zahllose Fossilien gefunden worden. Der Knochenfisch Pholidophorus bechei *(links) ist nur eine der interessanten Versteinerungen aus den Kalksteinen und Schiefertonen.*

ihre räuberische Lebensweise. Zahnspuren an einem versteinerten Panzer der Riesen-Meeresschildkröte *Allopleuron hoffmanni* sowie geheilte Brüche der Kieferknochen bei einer Reihe von Mosasauriern zeigen, dass sie keineswegs zimperlich waren. Männliche Tiere ließen sich auf gefährliche Kämpfe mit Artgenossen ein, die nicht selten mit dem Tod eines Beteiligten endeten. Dass einige von ihnen sogar mit Kieferbrüchen überlebten, beweist ihre hohe Regenerationsfähigkeit. Darin ähneln sie den heutigen Krokodilen.

Die Mosasaurier verschwanden am Ende der Kreidezeit, bei einem massenhaften Artensterben. Da es den Übergang von der Kreide zum Tertiär markiert, bezeichnet man diese Katastrophe als K-T-Massensterben. Auch die Dinosaurier wurden damals ausgelöscht. Als Gruppe wiesen die Mosasaurier eine – nach erdgeschichtlichen Maßstäben – kurze Lebensdauer von nur 25 Millionen Jahren auf. Sie hatten sich gerade in allen Ozeanen ausgebreitet, als sie vor etwa 65 Millionen Jahren ausstarben. Den frei gewordenen Platz nahmen im Tertiär ganz andere Lebewesen ein: die Meeressäuger.

Die Wunder von Lyme Regis

Trotz des großen Interesses an dem „Ungeheuer von Maastricht" wurde schon bald die Suche nach gut erhaltenen Fossilien an andere Stellen verlagert, wo sie sich mehr lohnte. Die am besten erhaltenen Exemplare von „Tiefsee-Ungeheuern" fand man in Gestein aus dem unteren Jura in der Umgebung von Lyme Regis an der Südküste Englands.

In dem Kalk- und Tonschiefergestein aus dem unteren Jura, das dort mit mächtigen Klippen zum Meer hin abfällt, kommen versteinerte Tiere ziemlich häufig vor. Wo die Brandung die Felsen ständig langsam unterhöhlt, stürzen immer wieder Klippen ein und zerbrechen; dabei kommt oft eine außerordentliche Vielfalt versteinerter Muscheln, Ammoniten und Fische zum Vorschein, hier und da sogar ein Reptil. Tonnen von Gestein mit darin enthaltenen Fossilien sind bereits auf den Strand gestürzt, wo die Reste der Urzeittiere von Sammlern gefunden oder vom Meer zerstört werden.

Fortsetzung Seite 92

REPTILIEN DER MEERE

In den Ozeanen des Erdmittelalters lebte eine Vielzahl großer, gefährlicher Reptilien. Die Entstehung dieser mächtigen Räuber ist noch nicht aufgeklärt, aber in jedem Fall müssen sie aus landlebenden Reptiliengruppen hervorgegangen sein. Die ältesten dieser Tiere, die Meereskrokodile, überlebten als einzige das große Massensterben am Ende der Kreide.

So sind keine Vorfahren der delphinähnlichen Ichthyosaurier oder Fischsaurier bekannt. Sie tauchten zu Beginn der Trias auf, vor etwa 250 Millionen Jahren. Bis gegen Ende der Kreide, mehr als 170 Millionen Jahre lang, durchstreiften die Ichthyosaurier die Ozeane; dann verschwanden sie plötzlich, zusammen mit anderen Meeresreptilien wie den Plesiosauriern (Schwanenhalsechsen) und den Mosasauriern (Maasechsen) sowie den gewaltigen Herrschern der Lüfte aus der Gruppe der Pterosaurier (Flugsaurier). Dieses Massensterben der Meeresbewohner lag einige Millionen Jahre vor dem Verschwinden der Dinosaurier.

Die Plesiosaurier entwickelten sich etwas später als die Ichthyosaurier, gegen Ende der Trias, aus den ebenfalls im Meer lebenden Nothosauriern. Es gab drei oder vier Hauptgruppen mit großen Unterschieden in der Körperlänge (2–14 m) und den Proportionen. Manche Arten hatten extrem lange Hälse und kleine Köpfe, andere kurze Hälse und massige Schädel. Diese Vielfalt der Körperformen war eine Anpassung an Lebensweise und Nahrungsspektrum.

In der Gruppe der Mosasaurier, die sich in der Oberkreide aus den Echsen entwickelten, gab es besonders große Tiere. Mit Längen von 1–17 m waren sie die auffälligsten Echsen überhaupt. Ihr schwerer Schädel und die scharfen Zähne weisen darauf hin, dass sie in den Meeren der Urzeit eine ähnliche Rolle wie heute die Orkas oder Schwertwale spielten. Die mächtigen Räuber beherrschten unangefochten die Ozeane, bis sie schließlich abrupt vom Erdboden verschwanden.

Die Meereskrokodile bildeten eine interessante und vielfältige Gruppe. Zu ihnen gehörten Formen wie *Geosaurus*, der ebenso perfekt an das Leben im Wasser angepasst

Meeresschildkröten wie* Protostega gigas *lebten ebenfalls in den Ozeanen des Juras. Sie stammten von Landschildkröten ab.

war wie die Ichthyosaurier. Er besaß flossenförmige Gliedmaßen, und seine Schwanzwirbelsäule stützte den unteren Lappen der senkrecht stehenden Schwanzflosse, die geformt war wie bei einem Ichthyosaurier. Als Gruppe überlebten die Krokodile bis heute.

Auch die Schildkröten konnten sich bis in unsere Zeit behaupten, sogar im Meer. Sie sind eine ganz eigene Gruppe, deren Skelett stark abgewandelt ist. Das eigentliche Skelett verwächst mit einem zweiteiligen Panzer, der ebenfalls aus Knochen besteht. Die Panzerplatten sind verbreiterte Rippen. Nach außen wird der empfindliche Knochen durch Hornplatten geschützt.

Schildkröten gibt es seit der oberen Trias; bis zum Ende des Juras lebten sie überwiegend auf dem Land, beispielsweise an den Küsten. Dort ernährten sie sich vermutlich von Muscheln und anderen kleinen Meerestieren. Die ersten vollständigen Meeresschildkröten wie *Archelon* wurden vor allem in Nordamerika gefunden; sie stammen aus der oberen Kreide. *Archelon* war ein bis zu 4 m langes Tier, das keine Zähne besaß, sondern seine Nahrung mit dem hakenförmigen Kiefer festhielt. Der Knochenpanzer von *Archelon* war leichter als der bei früheren Schildkröten. Mit seinen breiten, paddelförmigen Gliedmaßen bewegte sich das Reptil unter Wasser.

Die ursprünglichste Gruppe von Meeresschildkröten verschwand am Ende der Kreide, doch ihren Platz nahmen andere Gruppen ein. Eine davon war diejenige, zu der die Unechte Karettschildkröte gehört. All diese großen Formen im Meer lebender Schildkröten kehrten nur zur Eiablage an Land zurück. Wie die Unechten Karettschildkröten ließen sie sich wahrscheinlich die meiste Zeit von der Strömung treiben. Die größten heutigen Meeresschildkröten, die Lederschildkröten, können mehr als 2 m lang werden und bis zu 900 kg wiegen. Sie sind die letzten Vertreter einer eigenen, ehemals artenreichen Familie.

Lange vor der Entdeckung der Dinosaurier regten andere versteinerte „Drachen“ die Phantasie der Menschen an – unheimliche Lebewesen aus den Ozeanen des Erdmittelalters. Ganz verschiedene Reptiliengruppen kehrten vom Land ins Meer zurück. Besonders erfolgreich waren unter den Fleischfressern die delphinähnlichen Ichthyosaurier sowie lang- und kurzhalsige Plesiosaurier. Letztere standen sicher Modell für die Drachen unserer Zeit, wie das Ungeheuer von Loch Ness.

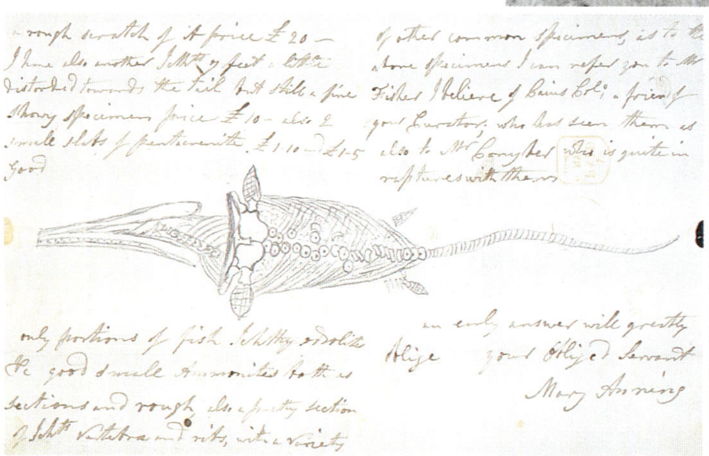

an early answer will greatly oblige your obliged Servant
Mary Anning

Vor mehr als 150 Jahren entdeckte die Engländerin Mary Anning einige Fossilien von Meeresreptilien aus dem Jura. Voller Stolz berichtete sie dem Geologen Adam Sedgwick in einem Brief von ihren Funden (oben).

Viele der ersten und der interessantesten Fossilien aus der Gegend von Lyme Regis wurden von einer Frau ohne wissenschaftliche Ausbildung freigelegt: Mary Anning.

Eine begeisterte Fossiliensammlerin

Die Hobby-Paläontologin lebte in der kleinbäuerlichen Umgebung, die das ländliche England des 19. Jahrhunderts prägte. Wie so viele andere, war ihre Familie verarmt und schlug sich durch, so gut es eben ging. Nach dem Tod des Familienoberhaupts Richard Anning im Jahr 1811 wurde das Leben für die Annings noch härter. Sie lebten von der mageren Unterstützung der „Armenhilfe“ und von dem, was sie durch das Sammeln und Verkaufen von Fossilien und Kuriositäten an Touristen einnahmen.

In dem winzigen Fischerdorf Lyme logierten zahlreiche Sommergäste, von denen viele regelmäßig kamen. Die meisten waren Adlige, die die herrliche Küstenlandschaft genießen wollten. Zu Beginn des 19. Jahrhunderts wurde dies allerdings Nebensache: Die gebildete Mittelschicht wollte nun an den Klippen die Natur erforschen.

Typisch für jene Zeit waren die drei Philpot-Schwestern, begeisterte Naturaliensammlerinnen. Sie besuchten Lyme zum ersten Mal im Jahr 1806 und freundeten sich mit der siebenjährigen Mary Anning an. Im Lauf der folgenden Jahre kauften sie Mary und ihrer Familie zahlreiche Versteinerungen ab, die das Mädchen gefunden hatte; trotz ihrer Jugend besaß Mary ein erstaunliches Gespür für Fossilien-Fundplätze.

1811 fand ihr älterer Bruder Joseph den Kopf eines „Krokodils“, und im folgenden Jahr legte er den Rest des versteinerten Skeletts aus den Klippen frei – vermutlich mit Marys Hilfe. Das Reptil war in Wirklichkeit einer der ersten Ichthyosaurier und erregte große Aufmerksamkeit, weil es für 23 englische Pfund (damals war das viel Geld) an den Gutsherrn Henry Henley verkauft wurde. Heute ist es im Naturhistorischen Museum in London zu sehen.

Immer mehr „Saurier“ wurden gefunden, darunter auch ein besonders gut erhaltener Ichthyosaurier, der 1819 für 100 Pfund (das entspricht heute etwa 20 000 Pfund) verkauft wurde, und der Ruhm der Annings verbreitete sich unter den Gelehrten und Sammlern. Mary lernte lesen und schreiben, sodass sie Interessenten Neuigkeiten über ihre Funde vermitteln konnte. Lyme lag abseits der viel befahrenen Wege und war zu Pferd oder per Kutsche von London aus nur schwer zu erreichen.

Die meisten Personen, denen Mary Anning schrieb, waren gebildete Herren. Zu ihren Besuchern gehörten auch der Geologe Henry de la Beche, William Buckland, der erste Professor für Geologie in Oxford, der Schweizer Geologe Louis Agassiz und sogar der König von Sachsen. In Marys kleinem Laden konnten sie die neuesten Fundstücke begutachten und wissenschaftliche Diskussionen darüber führen. Dabei bemerkten sie oft, dass Mary Anning über beachtliche Anatomiekenntnisse verfügte, vor allem was Meeresreptilien betraf. Sie schreckte nicht davor zurück, mit Kapazitäten wie Professor Buckland eine Diskussion über die Interpretation der Fossilien zu führen.

Einer ihrer großartigsten Funde war ein 3 m langer, vollständiger Plesiosaurier, den sie 1823 entdeckte. Schon vorher hatten Henry de la Beche und der Geistliche William Conybeare erkannt, dass Knochen, die einem Ichthyosaurier zugeordnet worden waren, von einem ganz anderen Reptil stammten. Sie nannten dieses Geschöpf *Plesiosaurus.* Andere Gelehrte glaubten nicht an die Existenz dieser neuen Form, bis Mary durch den Fund eines vollständigen Exemplars alle Zweifel ausräumte. Im folgenden Jahr, 1824, schrieb Conybeare einen Bericht über das neue Fossil und kam zu dem richtigen Schluss, es handle sich um ein Meeresreptil, das mit Flossenschlägen langsam

KLEINE STADT IM RAMPENLICHT

Heute ist Lyme Regis eine Kleinstadt. Sie liegt in einer Senke über einer breiten, flachen Bucht am Ärmelkanal. Die Siedlung wird durch einen langen Deich vor der oftmals stürmischen See geschützt.

Die Stadt ist von Klippen umgeben, die für häufige Erdrutsche bekannt sind. Sie werden ausgelöst, wenn Regenwasser in die Klippen eindringt und Kalkstein und Tonschieferschichten übereinander zu gleiten beginnen. Schließlich rutschen diese Gesteinsschichten mit großem Getöse von den Klippen.

Internationale Berühmtheit erlangten die Klippen wegen ihrer Fossilien; die Gesteinsschichten sind insgesamt etwa 300 m mächtig und umfassen mehr als 20 Ammonitenzonen. Jede dieser Zonen repräsentiert eine bestimmte Phase der Erdgeschichte. Jede Schicht wurde in rund einer Million Jahren aufgebaut.

Heute stehen die Klippen wegen ihrer großen wissenschaftlichen Bedeutung unter Schutz. Das nach den Geschwistern Philpot benannte Museum informiert über die Geologie der Region und die Geschichte der Familie Anning.

Diese Tonschiefer- und Kalkschichten wurden vor rund 200 Millionen Jahren am Meeresgrund abgelagert.

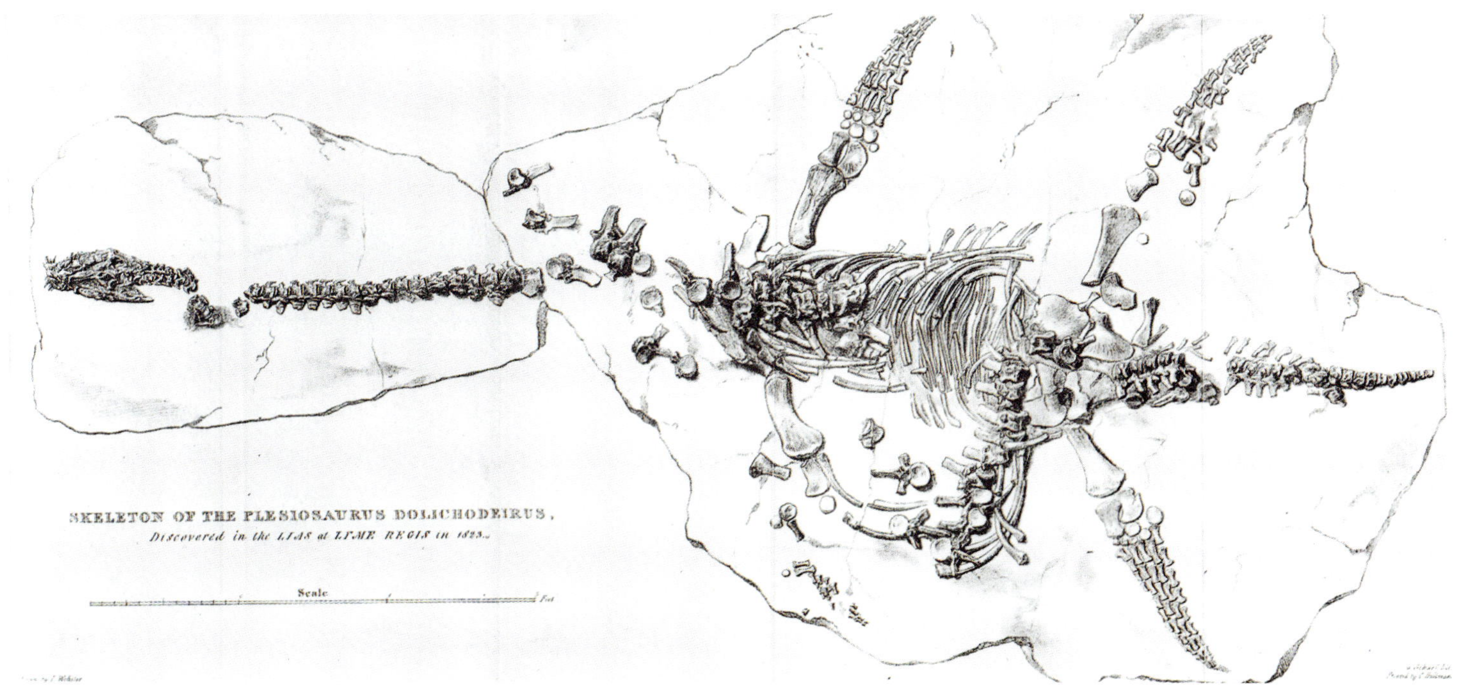

Dieser hervorragend erhaltene Plesiosaurus dolichodeirus *ist eines der berühmtesten Fundstücke von Mary Anning. Er stammt aus dem Jahr 1823.*

FISCHE AUS DEM JURA

In den warmen, flachen Meeren des Juras wimmelte es von einer Vielzahl von Fischen. Die meisten ähnelten zwar in der Gestalt den heutigen Formen, aber im Detail unterschieden sie sich manchmal ganz wesentlich von ihnen.

Die meisten heutigen Fischarten gehören zu den Echten Knochenfischen, die sich durch sehr dünne Körperschuppen auszeichnen. Im Jura entstand diese Gruppe erst; weit stärker vertreten war damals eine alte Fischgruppe, die Knochenganoiden, die einen Panzer aus größeren, schwereren Schuppen trugen. Die meisten von ihnen waren weniger als 1 m lang. Viele starben während der Kreide aus, aber einige Arten, wie die Knochenhechte, haben bis heute überlebt.

Knorpelfische wie Haie und Rochen waren in den Meeren ebenfalls vertreten und nahmen allmählich zu; auch einige Lungenfische und Quastenflosser schwammen umher. Eine weitere wichtige Gruppe recht ursprünglicher Fische waren die Knorpelganoiden, zu denen heute die Störe zählen. Einige von ihnen erreichten beachtliche Maße: Die Art *Gyrosteus mirabilis* aus dem unteren Jura wurde schätzungsweise mehr als 5 m lang.

Lyme Regis ist einer der ergiebigsten Fundorte der Welt für fossile Fische aus dem unteren Jura; während des 19. und 20. Jahrhunderts fand man dort rund 50 neue Arten. Viele von ihnen waren hervorragend erhaltene, vollständige Exemplare, die heute noch in Museen in ganz Großbritannien zu bewundern sind.

***Dapedium** ist ein häufiger Knochenfisch in den Juraklippen von Lyme Regis.*

In den tropischen Meeren des oberen Juras begegnete man oft der Gattung **Gryonchus** *– hier ein Exemplar aus dem bayrischen Solnhofen.*

Moderne Rochen tragen oft Schwanzstacheln. Solche Formen tauchten erstmals im Jura auf. Im Tertiär waren sie bereits häufig zu sehen; hier ein Tier der Gattung **Heliobatis.**

schwamm wie eine Meeresschildkröte. Dank seines langen, beweglichen Halses konnte das Tier rasch nach Beute schnappen.

Trotz ihres großen Talents beim Auffinden von Fossilien und ihrer hervorragenden Fähigkeiten bei der Erforschung der Funde gelang es Mary Anning nicht, in die abgeschottete Welt der englischen Wissenschaft des 19. Jahrhunderts vorzudringen. Um von den traditionsbewussten Gelehrten akzeptiert zu werden, hätte sie einer höheren Gesellschaftsschicht angehören und über eine Universitätsausbildung verfügen müssen. Auch als Frau hatte sie in der damaligen Zeit keine Chance, in die erlauchten Zirkel aufgenommen zu werden.

Viele Beobachtungen, die sie mit ihren Gästen besprochen hatte, fand sie später in paläontologischen Abhandlungen wieder, ohne dass ihr Name dabei genannt wurde. Unstrittig ist, dass sie zwischen 1818 und 1830 mindestens drei vollständige Ichthyosaurier fand, zwei Plesiosaurier, den Kopffüßer *Belemnosepia* mit versteinertem Tintenbeutel, einen *Pterodactylus*, den fossilen Knorpelfisch *Squaloraia* und viele Schalen von Wirbellosen. Nur bei sehr wenigen ihrer Funde in Museumssammlungen ist Mary Anning jedoch als Entdeckerin angegeben. Damals war es Sitte, nur den Namen des Spenders festzuhalten.

Als das Interesse an Fossilien langsam nachließ, gingen die Einkünfte Mary Annings zurück. Schließlich erkrankte sie an Brustkrebs und musste das harte Leben des „Herumstöberns" am Strand aufgeben. Erfreulicherweise hatten die Wissenschaftler nicht ganz vergessen, wie viel sie ihr verdankten. Bei einem Treffen der Britischen Gesellschaft für Naturwissenschaftlichen Fortschritt (British Association for the Advancement of Science) im Jahr 1835 wurden 200 Pfund an privaten Spenden für sie gesammelt. 1838 überredete William Buckland den Premierminister, Lord Melbourne, die Summe um weitere 300 Pfund aufzustocken; von diesem Geld erhielt Mary Anning daraufhin eine jährliche Rente von 25 Pfund. Sie starb 1847 im Alter von 48 Jahren.

Im Reich der „Fischechsen"

Viele Ichthyosaurier ähnelten Delphinen und verfolgten im Wasser mit schnellen Bewegungen kleine, flinke Fische und Kalmare. Die meisten dieser Reptilien waren

Bei diesem Ichthyosaurier der Gattung Stenopterygius *wurden die Körperumrisse präpariert. Dabei wird deutlich, dass der Schwanz nach unten abgeknickt ist.*

etwa 3–4 m lang, aber einige Formen aus der Trias und dem Jura erreichten mehr als 10 m Länge. Eines der bekanntesten Exemplare von Lyme Regis hat einen über 1 m langen Schädel mit schnabelartig verlängerten Kiefern, in denen zahlreiche Zähne sitzen. Diese kleinen, spitzen, kegelförmigen Zähne waren sicherlich ideal zum Festhalten von Fischen und Kopffüßern.

Viele Meeresreptilien der Urzeit, wie der Ichthyosaurier Stenopterygius, *waren so stark an das Wasserleben angepasst, dass sie nicht mehr zur Eiablage an Land kommen konnten. Stattdessen brachten sie lebende Junge zur Welt.*

Ichthyosaurier verschlangen ihre Beute im Ganzen, wie es der versteinerte Mageninhalt einiger Exemplare beweist.

Ein gutes Sehvermögen und die Fähigkeit, Entfernungen exakt abzuschätzen, sind für aktive Jäger äußerst wichtig. In den dunklen Tiefen der Ozeane besitzen räuberische Tiere deshalb oft besonders große, lichtempfindliche Augen – auch die Ichthyosaurier. Ein Ring aus Knochen stützte ihren Augapfel und stabilisierte das Auge beim Tauchen in großen Tiefen.

Lange rätselten die Wissenschaftler, wie sich die Ichthyosaurier fortpflanzten. Zunächst nahmen sie an, die Tiere hätten sich mit ihren langen, schlangenartigen Schwänzen und den Flossen wie Robben an Land fortbewegen können. Als Reptilien, so nahm man an, mussten die Ichthyosaurier sicher an die Küste kommen, um dort ihre Eier abzulegen. Erst als man ein Exemplar mit Jungtieren in der Körperhöhle fand, wurde den Fachleuten ihr Irrtum klar. Die befruchteten Eier blieben wie bei Säugetieren in der Gebärmutter und wurden dort versorgt, bis die Jungtiere genügend weit entwickelt waren, um direkt im Meer geboren zu werden und für sich selbst zu sorgen. Heute sind sich die Fachleute einig, dass die Ichthyosaurier lebende Junge zur Welt brachten.

Das Rätsel des Ichthyosaurierschwanzes

Ichthyosaurier waren schnelle Schwimmer, die sich vor allem mit Schlägen ihrer senkrecht stehenden Schwanzflosse durchs Wasser trieben. Vermutlich sah die Schwanzflosse der Reptilien ganz ähnlich aus wie die der heutigen Haie – mit einem kleinen Unterschied: Bei den Haien wird der obere Teil

der zweilappigen Flosse von der Schwanzwirbelsäule gestützt, bei den Ichthyosauriern war es der untere.

Als die ersten Ichthyosaurier-Fossilien gefunden wurden, nahmen die Paläontologen an, dass die Schwanzwirbelsäule bei der Versteinerung abgeknickt sei, denn sie kannten kein Tier mit einer solchen Form der Wirbelsäule. Bei einigen Exemplaren wurde der Schwanz sogar gerade gebogen, um den Fehler zu korrigieren. Erst als am Ende des 19. Jahrhunderts in Tonschieferbrüchen um das schwäbische Holzmaden einige vollständige Ichthyosaurier-Skelette zum Vorschein kamen, fiel es den Experten wie Schuppen von den Augen. Bei den Holzmadener Fossilien waren nämlich die Körperumrisse erhalten, und daran konnte man erkennen, dass die Wirbelsäule in den unteren Lappen der Schwanzflosse abknickte. Da die Tiere so hervorragend erhalten waren, wurde schon bald klar, dass diese besondere Form der Wirbelsäule zu den typischen Merkmalen der Ichthyosaurier gehörte.

Mittlerweile konnte man zeigen, dass zwischen dem Schwanz von Haien und dem von Ichthyosauriern zwar eine oberflächliche Ähnlichkeit besteht, aber ein Ichthyosaurierschwanz eher mit dem einiger Waltiere verglichen werden kann – möglicherweise auch mit dem Schwanz bestimmter Fische wie Schwertfische oder Thunfische. Die Schwimmtechnik der Ichthyosaurier, die wie alle Meeresreptilien regelmäßig zum Atmen an die Wasseroberfläche kommen mussten, ähnelte ebenfalls eher derjenigen der Luft atmenden Waltiere als der von Haien. Im Unterschied zu Haien sind die Meeressäuger in der Regel leichter als Wasser, und dies scheint auch bei den Reptilien der Fall gewesen zu sein. Ihre Knochen wiesen nämlich eine geringe Dichte auf, wie wir es von den Waltieren kennen. Zum Tauchen mussten die Ichthyosaurier wahrscheinlich mit zunehmendem Druck das Lungenvolumen verringern, um dem Auftrieb entgegenzusteuern. Die großen, paddelförmigen Brustflossen waren sicherlich recht gut dazu geeignet, die Schwimmtiefe zu halten.

Vielleicht waren die Ichthyosaurier sogar bessere Schwimmer, als man bisher dachte. Ganz sicher gehörten sie zu den ersten großen Wirbeltieren der Ozeane, die sich in so perfekter Weise an das Leben im Meer anpassten. Die gleiche stromlinienförmige Gestalt, die diese Reptilien annahmen, zeigen heute die Delphine – ebenfalls Nachfahren von Landtieren.

Etwa so groß wie ein Delphin wurde dieser Plesiosaurier der Gattung Microcleidus. *Dieses vollständig erhaltene Skelett wurde aus Gesteinen des unteren Juras in Deutschland geborgen.*

Elegante Schwimmer

Zu den außergewöhnlichsten Lebewesen der Ozeane gehörten im Erdmittelalter die Plesiosaurier oder Schwanenhalsechsen. In der Meeresfauna der Gegenwart gibt es keine Tiere mit einer solchen Gestalt; nur in den Bildern, auf denen das legendäre Ungeheuer von Loch Ness in Schottland zu sehen sein soll, kann man eine gewisse Ähnlichkeit mit einem Plesiosaurier erkennen.

Diese Meeresreptilien erreichten Längen von 2–14 m und waren mit ihren vier großen, flossenförmigen Gliedmaßen und dem langen, beweglichen Hals gut ans Schwimmen angepasst. Wie sich die Plesiosaurier genau bewegten, darüber wurde lange spekuliert. Einige Paläontologen vertraten die Ansicht, dass die Tiere mit eigen-

Von unten gesehen bewegte sich der Plesiosaurier Rhomaleosaurus *mit den großen, kräftigen Paddeln vermutlich wie eine Schildkröte durchs Wasser.*

artigen, kraftvollen Bewegungen durchs Wasser „flogen", ähnlich wie es heute Meeresschildkröten und Pinguine tun. Dabei setzten sie die Flossen ähnlich wie Vögel ihre Flügel ein. Auftrieb und Antrieb verschafften sich die Tiere, indem sie sich in leichter Schräglage mit den Flossen nach unten und hinten abstießen; danach neigten sie die Flossen zur anderen Seite, um beim Aufschlag einen zusätzlichen, wenn auch geringeren Antrieb zu erzeugen. Im Verlauf eines solchen Schlags zeichnete die Spitze der Flosse eine liegende Acht nach. Bei dieser Art der Bewegung wird zu jedem Zeitpunkt ein Vorwärtsschub erzeugt. Dies ist nur eine Vorstellung von der Fortbewegung der Plesiosaurier; möglicherweise konnten die Tiere jedoch aufgrund der Anatomie ihres Becken- und Schultergürtels mit den Flossen überhaupt keine solch komplizierten Bewegungen durchführen. Nach einer anderen Vorstellung von der Schwimmtechnik der Plesiosaurier zeichneten die Flossenspitzen bei ihrer Bewegung ein sichelförmiges Muster.

Sicherlich boten die großen Plesiosaurier einen eindrucksvollen Anblick, wenn sie langsam und anmutig durchs Wasser „flogen". Die meisten Arten hatten lange, biegsame Hälse und im Verhältnis zum Körper recht kleine Köpfe mit langen Schnauzen. Wie die heutigen Wale und Delphine mussten die Meeresreptilien regelmäßig an die Wasseroberfläche kommen, um Atem zu holen. Sie fingen wahrscheinlich Fische und Tintenfische im freien Wasser. Angesichts ihrer Größe und langsamen Bewegungen könnten sie den Beutetieren aufgelauert und Fische aus den vorbeischwimmenden Schwärmen geschnappt haben. Ihre Kiefer waren dicht besetzt mit eng ineinander greifenden, spitzen Zähnen, die sich hervorragend zum Festhalten der schlüpfrigen Beutetiere eigneten.

Es gibt auch Plesiosaurier mit kurzem Hals. Diese so genannten Pliosaurier werden als eigenständige Gruppe betrachtet. Auch sie erreichten bis zu 12 m Länge. Ihre recht großen, bisweilen massigen Schädel waren mit langen, spitzen Zähnen bewaffnet. Die Pliosaurier waren sicher wesentlich schnellere Räuber als die meisten Plesiosaurier und jagten vermutlich neben Fischen auch recht große Beutetiere wie Ichthyosaurier oder kleinere Plesiosaurierarten.

Die Plesiosaurier ernährten sich wahrscheinlich in erster Linie von Fischen.

DIE EROBERUNG DES HIMMELS

Niemals in der Geschichte der Erde schwangen sich so große Tiere in die Luft wie in der oberen Trias. Es waren keine Vögel, sondern gewaltige Reptilien, einige davon so groß wie kleine Segelflugzeuge, die als Gleitflieger, Segler oder Stoßtaucher nach Beute suchten.

Als erste Lebewesen eroberten vor ungefähr 300 Millionen Jahren, im Karbon, die Insekten den weiten Luftraum. Wo es viele Pflanzen gab, die ihnen Nahrung boten, herrschten die Kerbtiere über die dritte Dimension, weil sie als einzige Lebewesen aktiv fliegen konnten. Es dauerte allerdings nicht lange – in erdgeschichtlichen Dimensionen betrachtet –, bis sich zu diesen Pionieren die ersten fliegenden Wirbeltiere gesellten. Es waren Flugsaurier wie *Eudimorphodon*, die sich vor etwa 220 Millionen Jahren, gegen Ende der Trias, in die Lüfte erhoben. Im darauf folgenden Jura beherrschten bereits mächtige Flieger den Himmel.

Die ersten Wirbeltiere heben ab

Während es unter den Wirbeltieren heute Vögel und Fledermäuse sind, die sich elegant über unseren Köpfen bewegen, zogen im Erdmittelalter Reptilien durch die Luft. Diese Pioniere unter den Flugkünstlern ernährten sich räuberisch von Fischen. Sie lebten in den Wäldern ebenso wie an den Küsten und flogen zur Jagd auch weit über die Meere hinaus. Man fasst diese Tiere unter dem Begriff „Pterosaurier" oder „Flugsaurier" zusammen. Sie durchzogen die Lüfte immerhin rund 150 Millionen Jahre lang, etwa in der gleichen Zeit, wie ihre entfernten Verwandten, die Dinosaurier, die Fauna an Land prägten. Mit den gigantischen Vettern gingen auch die fliegenden Reptilien am Ende der Kreide zugrunde.

Pterosaurier hatten kurze Körper, lange Hälse, große Köpfe, eine besonders lange Schnauze und – am allerwichtigsten – zu Flügeln umgewandelte Vordergliedmaßen. Dabei war ihr vierter Finger extrem verlängert. Die röhrenförmigen Knochen dieses Fingers bildeten den Vorderrand des Flügels und waren Ansatzstelle für eine Membran, die sich von der Hand nach hinten bis zu den Oberschenkeln oder bis zu den Füßen erstreckte. Diese Membran war durch parallel verlaufende,

Eudimorphodon ***und*** **Peteinosaurus,** ***die ersten bekannten Flugsaurier, beherrschten vor rund 220 Millionen Jahren die Lüfte.***

Der vierte Finger war bei* Eudimorphodon *(links) stark verlängert; an ihm setzte die Flughaut an. Daneben wies das Tier noch drei weitere Finger auf (oben), mit denen es greifen konnte. Sie trugen kräftige Krallen.

stabile elastische Fasern gegen Beschädigung verstärkt. Ganz ähnlich wie die heutigen Fledermäuse konnten die Tiere die Flügel zum Fliegen ausstrecken und in Ruhe zusammenfalten.

Schon bald entwickelten sich viele Formen von Pterosauriern, die sehr unterschiedliche Größen und Gestalten annahmen und sich auf vielerlei Lebensweisen spezialisierten. Zu den kleinsten Formen gehörte der silbermöwengroße *Eudimorphodon*, zu den mächtigsten der riesige *Pteranodon ingens*, dessen Schädel einen gewaltigen Knochenkamm trug und bis zu 1,80 m lang werden konnte. Seine Flügelspannweite maß bis zu 7 m.

Selbst die frühesten Pterosaurier wie *Eudimorphodon*, der unter anderem dort lebte, wo heute Italien liegt, waren offenbar schon recht gut ans Fliegen angepasst. Sie tauchten scheinbar aus dem Nichts auf, ohne Übergangsformen. Vermutlich wurden einfach bis heute keine Fossilbelege solcher Zwischenformen gefunden.

Damit sich die Tiere in die Luft schwingen konnten, musste sich zunächst ihr Körperbau stark verändern. So entwickelte sich bei den Flugsauriern der so genannte Pteroidknochen am Handgelenk, an dem eine Erweiterung der Flughaut zum Oberarm ansetzte. Die Knochen des langen Schwanzes waren durch spezielle Sehnen versteift, vielleicht damit der Schwanz beim Fliegen als Steuerruder eingesetzt werden konnte. Auch bei Dinosauriern war der Schwanz versteift; in diesem Fall diente er wahrscheinlich zum Halten des Gleichgewichts und bisweilen wohl auch als Waffe.

In der Schädelform der Pterosaurier spiegelte sich die Ernährung wider. *Anurognathus* hatte einen hohen, kurzen Schädel mit kleinen, stiftförmigen Zähnen, die auf Insektenverzehr hinweisen. Die recht weit auseinander stehenden, langen Zähne von *Rhamphorhynchus* dienten wohl dem Festhalten von Fischen, die er im Flug fing, wobei er mit dem Unterkiefer das Wasser durchkämmte. Mit seinen etwa 500 langen, kammartigen Zähnen in Ober- und Unterkiefer siebte *Pterodaustro* winzige Lebewesen aus

Pterodaustro *siebte mit den zahlreichen langen, elastischen Zähnen in seinem Unterkiefer Mikroorganismen aus dem Wasser, ähnlich wie Flamingos.*

Den Größenrekord unter den Pterosauriern hält Quetzalcoatlus, *der eine Flügelspannweite von 11 m erreichte.*

dem Wasser tropischer Süßwasserseen. *Pteranodon* aus der oberen Kreide dagegen hatte überhaupt keine Zähne. Wie *Rhamphorhynchus* jagte er vermutlich Fische im Flug und verschlang die gefangene Beute so rasch, dass er dazu keine Zähne benötigte.

Bei *Pteranodon* gab es relativ kleine Arten, deren Flügelspannweite „nur" etwa 3 m betrug, aber auch Riesen mit unglaublichen 9 m. Doch selbst sie waren noch nicht die größten Lebewesen, die sich jemals in die Lüfte erhoben haben.

Schwebende Riesen

In der oberen Kreide entstanden die größten Pterosaurier, die so genannten Azhdarchiden. 1971 wurde in Texas das erste Fossil aus dieser Gruppe entdeckt und *Quetzalcoatlus* genannt. Zunächst konnten die Fachleute seine Größe kaum fassen – sie schätzten die gewaltige Flügelspannweite dieses Reptils auf 11–12 m. Damit gilt *Quetzalcoatlus* als das größte flugfähige Tier aller Zeiten. Seine Spannweite ist etwa dreimal so groß wie die der größten heute lebenden flugfähigen Vögel.

Was kostet ein Flugsaurier?

Ein gut erhaltenes Wirbeltierfossil konnte schon immer beträchtliche Summen kosten, selbst in der Frühzeit der Paläontologie. Mary Anning erzielte mit dem Verkauf der Versteinerungen, die sie gefunden hatte, ein kleines Einkommen. Heute werden schöne Stücke allerdings für ganz andere Preise gehandelt. Öffentliche Museen und private Sammler versuchen sich gegenseitig zu überbieten, um die schönsten Exemplare zu bekommen. In der Regel werden die großen Fossilien auf Auktionen oder über spezielle Händler angeboten. Im Jahr 1995 bezahlte das schottische Nationalmuseum 55 319 Pfund für ein Exemplar von *Rhamphorhynchus gemmingi*, das als eines der besterhaltenen seiner Art in der Welt gilt. Es wurde in 153 Millionen Jahre alten Sedimentgesteinen bei Solnhofen in Bayern gefunden.

Mittlerweile scheinen jedoch Belege für einen Flugsaurier vorzuliegen, der noch größer als der monströse *Quetzalcoatlus* war. 1959 wurde ein in Jordanien gefundener Knochen nach Paris gebracht und dort von dem französischen Paläontologen Camille Arambourg untersucht. Der Forscher kam damals zu dem Schluss, es handle sich um den Flügelknochen eines Pterosauriers. Das Fossil verschwand dann aber auf mysteriöse Weise und stand somit nicht für moderne Analysemethoden zur Verfügung. Die nähere Untersuchung eines Abgusses zeigte kürzlich, dass es kein Flügelknochen, sondern ein Halswirbel war. Dies wurde inzwischen bestätigt, nachdem die Paläontologen David Martill und Eberhard Frey das Fossil 1995 in einem Lagerraum in Jordanien wiedergefunden hatten.

Der ungefähr 65 Millionen Jahre alte, 61 cm lange Knochen ist seitlich abgeflacht und unvollständig; seine Gesamtlänge wird auf etwa 76 cm geschätzt. Alles in allem war der Hals des Tiers somit wohl 2 m lang und demnach bedeutend länger als bei allen anderen bekannten Flugsauriern. Die Versteinerung stammte aus Sedimentgestein des gleichen Alters, in dem auch *Quetzalcoatlus* lag. Der Pterosaurier aus der oberen Kreide erhielt den Namen *Arambourgiania philadelphiae*. Vermutlich erreichte das Riesentier eine Flügelspannweite von etwa 12 m.

Manche der fliegenden Giganten fingen ihre Nahrung vielleicht wie *Pteranodon*, indem sie den Unterkiefer während des Flugs ins Wasser tauchten und dabei an der Oberfläche schwimmende Fische schnappten. Da ihre Halswirbel ineinander griffen, nimmt man an, dass sie den Hals beim Beutefang versteifen und durch ein Scharniergelenk an den Schultern wie den Arm eines Baggers absenken konnten. Der Hals musste vermutlich so lang sein, damit die riesigen Flügel während des Beutefangs nicht die Wasseroberfläche berührten. Ganz anders ernährte sich möglicherweise *Quetzalcoatlus*: Man nimmt an, dass er durch Tümpel watete und mit der langen Schnauze Krebstiere aus ihren Bauen im Boden zog.

Wie die Pterosaurier flogen

Vermutlich bewegten sich die Pterosaurier mit ihren kurzen Körpern und Beinen und relativ langen Flügeln am Boden recht unbeholfen fort – ähnlich wie Fledermäuse. Als Reptilien waren sie außerdem vermutlich wechselwarm und damit wenig aktiv, bis die Sonne sie am Morgen aufgewärmt hatte.

Die Fachleute gingen davon aus, dass die Flugsaurier nicht sehr viel Energie in ihre Flüge steckten, sondern vielmehr als Segler und Gleiter versuchten, in warmen Aufwinden Auftrieb und Höhe zu gewinnen.

Eine interessante Entdeckung in Kasachstan stellt diese Annahme in Frage: Versteinerte Haare und Fasern wurden zusammen mit der Flughaut von Pterosauriern gefunden. Wenn die Tiere Haare hatten, weist dies darauf hin, dass sie gleichwarm waren und daher aktiver sein konnten als angenommen. Zum Starten reichte selbst den größeren Flugsauriern eine Geschwindigkeit von 4 m pro Sekunde, die sie mit kurzem Anlauf bei Gegenwind erreichten.

Aus dem Leben der Pterosaurier

Viele Einzelheiten über die Lebensweise und den Lebensraum der Pterosaurier offenbarten neuere Funde in einem flachen, wüstenartigen Gebiet Nordchiles, an den Hängen des knapp 4000 m hohen Bergs Cerro la Isla. Dort treten Sedimente aus der unteren Kreide zutage, die vor 120 Millionen Jahren abgelagert wurden. Besonders interessant ist eine durchschnittlich 2 m mächtige Konglomeratschicht, die sich über 1 km² erstreckt und nicht nur Tausende, sondern Hunderttausende oder sogar Millionen von Knochenbruchstücken enthält. Viele dieser Fragmente sind eindeutig die hohlen, leichten Knochen des Flügelskeletts von Pterosauriern. Die Knochen stammen in erster Linie von jungen Tieren.

Aus der Art und Weise, wie die Sedimente abgelagert wurden, schließen Geologen, dass eine gewaltige Flutwelle das ganze Gebiet verwüstete und alles Leben unter sich begrub. Ein fürchterliches Unwetter musste damals auf die Berge Nordchiles niedergegangen sein und mächtige Wasserströme verursacht haben. Hunderte von Bächen schossen die Hänge hinunter, sammelten sich zu größeren Flüssen und vereinigten sich in den Tälern zu reißenden Strömen, die ungeheure Mengen von aufgewühltem Sediment mitschleppten. Die ständig weiter nach unten abfließende Flut wurde unausweichlich in das am niedrigsten gelegene Gebiet der Region geleitet, in das trogförmige Tal, das heute am Cerro la Isla ansteht.

Größe, Struktur und Feingliedrigkeit der hohlen Gliedmaßenknochen weisen darauf hin, dass die dort gefundenen Flugsaurier zur gleichen Art gehörten. Es waren kleine bis mittelgroße Tiere mit einer Flügelspannweite bis zu 2 m. Da es sich fast nur um Jungtiere handelte, befand sich dort vermutlich eine riesige Brutkolonie. Die Reste von Knochen so vieler Tausend Tiere auf einer kleinen Fläche zeigt, dass sie in Gruppen zusammengelebt haben müssen.

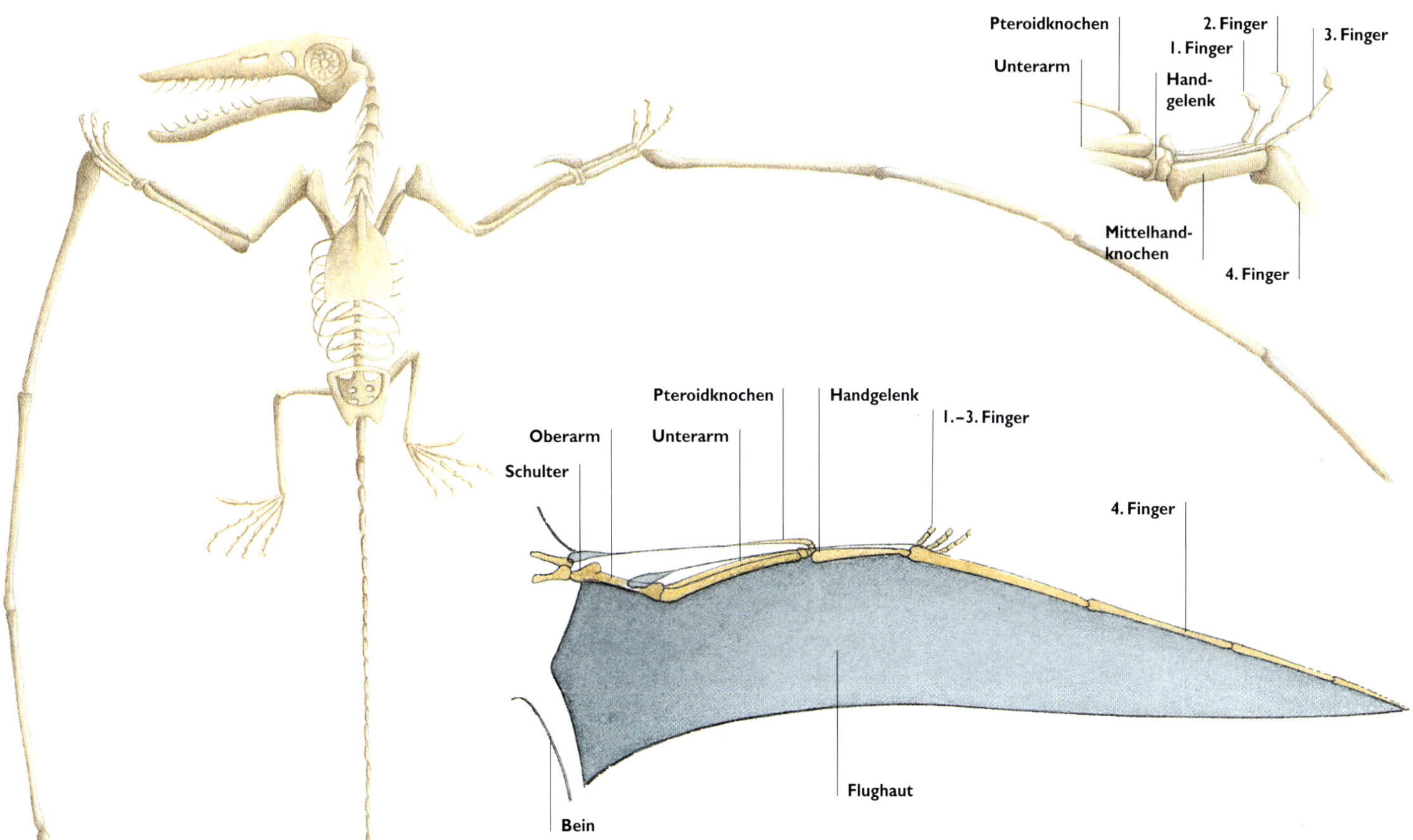

Der Flügel eines Pterosauriers unterscheidet sich von dem einer Fledermaus, obwohl beide mithilfe einer Flughaut durch die Luft glitten bzw. gleiten. Bei beiden erstreckt sich diese Haut zwischen dem Arm, dem Körper und dem Hinterbein, doch während bei Pterosauriern ausschließlich der verlängerte vierte Finger die Haut aufspannt, sind es bei Fledermäusen mehrere Finger.

Wie sich die Pterosaurier an Land fortbewegten, ist nicht genau bekannt. Fossile Spuren weisen aber darauf hin, dass einige Formen wie Pteranodon *aus der oberen Kreide (links und oben) mit ihren lang gezogenen Schädeln und Flügelspannweiten von über 6 m alle Gliedmaßen dabei einsetzten. Andere, wie* Dimorphodon *aus dem unteren Jura, falteten ihre Flügel vielleicht zusammen und liefen auf den Hinterbeinen, wobei sie mit dem Schwanz das Gleichgewicht hielten (rechts unten).*

Das war der erste Hinweis auf soziales Verhalten bei diesen Reptilien, die man zuvor für einzelgängerische Tiere gehalten hatte. Die Funde in Chile lassen erahnen, dass sich die Tiere in vieler Hinsicht ähnlich wie Vögel verhielten und dass zumindest einige Arten zur Fortpflanzung und zur Aufzucht ihrer Jungen große Kolonien bildeten.

Außerdem kann man aus den Funden schließen, dass sich die Tiere am Boden recht gut bewegen konnten und dass die erwachsenen Flugsaurier in der Lage waren, sich in die Luft zu schwingen, ohne hohe Klippen als Startrampe zu benötigen. So hatten sich wahrscheinlich die ausgewachsenen Tiere in Sicherheit gebracht, als die Wassermassen heranrollten und alles unter Geröll begruben; Opfer der Überschwemmung wurden nur die noch nicht flüggen Jungtiere, die ihre Nester nicht verlassen konnten.

Die Stelle, an der die zahllosen jungen Pterosaurier starben, lag zur damaligen Zeit etwa 20–50 km vom Meer entfernt, doch ihre Nahrung fanden die Tiere in den Gewässern vor der Küste. Es scheint seltsam, dass sie ihre Jungen so weit entfernt von ihrer Speisekammer aufzogen. Doch wenn die Pterosaurier kraftvolle Flieger waren und in Energie sparendem Segelflug mit Aufwinden zu segeln vermochten, dürften sie ohne große Schwierigkeiten derart weite Strecken zurückgelegt haben. Die Erwachsenen hätten innerhalb eines Tags zum Meer fliegen, Fische fangen und vor dem Abend zur Fütterung ihrer Jungen zum Nistplatz zurückkehren können.

An einem solchen abgelegenen, unwirtlichen Ort zwischen hohen Bergen, der wahrscheinlich für Landtiere nur schwer zugänglich war, genossen die kleinen Flugsaurier Schutz vor Räubern. In Chile gibt es auch heute ein Tier, das seine Jungen auf die gleiche Art schützt: Die Graumöwe *(Larus modestus)* legt Brutkolonien in trockenen Tälern der Anden an, bis zu 100 km von den Küstengewässern entfernt, in denen der Vogel seine Nahrung findet.

Die zahllosen Pterosaurierknochen, die in Nordchile ausgegraben wurden, lieferten

Besonders leichte Knochen verringerten das Gewicht des großen Schädels vieler Pterosaurier, wie bei dem rechts abgebildeten Dimorphodon. *Aus Fossilfunden kann man schließen, dass einige Arten in riesigen Kolonien weitab von den Nahrungsgründen an der Küste ihre Jungen aufzogen (rechte Seite).*

den ersten stichhaltigen Nachweis, dass die Flugsaurier ihren Nachwuchs mit Nahrung versorgten und beschützten, ähnlich wie man es heute auch von ihren entfernten Verwandten, den Dinosauriern, annimmt. Außerdem hegen die Paläontologen jetzt die Hoffnung, dass sie irgendwann einen intakten oder verlassenen fossilen Brutplatz dieser Tiere finden werden, an dem die Lebensspuren noch besser erhalten sind.

Die Entstehung der Feder

Es dauerte nicht lange, bis die Pterosaurier nicht mehr allein am Himmel umherzogen und sich den Luftraum mit völlig neuen Konkurrenten teilen mussten – den Vögeln. Diese tauchten zum ersten Mal gegen Ende des Juras auf, vor etwa 150 Millionen Jahren, aber erst im Tertiär, nach dem Aussterben der Pterosaurier, konnten sie sich endgültig durchsetzen.

Während des Erdmittelalters, als die Pterosaurier noch die alleinigen Herrscher der Lüfte waren, fand im Stillen eine revolutionäre Entwicklung statt. Einige kleine Dinosaurier hatten ungewöhnliche Körperschuppen aus Keratin entwickelt, dem Eiweiß, aus dem auch die Krallen bestanden. Diese stark verzweigten Schuppen waren von zahlreichen mit Luft gefüllten Hohlräumen durchzogen; dies machte sie leicht und isolierte die Tiere gleichzeitig gegen Kälte und Hitze. Die Feder war geboren. Heute gilt die Entwicklung dieser einzigartigen Hautstrukturen als Entstehungspunkt einer neuen Tiergruppe, die wir heute als Vögel kennen.

Im Jahr 1860 gelang im bayrischen Solnhofen einer der bedeutendsten Fossilfunde in der Geschichte der Paläontologie. Es war eine einzelne, schwarzbraune Feder von 6 cm Länge, die man auf der Oberfläche einer Steinplatte erkennen konnte. Bei dem Gestein handelte es sich um 150 Millionen Jahre alten Kalkstein aus dem oberen Jura.

Da man Federn ausschließlich von Vögeln kannte, war dies eine Sensation für die Wissenschaftler – die einzigen Vogelfossilien, die vorher gefunden worden waren, schätzte man weitaus jünger. Dies war der Beweis, dass es bereits zu Zeiten der Dinosaurier Vögel gegeben hatte.

Vogel oder Reptil?

Glücklicherweise mussten die Paläontologen nicht lange rätseln, wie das Tier ausgesehen hatte, das zu dieser Feder gehörte. Bereits im darauf folgenden Jahr wurde, ebenfalls bei Solnhofen, ein praktisch vollständiges Skelett gefunden. Das Lebewesen ähnelte in der Gestalt einem kleinen theropoden Dinosaurier, hatte allerdings deutlich erhaltene Flügel, und im Gestein fanden sich Abdrücke von Schwanzfedern.

Karge Täler schneiden sich tief in die chilenischen Anden ein. So sah die Landschaft vermutlich auch aus, als Pterosaurier dort ihre Brutkolonien anlegten.

DIE UNSCHEINBAREN AHNEN DER VÖGEL

Das erste Exemplar des kleinen Dinosauriers *Compsognathus* stammt aus dem Kalkstein des oberen Jura bei Solnhofen. Dieses Fossil ist aus historischen Gründen ebenso interessant wie aus biologischen. Es handelt sich dabei um die kleinste Dinosaurierform – das (ausgewachsene) Exemplar von Solnhofen hat eine Gesamtlänge von nur 70 cm. Da es in Kalkschlamm begraben wurde, ist es gut und vollständig erhalten. *Compsognathus* wurde nach seiner Entdeckung zu einem der bekanntesten Dinosaurier, weil Thomas Henry Huxley an ihm die Verwandtschaftsverhältnisse zwischen Reptilien und Vögeln illustrierte.

Eine erneute Untersuchung des Fossils in den letzten Jahren brachte sogar noch weitere Besonderheiten ans Licht. 1978 stellten Fachleute fest, dass es sich um einen Fleisch fressenden Räuber handelte, weil sich Reste einer teilweise verdauten kleinen Echse der Art *Bavarisaurus macrodactylus* in seiner Körperhöhle befanden. Später wies man nach, dass das Exemplar ein erwachsenes Weibchen war, denn man fand rund ein Dutzend teilweise erhaltene Eier in der Körperhöhle und im Sediment. Die kleinen, runden Eier sind nur 1 cm lang, etwas abgeplattet und noch nicht von einer Schale umgeben, waren also offenbar noch nicht ablagereif, als das Tier starb. Während sich der Kadaver zersetzte, wurden die unreifen Eier auf dem umgebenden Meeresboden verstreut. Dort lagerte sich immer mehr Sediment auf ihnen ab. Dies führte dazu, dass sich ihre Form änderte und dass sie heute abgeplattet sind.

Ein weiteres hervorragend erhaltenes Exemplar von *Compsognathus* wurde später in einem ähnlichen Kalkgestein bei Canjuers in Südfrankreich gefunden. Interessanterweise ist dieses Tier mit 1,5 m doppelt so groß wie das erste aus Solnhofen. Einige Wissenschaftler sind der Ansicht, dass die Männchen doppelt so groß wie die Weibchen gewesen sein könnten. Dies bestätigte die Meinung von Forschern, die schon immer erhebliche Geschlechtsunterschiede in der Größe bei Dinosauriern angenommen hatten. Der Beweis ist allerdings sehr schwer zu erbringen, wenn die Fundstücke von verschiedenen Orten stammen.

Etwa hühnergroß wurde der Dinosaurier Compsognathus, *aus dessen Verwandtschaft die Vögel entstanden.*

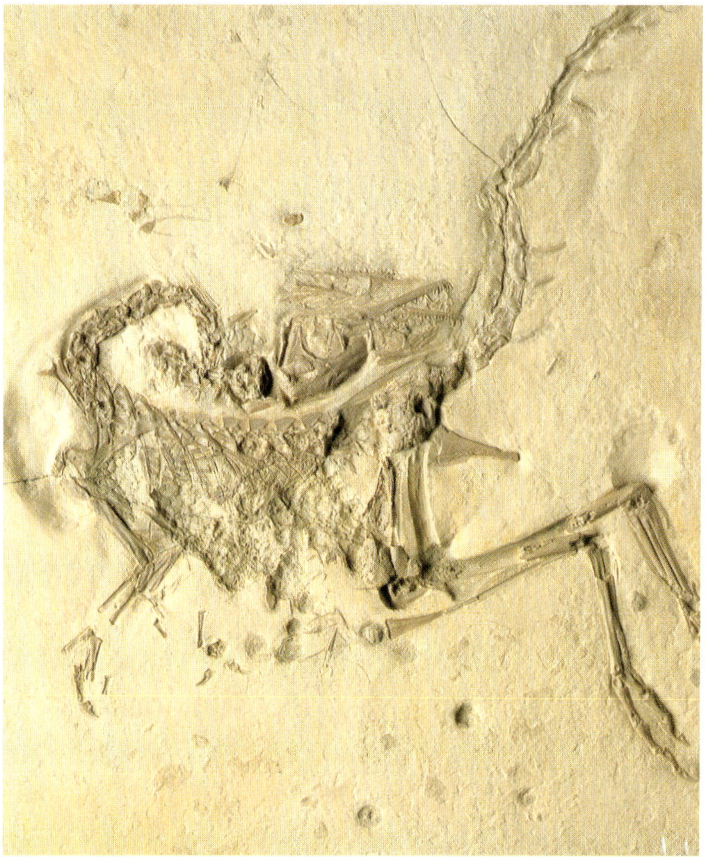

Richard Owen, der zu jener Zeit für die naturhistorischen Sammlungen des Britischen Museums in London verantwortlich war, kaufte das Exemplar im Jahr 1862. Er gehörte zu den großen Anatomen seiner Tage, stand jedoch der 1859 von Charles Darwin veröffentlichten Evolutionstheorie ablehnend gegenüber. Richard Owen hatte seine eigene Theorie zu dem versteinerten Tier, das inzwischen den Namen *Archaeopteryx* erhalten hatte. Seiner Meinung nach handelte es sich zwar unzweifelhaft um einen Vogel, doch dieser wies Merkmale auf, die bei heutigen Vögeln nur während der Embryonalentwicklung vorübergehend auftauchen. Es musste also nach Owens Ansicht ein sehr junges Exemplar sein.

Einige Merkmale des Tiers erinnerten ganz eindeutig an Reptilien, vor allem die bezahnten Kiefer und der lange, von der Wirbelsäule gestützte Schwanz. Für den jungen Zoologen Thomas Henry Huxley, der die revolutionären Theorien Darwins unterstützte, deutete dies ganz klar darauf hin, dass sich die Vögel aus Reptilien entwickelt hatten. Der Forscher betrachtete *Archaeopteryx* ebenfalls als mehr oder weniger echten Vogel, der aber noch einige Reptilienmerkmale zeigte. Ein weiterer Fund aus Solnhofen diente Huxley zur Bestätigung seiner Ansicht: ein kleiner, zweibeiniger Dinosaurier namens *Compsognathus*. Obwohl dieses Tier zweifellos zu den Reptilien gehörte, wies es mehrere bemerkenswert vogelähnliche Merkmale auf und konnte damit als Bindeglied zwischen Reptilien und Vögeln betrachtet werden.

In einem öffentlichen Vortrag in London demonstrierte Thomas Henry Huxley, wie einleuchtend sich mit der Evolutionstheorie die Stammesgeschichte der Organismen erklären ließ, indem er anhand von *Archaeopteryx* und *Compsognathus* die Entstehung der Vögel erläuterte. Er stellte die Ähnlichkeiten zwischen zwei verschiedenen Tierklassen dar – trotz ihrer scheinbar sehr unterschiedlichen Anatomie und Physiologie. Huxley war zuversichtlich, dass sich die Lücken, die in der Ahnenreihe noch klafften, nach und nach mit neuen Fossilfunden schließen lassen würden.

Die Entdeckung einer Feder von Archaeopteryx *war der erste Nachweis, dass es schon im Jura Vögel gab.*

Zweifellos konnten sich Charles Darwins revolutionäre Ideen auch deshalb so rasch durchsetzen, weil sein Anhänger Thomas Henry Huxley nachdrücklich in der Öffentlichkeit dafür eintrat und sie in zahlreichen Artikeln zu beweisen versuchte. Huxley war ein Redner mit besonderer Überzeugungskraft – ein Talent, das dem scheuen und zurückgezogenen Darwin fehlte – und erreichte mit seinen öffentlichen Vorträgen ein breites Publikum.

Inzwischen ist bekannt, dass den Wissenschaftlern bereits seit 1855 ein *Archaeopteryx*-Fossil vorlag, es wurde aber erst 1970 als solches erkannt. Der amerikanische Paläontologe John Ostrom entdeckte es zufällig in einem Museum im niederländischen Haarlem, wo es als „Dinosaurier" bezeichnet war. Zu seinem großen Erstaunen stellte der Wissenschaftler fest, dass man bei dem Fossil sogar, wenn man es im richtigen Licht betrachtete, die schwachen Abdrücke von Federn recht gut erkennen konnte. Inzwischen sind neben den beiden schon erwähnten noch fünf weitere *Archaeopteryx*-Exemplare gefunden worden (1876, 1951, 1956, 1987 und 1992), von denen jedes neue Informationen lieferte.

Ein waschechter Vogel

Die *Archaeopteryx*-Arten waren mittelgroße Vögel, die von der Schnabel- zur Schwanzspitze 28–50 cm maßen und etwa 25 cm Höhe erreichten. Ihr leichter Schädel mit den großen Augen und den ausgeprägten Sehlappen im Gehirn zeigen, dass sie sich in erster Linie mit den Augen orientierten. An ihren schmal zugespitzten, schnabelähnlichen Kiefern trugen die Tiere zahlreiche recht weit auseinander stehende, spitze Zähne. Der gebogene Hals ging in einen kurzen Rücken und einen langen, geraden Schwanz über, der von 22 Schwanzwirbeln gestützt wurde.

Das häufigste fliegende Reptil der Lagune von Solnhofen, Pterodactylus kochi, *war etwa so groß wie eine Ente.*

Die Vordergliedmaßen der Vögel trugen drei stark verlängerte Finger, die jeweils in einer langen, gebogenen Kralle endeten. Im Unterschied dazu sahen die Hinterbeine aus wie die von Reptilien; so war die innere Zehe sehr kurz und nach hinten gerichtet. Auch viele lebende Vögel haben allerdings solche Füße, und wie Huxley belegte, lässt sich der Fuß eines Hühnerembryos kaum von dem eines Reptils unterscheiden. Das Becken von *Archaeopteryx* ähnelt ebenfalls dem eines kleinen theropoden Reptils.

Urvogel mit komplizierter Abstammung

Zunächst taten sich die Fachleute schwer, die nächsten Verwandten von *Archaeopteryx* zu bestimmen; er ähnelt in einigen Merkmalen den Krokodilen, in anderen den Thecodonten, den Säugetieren und den Dinosauriern. Der Urvogel teilt manche Besonderheiten im Schädelbau mit den Krokodilen, auch wenn es dabei einige Unstimmigkeiten gibt; das Gleiche gilt für die Ähnlichkeiten, die ihn mit den Thecodonten aus der Trias verbinden. Mit den Säugetieren hat er als Vertreter der Vögel mehr Eigenschaften gemein; beide Gruppen sind gleichwarm, besitzen ein vierkammeriges Herz und ein großes, hoch entwickeltes Gehirn. *Archaeopteryx* war außerdem gut gegen Hitze und Kälte isoliert – mit einem Kleid aus der Eiweißverbindung Keratin, aus der sowohl Vogelfedern als auch Säugetierhaare bestehen.

Am stärksten sind jedoch die Gemeinsamkeiten mit den Dinosauriern. Das Skelett von *Archaeopteryx* ähnelt dem der fortschrittlichen theropoden Dinosaurier wie dem zweibeinigen *Compsognathus* in vielerlei Hinsicht. So ist es nicht abwegig, dass man *Archaeopteryx* in der Vergangenheit fälschlicherweise für einen Dinosaurier gehalten hat – ohne seine Federn ist er praktisch ein Dinosaurier.

Fliegen auf andere Art

Dass *Archaeopteryx* Federn hatte, beweist nicht unbedingt, dass er auch flog. Es gibt heute viele flugunfähige Vögel mit Federn. Außerdem dienten die Federn dem Tier

Thomas Henry Huxley machte Archaeopteryx *als Bindeglied zwischen Reptilien und Vögeln bekannt.*

Von den sieben bisher gefundenen Exemplaren des Urvogels **Archaeopteryx** *ist das Berliner Exemplar von 1876 (oben) das vollständigste. Als erstes beschrieben wurde das Londoner Exemplar, bei dem die Schwanzfedern besonders schön erhalten sind (links).*

wahrscheinlich mehr der Regulation der Körpertemperatur und weniger dem Fliegen. *Archaeopteryx* hatte Dunenfedern – er muss also gleichwarm gewesen sein.

Trotzdem weist manches an den Fossilien darauf hin, dass die Federn den Tieren das Fliegen ermöglichten. Ein aktiver Flug erfordert allerdings wesentlich mehr: kräftige Flugmuskeln an einem stabilen Skelett, einen leichten Körperbau, große, leichte Flügel und die Fähigkeit, beim Start die notwendige Geschwindigkeit zu erreichen.

Es gibt verschiedene Vorstellungen, wie sich *Archaeopteryx* in die Luft erhoben haben könnte. Eine Theorie geht davon aus, dass das Tier eigentlich ein kleiner, zweibeinig laufender Dinosaurier war, der seine befiederten Arme als eine Art Fangkorb für Insekten verwendete – wie es auch heute einige bodenlebende Vögel tun. Mithilfe der Flügel vermochte sich das Tier nach dieser Vorstellung bei der Verfolgung seiner Beute in die Luft zu erheben, woraus sich ein flatternder Flug entwickelte.

Plausibler scheint allerdings die Annahme, dass der aktive Flug aus dem Gleitflug entstanden ist, den man als einen Schritt auf dem Weg zum echten Fliegen betrachten kann. Für den Gleitflug werden keine kräftigen Flugmuskeln benötigt.

Besonders häufig entwickelte sich das Gleitfliegen in verschiedenen Tiergruppen in den Wäldern. Auf den Bäumen finden die Gleiter die für den Start erforderliche Höhe. Von einer Baumkrone zur nächsten gleiten dort Hörnchen, Beuteltiere und sogar Frösche und Echsen. Das spart Energie und verringert das Risiko, Räubern über den Weg zu laufen, weil die Tiere fast nie zum Boden herabsteigen müssen.

Auch für das Gleiten ist eine widerstandsfähige Membran erforderlich, die nicht zerreißt und zusammengefaltet werden kann. Federn stellen ein ideales Material für diesen Zweck dar, weil sie leicht und wasserabweisend sind. Wenn sie mit ihren zahllosen feinen Häkchen verbunden sind, bilden sie eine einheitliche Fläche.

Die Form der Federn von *Archaeopteryx* weist darauf hin, dass der Vogel tatsächlich flog. Asymmetrische und gebogene Federn, wie er sie besaß, sind nämlich typisch für flugfähige Vögel. Diese spezielle Form kommt den aerodynamischen Erfordernissen während des aktiven Flugs entgegen. Im Unterschied dazu tragen flugunfähige Vögel wie der Strauß flachere, symmetrische Federn.

Ein erhöhter Startplatz ist eine weitere Vorbedingung zum Gleiten – selbst für die kürzesten Gleitflüge. Früher wurde *Archaeopteryx* häufig als Waldbewohner dargestellt, der mithilfe seiner gebogenen Krallen an den Flügelfingern und Füßen Bäume erkletterte, von denen er hätte herabgleiten können. Dieses Bild stimmt allerdings nicht ganz, denn in den Gesteinsschichten, in denen die Fossilien der Urvögel gefunden wurden, gibt es keinerlei versteinerte Bäume. *Archaeopteryx* fossilisierte in Lagunen, aus denen sich zwar einige Inseln erhoben, doch auf ihnen wuchs nur ein spärliches,

Archaeopteryx *besaß kräftige Krallen an den Flügeln, die den heutigen Vögeln fehlen. Wozu er diese Krallen brauchte, ist noch nicht ganz klar.*

niedriges Gestrüpp aus Büschen. Dazwischen zogen sich offene Ebenen hin. Einige strauchförmige Koniferen wie *Brachyphyllum* und *Palaeocyparis* sowie Bennettiteen waren die höchsten Pflanzen dort; sie wurden nur etwa 3 m hoch.

Dennoch besteht kaum Zweifel, dass *Archaeopteryx* klettern konnte. Seine Flügelkrallen ähneln in der Struktur stärker den Krallen kletternder Tiere als denen von Räubern. Heute gibt es noch einen Vogel, der als Jungtier mit Krallen an den Flügeln klettern kann: der südamerikanische Hoatzin *(Opisthocomus hoatzin)*. Die Küken besitzen gut entwickelte Krallen am ersten und zweiten Finger ihrer Flügel und klettern mit diesen in ihr Baumnest zurück, wenn sie es bei Gefahr fluchtartig verlassen mussten.

Die Flügelkrallen von *Archaeopteryx* zeigen in eine andere Richtung als die der Hoatzins und können daher nicht auf die gleiche Weise eingesetzt worden sein – trotzdem waren sie sicher eine große Hilfe beim Klettern in den Pflanzen. Vielleicht benutzten sie die Vögel auch bei der Körperpflege, zur Abwehr oder sogar bei der Jagd.

Ein typisches Merkmal der flugfähigen Vögel fehlte *Archaeopteryx*: das gekielte Brustbein, an dem die Flugmuskeln ansitzen. Dennoch war der Urvogel vermutlich ein guter Flieger, denn andere fliegende Wirbeltiere wie die heutigen Fledermäuse besitzen ebenfalls keinen Brustbeinkiel. Möglicherweise saßen die Flugmuskeln des Urvogels an dem kräftigen Gabelbein.

Verfeinerung der Vogelform

Bis vor kurzem standen den Paläontologen für die Zeit zwischen dem oberen Jura, als *Archaeopteryx* lebte, und der oberen Kreide keine Fossilien von Vögeln zur Verfügung. In der oberen Kreide gab es bezahnte Vögel wie *Hesperornis* und *Ichthyornis*, die in feinkörnigen Kalksteinablagerungen im US-Bundesstaat Kansas gefunden wurden. Es war daher kaum möglich, die Stammesgeschichte von den ersten Formen bis zu den heute lebenden Vögeln nachzuvollziehen. Diese zeichnen sich nicht nur durch eine enorme Vielfalt an Formen aus, sondern auch durch spärliche Fossilbelege.

Die Gattung *Hesperornis* umfasste mehrere Arten flugunfähiger, bis zu 1,80 m großer Taucher, die fast wie Pinguine aussahen. Ihr Hals war lang und der Schwanz kürzer als der von *Archaeopteryx*, und dank der langen, kräftigen Beine konnten sie hervorragend schwimmen. Die Vordergliedmaßen waren zu winzigen Stummeln reduziert, die die Vögel höchstens beim Tauchen nach Fischen als Steuerhilfe einsetzen konnten. Mit den kleinen, spitzen Zähnen hielten sie vermutlich ihre schlüpfrige Beute fest. *Ichthyornis* war ein möwengroßer Vogel mit mächtigen, bezahnten Kiefern. Er ernährte sich ebenfalls von Fischen und fing seine Beute vermutlich durch Tauchen aus dem Flug.

Lange Zeit dachte man, die die Evolution der Vögel sei allmählich von *Archaeopteryx* über

DER MENSCH LERNT FLIEGEN

Wie ein Vogel fliegen zu können ist ein uralter Traum der Menschheit. Nach der Entdeckung von *Archaeopteryx* diskutierten die Wissenschaftler intensiv über die Evolution des Vogelflugs, und dies war auch für die Konstrukteure von Flugmaschinen sehr interessant. Während manche Forscher meinten, der aktive Flug habe sich direkt durch die Ausbildung muskulöser Flügel am Boden entwickelt, behaupteten andere, er sei aus dem Gleitflug entstanden.

1889 veröffentlichte der deutsche Ingenieur Otto Lilienthal ein Buch mit dem Titel *Der Vogelflug als Grundlage der Fliegekunst*. 1891 begann er mit ersten Gleitflugversuchen, und in den folgenden Jahren gelangen ihm entscheidende Fortschritte. Bis zu 300 m weit glitt er dabei durch die Luft. 1896 kam er bei einem Absturz ums Leben.

Die Natur inspirierte Otto Lilienthal beim Bau seiner Flugmaschine im Jahr 1891.

wasserlebende Vögel der oberen Kreide wie *Hesperornis* bis zu einigen modernen Vogelgruppen verlaufen, doch dieses Bild hat sich mittlerweile geändert. Neue Fossilien aus der unteren Kreide deuten darauf hin, dass auch die Vögel am Ende der Kreide zusammen mit den Dinosauriern von dem großen Artensterben betroffen waren.

Nur wenige überlebten

Nach dieser Theorie blieben nach der Katastrophe nur wenige der vielen Vogelformen übrig, und aus ihnen entstanden alle heutigen Vogelgruppen. Dies würde zu der Erkenntnis passen, dass die Mehrzahl der Landvögel aus dem Erdmittelalter nicht zu den Vorfahren irgendwelcher heutigen Vögel zählen kann. Vielmehr handelt es sich um Formen, die in der oberen Kreide sehr verbreitet waren und anschließend ausstarben. Man fasst sie zur Gruppe der Enantiornithes zusammen. Ihre Fußwurzelknochen waren auf eine bestimmte Art verwachsen, völlig anders als die Fußwurzelknochen bei den modernen Vögeln.

Die wasserlebenden Vögel der oberen Kreide, zu denen auch *Hesperornis* und *Ichthyornis* gehören, werden heute in die Linie der Odontornithes gestellt. Ausgrabungen am Ende der 80er Jahre brachten Fossilien mehrerer Gattungen ausgestorbener Vögel zum Vorschein: In Gesteinen aus der unteren Kreide fand man in China *Sinornis*, in Spanien *Iberomesornis* und in der Mongolei *Ambiortus*. Sie belegen, dass weder die Enantiornithes noch die Odontornithes das Massenaussterben an der Kreide-Tertiär-Grenze überlebten.

Man könnte die wenigen Vertreter der modernen Vögel aus der oberen Kreide, zu denen es bisher Fossilbelege gibt, als „Wasservögel im Übergangsstadium" charakterisieren. Aus ihnen entwickelten sich wahrscheinlich die verschiedenen Formen von Wasservögeln, die in Gesteinen aus dem frühen Tertiär gefunden wurden. Damit stammen alle modernen Vögel von dieser kleinen Gruppe überlebender Wasservögel ab. Diese explosionsartige Entwicklung der Vögel im Tertiär ist eines der eindrucksvollsten Phänomene der Evolution. Innerhalb von 5–10 Millionen Jahren entstanden alle größeren Gruppen der heutigen Vögel.

Eine unvollständige Geschichte

Die Stammesgeschichte der Vögel ist bis heute nur sehr lückenhaft durch Fossilien belegt. Das liegt unter anderem an der Leichtbauweise der Vogelskelette, die selten unbeschädigt bleiben. Nur unter ganz bestimmten Bedingungen besteht die Möglichkeit, dass so empfindliche Organismen wie Vögel, Insekten und Pflanzen erhalten werden. Am besten geeignet sind feinkörnige Tonablagerungen von Seen, Flussmündungen, Lagunen und Binnenmeeren, wie die von Solnhofen. Aus dem frühen Tertiär kennt man mehrere solche Ablagerungen, wie London Clay in Südengland, die Green-River-Formation aus dem unteren Eozän im US-Bundesstaat Wyoming und die Sedimente von Quercy in Frankreich. Spätere Ablagerungen aus dem Miozän in Europa belegen, dass die Singvögel plötzlich zunahmen, die heute mit etwa 5700 Arten nahezu 60 % aller lebenden Vogelarten ausmachen.

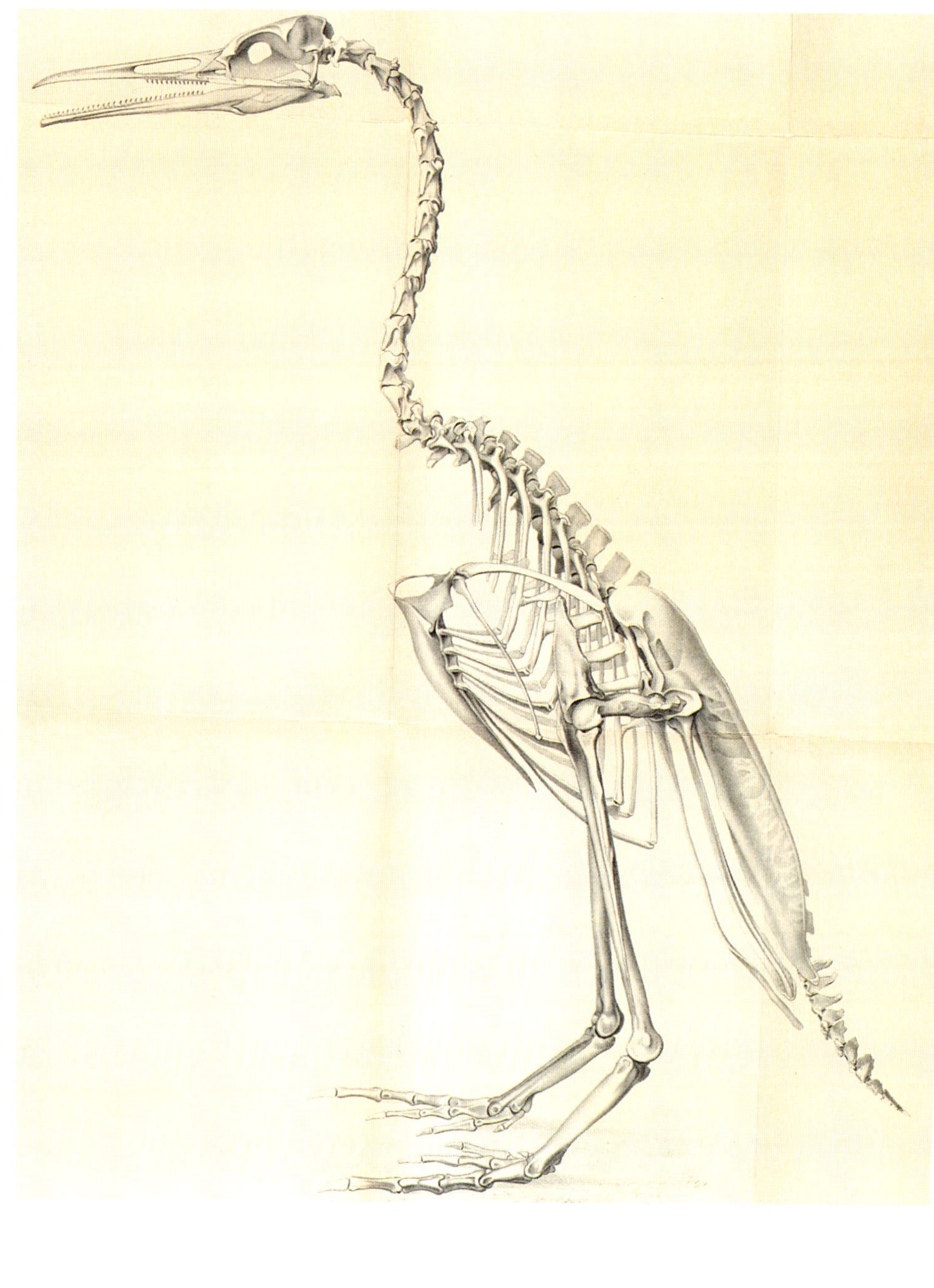

Hesperornis aegalis war in der oberen Kreide ein häufiger Vogel. Er besaß noch Zähne, mit denen er Beutetiere festhielt. Er und seine Verwandten fielen dem großen Artensterben zum Opfer.

Vertraute Formen entstehen

3

Säugetiere wie Merycoidodon *zogen schon bald in riesigen Herden über das Land.*

Als die Dinosaurier von der Erdoberfläche verschwanden, starben auch viele andere Gruppen von Lebewesen aus. Die übrig gebliebenen sahen plötzlich ungeahnte Chancen vor sich liegen; sie konnten eine große Vielfalt von Formen entwickeln und auf diese Weise Lebensräume besiedeln, die ihnen zuvor verschlossen gewesen waren. Die Erde erlebte aber nicht nur eine Blütezeit neuer Tiergruppen, sondern erstrahlte auch selbst in neuer Pracht: Die Blütenpflanzen tauchten die Welt in leuchtende Farben und boten ganz neue Nahrungsquellen für Tiere. Außerdem traten die Säugetiere ihren Siegeszug an, die aus unscheinbaren Urformen eine große Artenvielfalt entwickelten und dank ihrer Anpassungsfähigkeit die Kontinente, ja sogar Wasser und Luft eroberten.

Dieses Blatt stammt von einer Hasel aus dem Tertiär.

RÄTSELHAFTE VERNICHTUNG DES LEBENS

Brände, Überschwemmungen, Dürren und andere verheerende Naturereignisse gibt es auf der Welt beinahe Tag für Tag. In der Geschichte der Erde fanden jedoch schon unvergleichlich schlimmere Katastrophen statt, die den Großteil des Lebens auf unserem Planeten auslöschten.

Im 19. Jahrhundert entwickelte sich die Geologie sehr rasch, weil die Forschung durch neue Techniken ganz andere Wege beschreiten konnte. Dadurch wurden auch alte Fragen wieder aktuell, die man lange Zeit beiseite geschoben hatte, da man keine Möglichkeit sah, sie zu beantworten. Zu diesen großen Fragen gehörte auch die nach dem Aussterben von Tier- und Pflanzenarten.

Charles Darwins Evolutionstheorie wurde erstmals 1859 veröffentlicht. Nach Ansicht der Gelehrten stand sie in direktem Widerspruch zur Schöpfungsgeschichte der Bibel. Zu diesem Zeitpunkt konnten die Wissenschaftler noch nicht beweisen, dass die riesenhaften versteinerten Echsen und Mammuts tatsächlich ausgestorben waren; manche Forscher hielten es für möglich, dass sie noch irgendwo auf der Erde lebten. Wenn sie tatsächlich ausgestorben waren, so argumentierten die überzeugten Christen, mussten sie Opfer der Sintflut geworden sein.

Auch die Geologen versuchten viele Fragen zu klären, etwa die, wie die tiefen, weiten Täler entstanden waren, die das Britische Hochland und andere Teile Nordeuropas durchschneiden. Offensichtlich waren sie von einer gewaltigen Kraft in die Felsen eingekerbt worden – einer Kraft, die erheblich stärker war als die der Flüsse in der damaligen Zeit.

Für Gelehrte, die sich streng am christlichen Glauben orientierten, schien es klar, dass diese Narben der Erde auf irgendeine Weise während der Sintflut zugefügt worden

Erst im 19. Jahrhundert erkannten die Geologen, dass das Britische Hochland einst von Gletschern geformt wurde.

Ähnlich wie an der schmelzenden Zunge des Kaskawulsh-Gletschers am Yukon könnte das nördliche Europa am Ende der Eiszeit ausgesehen haben.

waren. Die Geschichte der Sintflut aus dem Ersten Buch Mose erzählt, dass die Welt einst von Bosheit geprägt war und Gott bereute, die Menschen geschaffen zu haben. Bis auf die Menschen und Tiere, die in der von Noah auf Geheiß Gottes erbauten Arche Zuflucht gefunden hatten, wurde daraufhin alles Leben von einer Sintflut völlig vernichtet. Als das Wasser der Flut schließlich wieder zurückging, war es die Aufgabe der überlebenden Menschen und Tiere, die leblose Erde wieder zu bevölkern.

Diese Geschichte wurde immer wieder erzählt und führte dazu, dass die Vorstellung von einer weltweiten Katastrophe tief in der Kultur der jüdisch-christlichen Welt verwurzelt ist. Bis weit ins 19. Jahrhundert hinein war auch die Geologie stark durch die Vorstellung von der allumfassenden Flut beeinflusst. Die Wissenschaftler wollten wissen, ob sich die Sintflut nachweisen lässt, denn eine solche weltweite Katastrophe musste deutliche Spuren auf der Erdoberfläche hinterlassen haben. Es galt, Belege für die physikalischen Nachwirkungen der Sintflut und Überreste der in ihr ertrunkenen Opfer zu finden.

Fossilienfunde von großen, unbekannten Lebewesen wurden deshalb in den vergangenen Jahrhunderten als solche Opfer der Sintflut eingeordnet. Es schien keine andere Möglichkeit zu geben, die Existenz versteinerter Skelette von so sonderbaren Tieren wie dem 6 m hohen Riesenfaultier *Megatherium* zu erklären, die in Ablagerungen von Überschwemmungen gefunden wurden. Doch die Geologen gruben auch zahlreiche Fossilien ausgestorbener Lebewesen aus, die in wesentlich tieferen Gesteinsschichten lagen als jenen, von denen man glaubte, sie seien zu Noahs Zeiten abgelagert worden. Daraus schlossen die Wissenschaftler, dass die Skelette älter waren als die Sintflut und dass die Tiere schon lange vorher ausgestorben waren. Eine solche Überzeugung schien ihnen keineswegs im Widerspruch zur christlichen Lehre zu stehen; sie waren der Ansicht, dass viele der Geschichten aus dem Alten und Neuen Testament nicht völlig wörtlich zu nehmen waren.

Die große Kälte weicht

Mitte des 19. Jahrhunderts stellte sich heraus, dass große Teile Europas von einer ganz anderen Katastrophe geprägt worden waren. Als gegen Ende der letzten Eiszeit, vor etwa 10000 Jahren, die Gletscher schmolzen, wurden riesige Wassermassen frei. Tonnen von Gestein, Sand und Schlamm trug das Schmelzwasser die Berge hinab, bis das Material über das Tiefland verstreut liegen blieb. Dabei entstanden zahlreiche geologische Besonderheiten, die sich auch bei einer gewaltigen Überschwemmung wie der Sintflut ausgebildet hätten. Heute hält man

Eine solche Schichtung verschiedener Sedimentgesteine, die vor langer Zeit am Meeresboden abgelagert wurden, beweist, dass die Kontinente mehrmals vom Meer überflutet worden sind.

Im Inneren der Erde brodelt es noch immer – dies belegen Vulkanausbrüche wie hier der des Mount St. Helens im US-Bundesstaat Washington.

es für möglich, dass die Geschichte von der Sintflut unmittelbar nach dem Ende der Eiszeit entstand, als die Menschen über mehrere Generationen hinweg ständig Veränderungen des Meeresspiegels und gelegentliche Überschwemmungen erlebten.

Längst weiß man, dass eine gigantische Überschwemmung nur eine Möglichkeit ist, mit der man das Massenaussterben erklären könnte. Eine andere Katastrophe kam vielleicht aus dem Inneren der Erde. Mit Computersimulationen wurde errechnet, dass die riesigen Mengen von Gesteinsstaub und Rauch, die bei einem großen Vulkanausbruch in die obere Atmosphäre gelangen, um die gesamte Erde zirkulieren und dabei den Himmel erheblich verdunkeln könnten. Dies hätte wiederum zur Folge, dass über einen längeren Zeitraum wesentlich weniger Sonnenlicht zur Erde gelangen und sich das Klima weltweit verändern würde. Dazu gehört ein dramatisches Absinken der Temperaturen. Diese Veränderungen könnten sich so rasch ereignen, dass die meisten Pflanzen aus Lichtmangel absterben würden; da sie am Anfang der Nahrungskette stehen, wären auch alle anderen Lebewesen davon betroffen.

Auf diese Weise könnten sich die Schäden einer schweren vulkanischen Explosion auf den gesamten Planeten auswirken, insbesondere, wenn sie mit einer Periode der Verdunkelung einhergehen. Die Paläontologen beschäftigt dieses Thema schon lange, denn einige Wissenschaftler vertreten die Ansicht, dass ein mächtiger Vulkanausbruch zum Aussterben der Dinosaurier geführt haben könnte. Dabei stellt sich aber zunächst die Frage, ob die letzten Dinosaurier in verschiedenen Regionen der Erde plötzlich zur gleichen Zeit ausstarben oder ob dies ein allmählicher Prozess war.

Nicht nur die Dinosaurier, sondern auch viele andere Tiere haben das Ende der Kreide vor 65 Millionen Jahren nicht überlebt. Um den Zeitpunkt des so genannten K-T-Aussterbens genau zu ermitteln, setzte man zu Beginn dieses Jahrzehnts eine ganz neue Methode ein.

Wie alt ist ein Gestein?

Bei jeder geologischen und paläontologischen Untersuchung sind zwei entscheidende Fragen zu klären: das möglichst genaue Alter der entdeckten Versteinerungen sowie die Einordnung in die verschiedenen Fossilienfunde und Ablagerungen aus unterschiedlichen Teilen der Welt.

Die zeitliche Einordnung der Gesteine geschah lange Zeit durch die Messung radioaktiver Strahlung. Bestimmte instabile Isotope, die unter natürlichen Bedingungen immer im Gestein vorkommen, zerfallen mit einer konstanten Rate und setzen dabei radioaktive Strahlen frei. Im Lauf der Jahrmillionen nimmt diese Strahlung mit einer bekannten Gesetzmäßigkeit ab. Bei dieser Methode schwankt die Messgenauigkeit allerdings um mehrere Hundert oder gar Tausend Jahre. Diese Messung ist außerdem nur bei vulkanischem Gestein möglich, weil sie sich am Zeitpunkt der Bildung der Gesteine nach dem Schmelzen orientiert. Wesentlich schwieriger ist die Altersbestimmung der meisten Sedimentschichten aus mineralischen oder organischen Bestandteilen. Im Allgemeinen schätzt man das Alter anhand der in der jeweiligen Schicht enthaltenen Fossilien. Versteinerungen, die nicht älter als etwa 50 000 Jahre sind, können direkt mit der C-14-Methode datiert werden, die den Zerfall eines Kohlenstoff-Isotops misst. Ältere Fossilien werden aufgrund ihres Körperbaus im Stammbaum der bekannten Formen bestimmt.

Diese Datierungsmethode beruht auf der Annahme, dass sich neue Arten – in geologischer Hinsicht – rasch entwickelt und ausgebreitet haben. Wenn dies zutrifft, kann man die Fossilien und die Sedimente, in denen sie eingebettet sind, weltweit miteinander vergleichen und zeitlich einordnen. Die meisten Fossilien sind Meereslebewesen, doch auch einige Reste von landlebenden Organismen, beispielsweise Pollen, können wertvolle Hinweise auf das Alter einer Gesteinsschicht geben.

Um das Ende der Kreide und den Beginn des darüber liegenden Tertiärs zu definieren, setzten die Geologen die Entdeckung ein, dass man aus der Magnetisierung der Gesteinsschichten auf deren Alter schließen kann. Die magnetische Polarität der Erde kehrt sich periodisch um, wobei der magnetische Nordpol zum Südpol wird und umgekehrt; diese Veränderungen schlagen sich auch in Sedimentgesteinen nieder, denn sie enthalten Spuren magnetisierbarer Elemente wie Eisen. Wenn man die Umkehr des Magnetfelds in aufeinander folgenden Schichten aufzeichnet, kann man eine Zeittafel erstellen, die überall auf der Erde gilt. Mit ihr lässt sich auch das Alter der Fossilien, die in den betreffenden Gesteinen liegen, genauer festlegen.

Das große Sterben

Als Geologen 1973 in der Nähe der italienischen Stadt Gubbio Sedimentgesteine von der Kreide-Tertiär-Grenze mit dieser Methode untersuchten, konnten sie die Grenze

An Gesteinsschichten wie dieser klassischen „Schichttorten"-Formation in Wales lässt sich die Erdgeschichte sehr gut nachvollziehen.

auf eine einzelne dünne Tonschicht von nur wenigen Zentimetern Dicke festlegen. Mikroskopisch kleine Schalen von Foraminiferen, einzelligen Lebewesen mit einem kompliziert gebauten Kalkgehäuse, markierten diese Grenzschicht.

Vergleiche der Schalen in dieser Tonschicht mit denen in den Gesteinsschichten darüber und darunter ergaben, dass die marinen Foraminiferen – genau wie die Dinosaurier und die Ammoniten – in katastrophalem Ausmaß von dem Massensterben betroffen waren. Die im Wasser treibenden Arten waren am schlimmsten betroffen: Rund 90 % von ihnen wurden ausgelöscht.

Der amerikanische Geologe Walter Alvarez untersuchte zusammen mit seinem Vater Luis Alvarez, einem Nobelpreisträger für Physik, die Proben der Tonschicht mit hoch entwickelten Analysegeräten. Dabei prüften sie auch die Konzentration der Schwermetalle Platin und Iridium. Luis Alvarez wusste, dass diese Elemente heute auf der Erde außerordentlich selten sind, aber in Meteoritenstaub, der ständig auf die Erde fällt, recht häufig vorkommen. Der Wissenschaftler hoffte, durch die Konzentration dieser

EINZELLIGE HINWEISE AUF DAS GROSSE STERBEN

Foraminiferen sind einzellige amöbenähnliche Mikroorganismen, die in einer Vielzahl von Süßgewässern und in den Meeren der Welt leben. Viele von ihnen bilden feine Kalkschalen in verschiedenen komplizierten Formen, die man als Fossilien vom Kambrium bis zur Gegenwart nachweisen kann.

Da diese winzigen Lebewesen vom Erdaltertum bis heute in allen Meeren verbreitet waren, sehr häufig in Ablagerungen vorkommen und ihre Gestalt immer wieder verändern, sind sie als Leitfossilien besonders geeignet. Man findet ihre Kalkgehäuse auch an völlig unerwarteten Stellen, wie in den Pyramiden und der Sphinx von Gise in Ägypten; diese Bauwerke bestehen aus 40 Millionen Jahre altem Kalkstein aus dem Eozän, der besonders viele große, scheibenförmige Foraminiferen aus der Gruppe der Nummuliten enthält.

Eine einzigartige Bedeutung erlangten die Einzeller bei der Untersuchung der Grenze zwischen den Erdzeitaltern Kreide und Tertiär. Rund 70 % aller planktonischen (im Wasser treibenden) Arten starben an dieser Grenze aus, allerdings über einen längeren Zeitraum – nur etwa 20 % der Arten verschwanden schlagartig. Mehr als die Hälfte dieser ausgestorbenen Formen lebte in einer bestimmten Tiefenzone der Ozeane und reagierte besonders empfindlich auf alle Veränderungen.

Was das massenhafte Artensterben ausgelöst hat, wird noch diskutiert. Einige Experten nehmen an, dass die Foraminiferen langfristigen Änderungen der Meeresströmungen zum Opfer fielen, die bereits lange vor dem Übergang zum Tertiär durch die Bewegungen der Kontinentalplatten verursacht wurden. Solche Veränderungen führten nachweislich auch zum Aussterben anderer Meereslebewesen, etwa von Muscheln und manchen Kopffüßern wie den Belemniten.

Massenhafte Anhäufungen von Foraminiferengehäusen (oben) können den Hauptbestandteil ganzer Kalksteinschichten bilden. Die rasterelektronenmikroskopische Aufnahme unten zeigt die Schale einer Elphidium-Art.

Diese Nummulitenschalen sammelten sich vor 40 Millionen Jahren am Meeresboden; heute findet man sie z. B. in den Steinen, aus denen die Pyramiden erbaut sind.

Ständig gehen irgendwo auf der Erde Meteoriten nieder, aber nur besonders große Exemplare hinterlassen auffällige Krater wie diesen in Westaustralien.

Elemente einen Hinweis zu erhalten, in welchem Zeitraum sich die Tonschicht angesammelt hatte.

Zu Alvarez' großer Überraschung enthielt der Ton 30-mal so viel Iridium wie die darunter und darüber liegenden Kalksteinschichten. Für diese gewaltige Konzentration musste es eine Erklärung geben. Mehrere Proben ähnlicher Tonschichten von der K-T-Grenze aus Dänemark und Neuseeland zeigten die gleichen unerwartet hohen Werte für diese Elemente. Daraus zog Luis Alvarez 1979 den Schluss, dass vor 65 Millionen Jahren ein gewaltiger Kleinplanet oder Meteorit auf der Erde eingeschlagen und dabei große Mengen von Platin und Iridium in die Atmosphäre freigesetzt hatte. Dieser Staub verteilte sich dann über den ganzen Planeten und lagerte sich auf der Erdoberfläche ab.

Walter und Luis Alvarez stellten schnell einen Zusammenhang zwischen dem Meteoriteneinschlag und dem Aussterben der Foraminiferen, der Ammoniten, der Dinosaurier und anderer Lebewesen her. Viele Wissenschaftler sind mittlerweile überzeugt, dass vor 65 Millionen Jahren ein schweres Geschoss aus dem All auf die Erde prallte und die Lebensbedingungen auf unserem Planeten nachhaltig veränderte. Dieses Ereignis stellt nach ihrer Ansicht die Kreide-Tertiär-Grenze dar. Wo der Einschlag konkret stattgefunden haben könnte, war allerdings lange völlig unklar. Es gab jedoch keinen Zweifel, dass er eine deutlich sichtbare Narbe auf der Erdoberfläche hinterlassen haben musste.

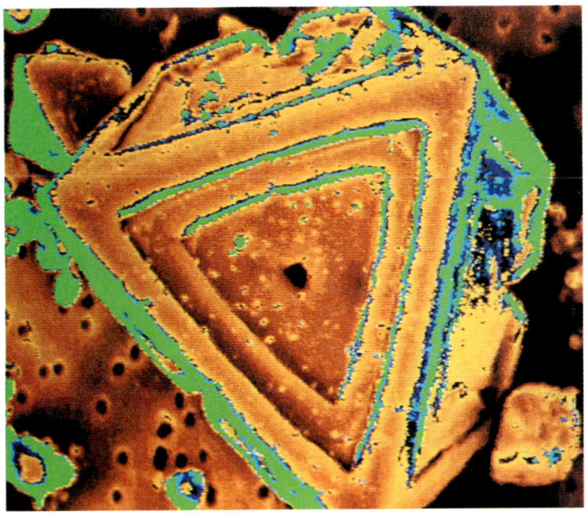

Der hohe Nickelgehalt dieses winzigen Kristalls von der Kreide-Tertiär-Grenze deutet darauf hin, dass er mit einem Asteroiden auf die Erde gelangt ist.

Der große Krater

Seit 1990 vermutet man diese Narbe im Chicxulub-Krater auf der Halbinsel Yucatán in Mexiko. Der Krater selbst und Ringe aus Gesteinsmaterial, das beim Einschlag aufgeworfen wurde, haben einen Durchmesser von 170–300 km; das Alter des beim Aufprall geschmolzenen Gesteins wird auf 64–65 Millionen Jahre geschätzt.

Unklar ist den Wissenschaftlern allerdings immer noch, wieso der Meteoriteneinschlag nur manche Organismengruppen auslöschte. Warum waren die Foraminiferen des Planktons so stark betroffen, andere Planktonformen hingegen nicht? Vielleicht starben die Lebewesen allmählich aus, und im Meer kamen langfristige Veränderungen hinzu, die durch den Einschlag nur beschleunigt wurden. Warum verschwanden die Dinosaurier, Pterosaurier und Ichthyosaurier, während andere Reptilien wie Krokodile am Leben blieben? Eine Antwort auf diese Frage kennen die Paläontologen bisher nicht; sicher ist jedoch, dass es keine einfache Antwort gibt und dass der Einschlag eines Meteoriten oder Kleinplaneten nicht die einzige Erklärung für das Massensterben sein kann. Einige Forscher halten ihn sogar für nebensächlich.

SIEGESZUG DER BLÜTENPFLANZEN

Nicht nur die Tierwelt veränderte sich im Lauf des Erdmittelalters grundsätzlich, auch die Pflanzen entwickelten sich weiter. Mit ihrer faszinierenden Formenvielfalt und ihrer Farbenpracht haben die Blütenpflanzen ihre Konkurrenten an den Rand gedrängt.

Im Lauf der Erdgeschichte haben sich die Bedecktsamer, die auch gemeinhin als „Blütenpflanzen" bekannt sind, fast auf der ganzen Erde als Pflanzengruppe durchgesetzt. Sie bilden die Lebensgrundlage für zahllose Tiere und natürlich auch für uns Menschen. Die Zahl der Arten bedecktsamiger Pflanzen schätzt man heute auf 250000–300000. Sie werden in zwei Großgruppen unterteilt: Die Einkeimblättrigen, zu denen Formen wie Gräser, Palmen, Lilien und Orchideen gehören, machen etwa 22 % aller Arten aus, und die Zweikeimblättrigen mit Rosen, Nelken usw. die übrigen 78 %.

Zu Beginn des Tertiärs, vor 65 Millionen Jahren, waren bereits alle größeren Gruppen von Bedecktsamern entwickelt. Seit dieser Zeit sah die Vegetation der Erde ähnlich aus wie heute, und die Fossilbelege deuten darauf hin, dass mit dieser Pflanzendecke auch eine rasche Ausbreitung der modernen Säugetiere einherging. Wann und aus welchen Vorfahren die modernen Blütenpflanzen entstanden sind, ist allerdings noch nicht geklärt.

Während der unteren Kreide waren die Regionen, die wir heute als Tropen bezeichnen, größtenteils ziemlich trocken, oder sie trockneten zu bestimmten Jahreszeiten aus, während es in höheren Breiten wie in Südengland ausgesprochen heiß und feucht war. Möglicherweise hängen die Veränderungen, die seither die Kontinente geprägt haben, mit dem Siegeszug der Bedecktsamer über die Nacktsamer zusammen; die feuchten Bedingungen förderten sicherlich die Entwicklung verschiedener neuer Vegetationsformen. Die ersten

Mit ihren Blüten, die Bestäuber anlocken sollen, färben die bedecktsamigen Pflanzen die Welt bunt. Zu den höher entwickelten Einkeimblättrigen gehören die Orchideen (links), zu den Zweikeimblättrigen, der größeren Gruppe, beispielsweise die Sonnenblumen (Mitte). Als recht ursprüngliche Bedecktsamer gelten die Magnolien (rechts).

Nur sehr selten blieben die empfindlichen Blüten früher Bedecktsamer als Fossilien erhalten. Diese 48 Millionen Jahre alten Exemplare von Florissantia *gehören zu den wenigen Ausnahmen.*

Bedecktsamer waren recht kleinblättrige Formen, die vermutlich als widerstandsfähige Kräuter auch unter ungünstigen Bedingungen gediehen. Erst am Übergang von der Unter- zur Oberkreide setzten sich die Bedecktsamer durch; schlagartig verbreiteten sie sich innerhalb weniger Jahrmillionen über die ganze Erde.

Da die Blüten in der Regel sehr zart und kurzlebig sind, blieben sie nur selten als Versteinerungen erhalten. Aus diesem Grund ist es sehr schwierig, die Stammesgeschichte der Blütenformen nachzuvollziehen. Bisher wurden sehr wenige Fossilien von Blüten gefunden, denn sie haben nur in besonders gut konservierendem Material eine Chance.

Blütenstaub für die Ewigkeit

Was die Paläobotaniker über die Geschichte der Blütenpflanzen wissen, beruht zum großen Teil auf Pollenkörnern. In verschiedensten Regionen wurde versteinerter Blütenstaub gefunden. Daraus schließen die Fachleute, dass sich die rasante Ausbreitung der Bedecktsamer vor allem in den Tropen der Kreidezeit abspielte.

Über die Entstehung der einkeimblättrigen Pflanzen ist wenig bekannt; das liegt ebenfalls zum Teil daran, dass sie besonders empfindlich sind und daher kaum ohne Beschädigung fossilisieren. Die Zweikeimblättrigen hingegen kann man wegen der charakteristischen Formen ihrer Pollenkörner schon in 125 Millionen Jahre alten Gesteinen nachweisen. Die Fossilbelege für Magnolienblüten reichen rund 120 Millionen Jahre zurück und die Pollenbelege für diese Gruppe sogar noch weiter. Spuren typischer Magnolienpollen fand man in Gesteinen, die vor 130 Millionen Jahren abgelagert wurden. Wegen dieser frühen Nachweise wurden die Magnolien als besonders ursprüngliche Gruppe der Bedecktsamer eingeordnet.

Möglicherweise sind diese Pflanzen noch früher entstanden, im Jura oder in der Trias. Aus dieser Zeit gibt es allerdings keine Belege, auch keine fossilen Pollenkörner. Da man aus Jura und Trias viele Fossilien kennt, hätte man solche Versteinerungen eigentlich finden müssen, wenn es damals tatsächlich schon Bedecktsamer gegeben hätte. Man vermutet daher heute, dass sie sich erst später entwickelt haben.

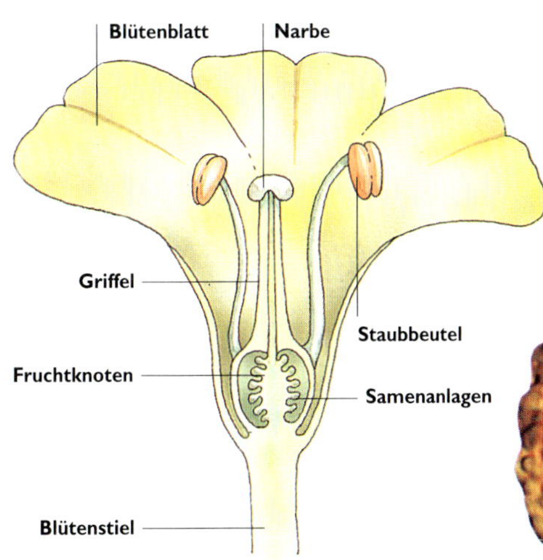

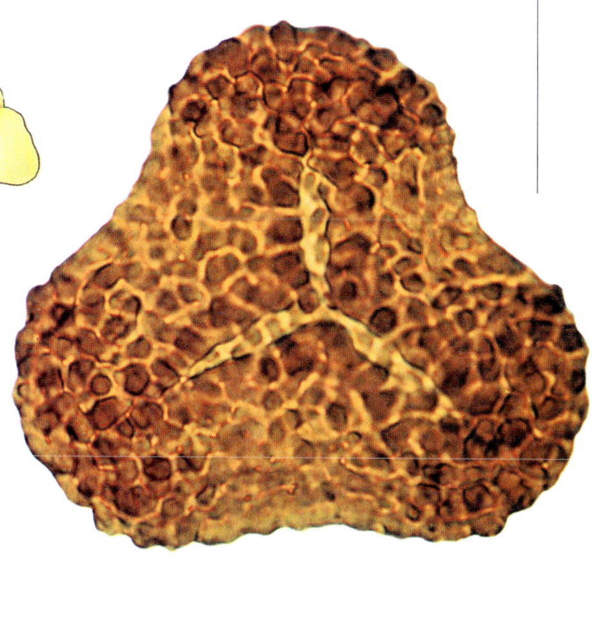

Wahrscheinlich ähnelten die Blüten der frühen Bedecktsamer bereits denen heutiger Blütenpflanzen. Fossile Pollenkörner aus der Kreide werden recht häufig gefunden (ganz rechts).

Farne wie **Alethopteris** *(links) prägten das Gesicht der Erde, bis sie in der Kreide von Blütenpflanzen in den Hintergrund gedrängt wurden. Ein möglicher Vorfahr der Bedecktsamer ist* **Pannaulika triassica** *(rechts) aus der Trias.*

Wie die ersten Bedecktsamer aus den vorhergehenden Gruppen entstanden sind, ist noch nicht klar. Besonders verwirrend ist die Tatsache, dass sich die Blüten sehr stark von denen der Nacktsamer unterscheiden. Die Bedecktsamer gingen sicher aus den Nacktsamern hervor – vermutlich aus der Klasse Cycadopsida, zu der heute die Palmfarne und der Ginkgo gehören.

Manche Forscher nehmen an, dass die Bedecktsamer bereits in der unteren Trias, vor über 240 Millionen Jahren, entstanden sind. Sollte dies der Fall sein, klafft eine beträchtliche zeitliche Lücke von fast 100 Millionen Jahren zwischen ihrem Ursprung und der Kreide, aus der die ersten Versteinerungen bekannt sind. In dieser Zeit müssten sich die Pflanzen weiterentwickelt haben, ohne dass Fossilbelege für Blüten oder Pollen erhalten blieben. Einige Paläobotaniker gehen davon aus, dass die Bedecktsamer am Ende der Trias aus den ausgestorbenen Bennettiteen hervorgegangen sind.

Verborgene Blüten

Vor wenigen Jahren kam die Ansicht auf, dass es doch Fossilbelege für erste Bedecktsamer aus der Trias gibt. Der so genannte „Crinopolles"-Pollen aus dem US-Bundesstaat North Carolina, dessen Alter auf 220 Millionen Jahre geschätzt wird, sollte von Bedecktsamern stammen. Damit würden die Belege für solche Pflanzen nahezu 100 Millionen Jahre früher liegen. Leider hat man die Pflanze, von der dieser Blütenstaub stammt, bis heute nicht gefunden.

Vielleicht ist das zugehörige Gewächs *Pannaulika triassica*, von der die Paläontologen nur einen einzigen Fossilbeleg kennen; die Versteinerung in Tonschiefer der oberen Trias zeigt ein kleines Blatt und zwei Blüten. Das Muster der Adern in dem asymmetrischen, 3,2 cm langen Blattfragment könnte auf einen typischen frühen Bedecktsamer hindeuten. Andererseits ähnelt die Pflanze auch bestimmten Farnen, und mit dem vorhandenen unvollständigen Material lässt sich die Verwandtschaft nicht eindeutig bestimmen. Möglicherweise haben sich die Bedecktsamer im Jura in tropischen Hochlagen entwickelt, wo Pflanzen in der Regel kaum als Fossilien erhalten blieben; nur ihr Pollen, der vom Wind fortgetragen wurde, versteinerte manchmal an anderen Orten.

Was blüht denn da?

Gegen Mitte bis Ende der Kreide hatten sich die Hauptgruppen der Bedecktsamer entwickelt, und die Pflanzen verbreiteten sich mit einer großen Artenfülle über die ganze Welt. Aus jener Zeit gibt es bereits zahlreiche Fossilbelege. Zu den am besten erhaltenen Blüten aus dieser Zeit gehören solche, die in Kohle mumifiziert wurden. Besonders filigrane Exemplare, die ihre Form weitgehend bewahrt haben, fand man in Sedimenten aus der mittleren und oberen Kreide an der Ostküste Amerikas und in Westportugal.

Vielleicht ähnelten die Vorfahren der Bedecktsamer **Williamsonia spectabilis**, *die mit ihren gefiederten Wedeln und eingeschlechtlichen Blüten an Palmfarne erinnert.*

Heute sind diese Gebiete durch den Atlantik voneinander getrennt, vor 100 Millionen Jahren aber, als sich dieser Ozean gerade zu bilden begann, waren sie benachbart. Die schönsten fossilen Blüten stammen jedoch aus dem Rose Creek im US-Bundesstaat Nebraska. Rosen, Kreuzdorn, Steinbrech und Magnolien wurden dort gefunden, die bereits von Insekten bestäubt wurden. Sogar die empfindlichsten Teile der Blüten blieben bei der Fossilisierung unversehrt.

Eine gemeinsame Geschichte

Bei der Entstehung der verschiedenen Gruppen von Blütenpflanzen spielten vermutlich andere Lebewesen eine ganz entscheidende Rolle: die Insekten. Ihnen vertrauten bereits die frühen Bedecktsamer die Bestäubung ihrer Blüten an, und um die kleinen Helfer anzulocken, boten die Pflanzen ihnen Nektar an. Heute wie damals werden diese Tiere als Transportmittel für Pollen benutzt, den sie von den Staubbeuteln einer Blüte auf die Narbe einer anderen Blüte übertragen. Dieses System der Bestäubung hat in besonderem Maß dazu beigetragen, dass sich die Bedecktsamer so rasch ausbreiten und so viele Formen entwickeln konnten.

Die Wechselbeziehung zwischen Insekten und Blüten ist sicher nicht über Nacht entstanden. Es gibt Hinweise darauf, dass die Blüten einiger Nacktsamer aus dem Jura ebenfalls von Insekten bestäubt wurden. Somit war die Einschaltung von Tieren keine neue „Erfindung" der Bedecktsamer, aber sie haben diese Methode zur Perfektion gebracht. Vielleicht zogen schon die frühen Arten ihre Bestäuber mit besonders attraktiven Blüten an und lockten sie auf diese Weise von ihren Konkurrenten, den Nacktsamern, weg.

Insekten und andere Tiere könnten auch zur Verbreitung der Samen früher Blütenpflanzen beigetragen haben. Die Früchte der ersten Bedecktsamer waren viel kleiner als die der meisten heutigen Arten; diese locken mit auffälligen Samen und Früchten

PERFEKTE TARNUNG – EIN URALTER TRICK

Im Jahr 1993 fanden amerikanische Wissenschaftler versteinerte Kügelchen, die 3–4 mm lang waren. Zunächst hielten die Entdecker die Gebilde für Pflanzensamen, doch später stellte sich heraus, dass es Eier von Gespenstschrecken waren.

Seit mindestens 44 Millionen Jahren schützen diese ungewöhnlichen Insekten damit ihre Brut auf die gleiche Weise – durch Nachahmung von Objekten aus der Umwelt, die ihre Feinde nicht interessieren.

Die Ordnung der Gespenst- oder Stabheuschrecken umfasst heute mehr als 2500 Arten. Dazu gehören auch die längsten Insekten, die wir kennen: Sie erreichen eine Länge von bis zu 30 cm. Dennoch sind sie nur schwer zu entdecken, weil sie einem dürren Zweig zum Verwechseln ähnlich sehen.

Die Tiere produzieren eine große Zahl relativ kleiner Eier, und mehr als 1000 der heutigen Arten tarnen diese Eier als Samen, um sie zu schützen. Bisweilen tragen sogar Ameisen irrtümlicherweise die vermeintlichen Samen in ihr Nest, um sie als Nahrungsvorrat einzulagern.

Diese Schutzstrategie hat sich offensichtlich bewährt, denn die Gespenstschrecken haben sie seit dem Eozän beibehalten. Aus dieser Zeit stammen die fossilen Eier, die im John Day Fossil Beds National Monument im US-Bundesstaat Oregon gefunden wurden. Drei verschiedene Gespenstschreckenarten hatten an dieser Stelle ihre Eier abgelegt; vermutlich waren sie mit der in Amerika lebenden Gattung *Anisomorpha* verwandt. Die winzigen Fossilien belegen, dass sich die Insekten schon seit sehr langer Zeit durch Tarnung vor Räubern schützen.

Die Stabheuschrecke Phibalasoma phyllinum *sieht nicht nur aus wie ein toter Zweig, sie ahmt ihn auch in ihrem Verhalten nach.*

Nach der Paarung legt die Stabheuschrecke Anisomorpha buprestoides *(oben) eine große Menge von Eiern ab, die aussehen wie Pflanzensamen (unten). Dadurch sind sie vor Eiräubern geschützt.*

Gut erhaltene Insekten aus der Kreide sind eine Seltenheit. Der oben abgebildete versteinerte Hautflügler wurde in China gefunden. Wahrscheinlich lebte er wie seine heutigen Verwandten, die Bienen (rechts), in Symbiose mit Blütenpflanzen; im Austausch gegen Nahrung transportieren sie Pollen.

Vögel, Säugetiere oder Insekten an und gewährleisten dadurch die optimale Verbreitung ihrer Samen. Daneben setzen sie nicht selten raffinierte Mechanismen ein, etwa kleine Widerhaken, mit denen die Früchte am Fell vorbeistreifender Säugetiere haften bleiben. Fossilien von Früchten aus der unteren Kreide zeigen, dass manche Pflanzen diese Verbreitungsmethode schon damals nutzten. Dagegen entwickelte sich die Samenausbreitung über Früchte fressende Tiere erst gegen Ende der Kreide, und im Tertiär stieg die Zahl der Arten, die sich auf diese Weise verbreiteten, rapide an. Die Früchte wurden größer und attraktiver, und gleichzeitig passten sich immer mehr Tiere dieser Nahrung an.

Mit bunten Blumen zum Erfolg

Wie Fossilfunde belegen, begann die große Blütezeit der Bedecktsamer Mitte der Kreide, vor etwa 95 Millionen Jahren. Zu dieser Zeit wandelte sich die Vegetation auf der Erde; die älteren, von Farnen, Nadelhölzern und Palmfarnen dominierten Pflanzengesellschaften gingen zurück, und stattdessen setzten sich Lebensgesellschaften durch, in denen Bedecktsamer das Bild bestimmten. Dabei veränderte sich die Flora weit stärker als an der Kreide-Tertiär-Grenze. In der Mitte der Kreidezeit machten die Bedecktsamer schon etwa die Hälfte aller Pflanzenarten der Erde aus, und am Ende dieses Erdzeitalters waren es rund 80 %.

Interessanterweise kam es um die Mitte der Kreide auch zu Veränderungen bei den Pflanzen fressenden Dinosauriern. Die kleineren Ornithopoden lösten die großen Sauropoden, die lange Zeit die dominierende Dinosauriergruppe gewesen waren, allmählich ab. Vielleicht waren die Pflanzen fressenden Dinosaurier sogar dafür verantwortlich, dass sich die Bedecktsamer nicht schon früher über die ganze Erde ausbreiteten.

Das Rätsel des Anfangs

Den Paläobotanikern liegt angesichts der erstaunlichen Erfolgsgeschichte der Bedecktsamer viel daran, den Ursprung dieser Pflanzen aufzuklären. Das wäre sicher einfacher, wenn nicht so viele Nacktsamergruppen aus dem Erdmittelalter ausgestorben wären. Früher waren diese Pflanzen sehr formenreich, aber den Siegeszug der Bedecktsamer überlebten nur fünf Gruppen:

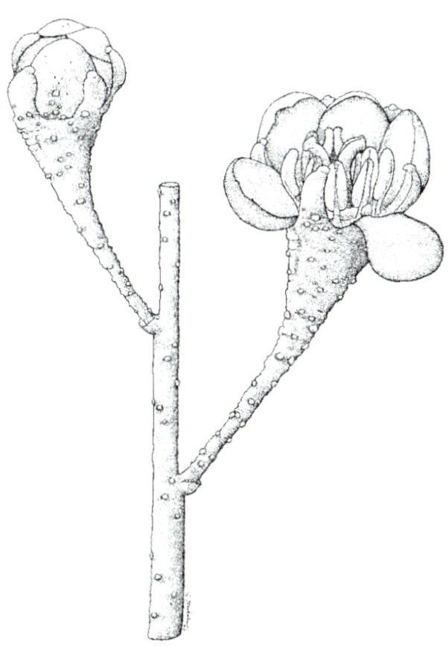

Diese Rekonstruktion zeigt Blüten der Pflanze Silvianthemum suecicum *aus der oberen Kreide, die in Kohle hervorragend erhalten wurde.*

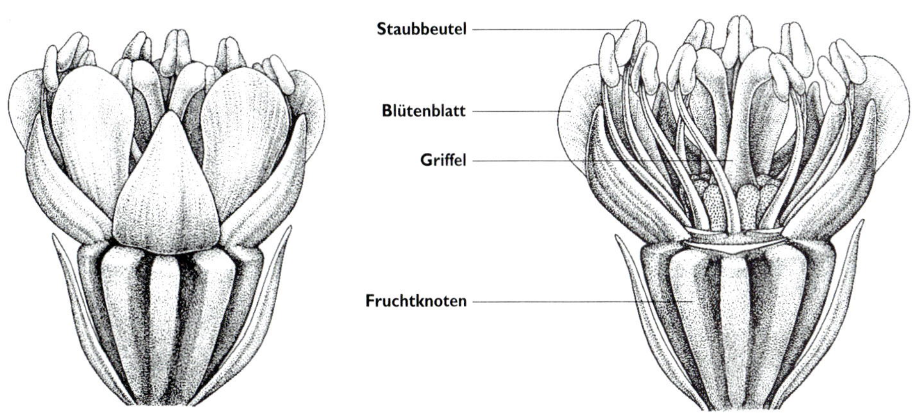

83 Millionen Jahre alt ist diese Blüte von Scandianthus costatus. *Wenn man die vorderen Blütenblätter entfernt (rechtes Bild), kann man die Fortpflanzungsorgane erkennen; sie weisen darauf hin, dass Insekten die Pflanze bestäubten.*

Zarte Blütenpflanzen wie Bevhalstia pebja *(links) hatten es in der unteren Kreide vermutlich schwer, weil Pflanzen fressende Dinosaurier ihre Verbreitung verhinderten. Im Tertiär mussten Arten wie* Porana oeningensis *(rechts) dem Appetit der Pflanzen fressenden Säugetiere standhalten.*

die Palmfarne, die Ginkgoartigen, die Eibengewächse, die Nadelhölzer und die Gnetales, zu denen beispielsweise die seltsame Welwitschie gehört.

Um die Evolution der Bedecktsamer zu untersuchen, muss man die Fossilbelege dieser verschwundenen Nacktsamer besser verstehen. Da die frühesten Bedecktsamer höchstwahrscheinlich keine großen, verholzten Pflanzen waren, sondern eher recht einfache kleine Kräuter, blieben von ihnen kaum Versteinerungen erhalten.

Fossilfunde, die Mitte der 90er Jahre in England gemacht wurden, untermauerten diese Vorstellung von den ersten Blütenpflanzen. Das besondere Interesse der Paläontologen bei diesen Ausgrabungen galt den Pflanzen, und sie legten sorgfältig alle Fossilien beiseite, die pflanzenähnlich aussahen. Das Gebiet, in dem sie arbeiteten, war in der unteren Kreide ein subtropisches Tiefland, durchzogen von mäandrierenden Flüssen und bedeckt von üppiger Vegetation, in der Palmfarne vorherrschten. Es gab eine vielfältige Tierwelt mit Insekten, Fischen und Dinosauriern wie *Iguanodon*, *Baryonyx* und *Megalosaurus*. In dieser Umgebung, so nahm man an, könnte man vielleicht Hinweise auf den Ursprung der Bedecktsamer finden.

Eine Blüte taucht auf

Unter dem Mikroskop durchforsteten die Wissenschaftler zahlreiche Tonplatten nach Spuren pflanzlichen Lebens – und entdeckten tatsächlich nach und nach zahlreiche Sprossstücke und kleine, zarte Blätter, die aussahen, als ob sie zur gleichen Pflanzenart gehörten. Die Forscher setzten diese Teile zusammen und erhielten eine krautige Feuchtgebietspflanze, die etwa 25 cm hoch wurde. Damit hatten sie die älteste bedecktsamige Pflanze vor sich und zugleich das fehlende Teil des Puzzlespiels.

Die Pflanze, die den Namen *Bevhalstia pebja* erhielt, zeigt sowohl ursprüngliche Merkmale, die an Farne erinnern, als auch Neuerungen, etwa einen verzweigten Spross und hoch entwickelte Blüten. In ihrer Form weicht sie stark von allen anderen Pflanzen der unteren Kreide ab. Obwohl die Forscher intensiv nach versteinertem Blütenstaub suchten, wurden sie nicht fündig; da Pollenkörner von Bedecktsamern eine einzigartige Oberflächenstruktur haben, hätte man durch sie weitere Hinweise auf die stammesgeschichtliche Zuordnung der urzeitlichen Pflanze gewinnen können.

Die Entdeckung von *Bevhalstia* war ein wichtiger Fortschritt bei der Suche nach dem Ursprung der Bedecktsamer. Alle Fragen sind damit aber noch nicht geklärt, denn zwischen den ersten nachgewiesenen Bedecktsamern und ihren Ahnen klafft nach wie vor eine große Lücke. Die Antwort liegt irgendwo in den Gesteinen der oberen Trias oder des Juras.

*Der Ginkgobaum (*Ginkgo biloba*, unten) ist ein lebendes Fossil. Bereits in der Trias sahen seine Blätter genauso aus wie heute; dies ist in der rechts abgebildeten Versteinerung aus Nordamerika deutlich zu erkennen.*

DEM KREISLAUF DER NATUR ENTGANGEN

Bernstein wurde einst mit Gold aufgewogen und war bei Kaisern und Königen sehr begehrt. Heute sind es vor allem die Paläontologen, die die gelben oder braunen „Steine" schätzen – besonders wenn in ihnen empfindliche Lebewesen aus der Urzeit unversehrt eingeschlossen sind.

Ein seltsamer, fast magischer Stoff ist der rätselhafte Bernstein mit seinen ungewöhnlichen Eigenschaften, die ihn von Mineralien unterscheiden. Bereits in der Steinzeit wurde er zu Schmuck verarbeitet und als wertvoller Edelstein gehandelt. Seine warme Farbe und seine einzigartige Transparenz machten ihn besonders attraktiv.

Ebenso ungewöhnlich ist die Entstehung des Bernsteins. Es handelt sich um erstarrtes Harz von Bäumen der Vergangenheit. Die Pflanzen versuchten verletzte Stellen durch die Ausscheidung dieser Substanz gegen Pilz- und Bakterieninfektionen zu schützen. Wenn die zähe Flüssigkeit am Stamm hinablief, umschloss sie auch zahllose kleine Insekten, die dort saßen. In dieser völlig luftdichten Hülle blieben die Tiere für viele Jahrmillionen vor Verwesung bewahrt.

In Bernstein eingeschlossene Lebewesen oder Teile von ihnen – seien es Blüten, Insekten oder Federn – faszinierten die Menschen schon immer. So bemerkte der Römer Marcus Valerius Martialis im ersten Jahrhundert nach Christus, dass bei einem besonders schönen Bernsteinstück eine eingeschlossene Biene „in einem Glanz erhalten ist, dass es scheint, als wäre sie von Nektar umhüllt". Schon sein Landsmann Plinius hatte festgestellt, dass Bernstein oft kleine Insekten enthielt und offenbar von einem Baum stammte, der einer Kiefer ähnelte.

Im 19. Jahrhundert wurden in größerem Stil Sammlungen von Bernsteinstücken mit pflanzlichen und tierischen Einschlüssen angelegt. Die umfangreichste trugen der Gastwirt Wilhelm Stantien und der Kauf-

In klebrigem Baumharz verendete – vor etwa 35 Millionen Jahren – dieser Chrysopilus, *eine räuberische Fliege.*

Nicht nur Wissenschaftler interessierten sich für die Tiere im Bernstein; ausgefallene Stücke wie dieses mit einer Grille und einer Spinne wurden häufig auch zu Schmuck verarbeitet.

mann Moritz Becker im Baltikum zusammen. Ihre Bernsteinstücke waren durch Bagger- und Bergbauarbeiten auf der Halbinsel Samland bei Kaliningrad (früher Königsberg) an der russischen Ostseeküste freigelegt worden. Insgesamt fanden die beiden Sammler 120 000 in Bernstein eingebettete Tier- und Pflanzenfossilien in Grünsand (Glaukonitsand) und Ton aus dem Tertiär, die vor 30–35 Millionen Jahren abgelagert worden waren. Leider ging ein Großteil dieser beachtlichen Sammlung während des Zweiten Weltkriegs verloren. Heute findet man die Bernsteinsammlungen in zahlreichen Museen; zu den umfangreichsten gehören die in den Naturkundemuseen von Warschau und London sowie im Zoologischen Institut der Akademie der Wissenschaften in St. Petersburg; jede dieser Einrichtungen besitzt etwa 25 000 Exemplare. Die größte Bernsteinsammlung in Deutschland mit rund 20 000 Stücken befindet sich im Naturkundemuseum von Berlin.

Die Ursprünge des edlen Steins

Bäume, die Harze ausscheiden, aus denen Bernstein entstehen kann, gibt es seit etwa 230 Millionen Jahren, also bereits seit der Trias. Vielleicht entstand Bernstein sogar schon im Karbon, vor 300 Millionen Jahren. Besonders große Mengen wurden aber aus dem Tertiär gefunden – überall auf der Welt, von der Dominikanischen Republik bis nach China und Rumänien. Das Baltikum erwies sich als außerordentlich ergiebig, wie die Ausgrabungen von Stantien und Becker beweisen. Sie allein förderten insgesamt weit über 10 Millionen Tonnen. Diese riesigen Mengen gaben den Fachleuten zu denken, und so kam die Ansicht auf, dass im Baltikum besonders viel Bernstein vorkommt, weil die Bäume der Urzeit dort von einer schweren Krankheit befallen gewesen seien.

Die moderne Forschung hat diese und ähnliche Annahmen geprüft, und sie haben sich zum großen Teil als falsch herausgestellt. Wir wissen heute, dass Bernstein weltweit von vielen Baumarten erzeugt wurde. Im Baltikum herrschte wahrscheinlich eine Araukarienart vor, die der heutigen Gattung *Agathis* aus Neuseeland ähnelt. Araukarien sind immergrüne Nadelbäume und scheiden riesige Mengen eines spröden, aromatisch duftenden Harzes von gelber oder rötlicher Farbe aus, das als „Kopal" bezeichnet wird. Da sich dieses Material über Hunderttausende oder Millionen von Jahren angesammelt hat, könnte es ohne weiteres für die gesamte im Baltikum gefundene Bernsteinmenge verantwortlich sein.

Erbmaterial der Vergangenheit

Wer sich für fossile Insekten interessiert, findet im Bernstein einmalige Einblicke in die Vergangenheit. Insekten sind besonders oft im Harz eingeschlossen worden, und da es von dieser Tiergruppe sonst recht wenige Fossilien gibt, kommt dem Bernstein eine ganz spezielle Bedeutung bei der Erforschung ihrer Geschichte zu. Er erlaubt den Experten auf einzigartige Weise, die Verwandtschaftsbeziehungen zwischen urzeitlichen Insekten zu untersuchen.

Da die Tiere so gut erhalten sind, können Fachleute aus den Einschlüssen im Bernstein die unterschiedlichsten Informationen gewinnen. Manche Stücke verraten sogar Einzelheiten zum Verhalten und zu den Beziehungen zwischen verschiedenen Arten.

Seit Millionen von Jahren sondern Bäume, vor allem Nadelbäume, spezielle Harze ab, um zu verhindern, dass an Verletzungen Krankheitserreger eindringen. Hier ist am zähen Harz einer Kiefer ein Hautflügler kleben geblieben.

Besonderes Augenmerk richten die Wissenschaftler jedoch auf die in Bernstein eingeschlossenen Tiere, seit sie die Möglichkeit sehen, das Erbmaterial DNS aus ihnen zu gewinnen. Während es bisher nicht gelungen ist, DNS aus versteinerten Knochen zu rekonstruieren, ist das bei Bernsteinfossilien machbar. Welche Möglichkeiten sich aus diesem wissenschaftlichen Durchbruch ergeben, lässt sich noch nicht absehen; die molekulare Paläontologie hat sich aber in den letzten Jahren zu einem wichtigen Forschungsgebiet entwickelt. Bekannt wurde sie durch Michael Crichtons erfolgreich verfilmten Roman *Jurassic Park*.

Inzwischen sind die Wissenschaftler auch in der Lage, Erbmaterial aus anderen Fossilien zu extrahieren, beispielsweise aus getrockneter Haut; auf diese Weise gewannen sie DNS von einem Quagga, einer ausgestorbenen Zebraform, und von einem 40 000 Jahre alten Mammut. Auch die Erbinformation einer 2400 Jahre alten Mumie und sogar die eines 17 Millionen Jahre alten Magnolienblatts ließen sich so analysieren.

Die entscheidenden Voraussetzungen für derartige Untersuchungen sind allerdings hoch entwickelte Techniken, mit denen die empfindliche DNS gewonnen und ihre Struktur bestimmt werden kann. Den Spezialisten stehen in der Regel nur winzigste Proben zur Verfügung, die manchmal nur ein einziges Molekül der gesuchten Substanz enthalten, und Verunreinigungen des Materials können die Ergebnisse verfälschen. Einige Wissenschaftler behaupten sogar, es sei unmöglich, die Zusammensetzung von DNS zu untersuchen, die älter als einige Zehntausend Jahre ist, weil dabei zu viele Fehler vorkommen.

Die einzige Möglichkeit, zu testen, wie genau die Ergebnisse der Analysen sind, wäre eine Rekonstruktion der betreffenden Arten zu einem lebenden Organismus – wie es in *Jurassic Park* dargestellt wurde. Bisher ist dies den Wissenschaftlern allerdings noch nicht gelungen, und ob es jemals möglich sein wird, bleibt fraglich.

DNS wird beim Einschluss eines Lebewesens in Bernstein auf jeden Fall wesentlich besser erhalten als bei allen anderen Wegen der Fossilisierung. Tiere und Pflanzen hauchen unter völligem Luftabschluss ihr Leben aus. Das antiseptische Harz verhindert die Entwicklung von Mikroorganismen, die den Körper zersetzen und Spuren ihrer eigenen DNS hinterlassen könnten. Nach und nach entzieht das umgebende organische Material den Kadavern alles Wasser.

Bernstein aus der Dominikanischen Republik hat sich als eine faszinierende Fundgrube für die Wissenschaftler erwiesen, denn er enthält besonders interessante Einschlüsse – darunter Frösche, einen Pilz und Säugetierhaare. 1982 gelang es erstmals, das Körpergewebe einer Fliege, die in Bernstein aus dieser Region eingebettet war, erstaunlich genau zu analysieren. Mittlerweile hat man DNS aus Insekten extrahiert, die vor über 30 Millionen Jahren im Harz erstickten, etwa von der Termite *Mastotermes electrodominicus* und der stachellosen Biene *Proplebeia dominicana*. Bei der Termiten-DNS fanden die Forscher viele Gemeinsamkeiten mit einer heute in Australien lebenden Art, die lange als „missing link“ zwischen Schaben und Termiten galt.

Die bisher älteste DNS, die ein Wissenschaftlerteam 1993 aus Bernstein isolierte, stammt von einem 130 Millionen Jahre alten Rüsselkäfer. Er war also ein Zeitgenosse der Dinosaurier. Damit scheinen die Visionen aus *Jurassic Park* wieder ein kleines Stück näher gerückt.

Dominikanischer Bernstein stammt oft von dem Hülsenfrüchtler Hymenaea. *Eine Blüte des Baums wurde vor 30 Millionen Jahren im Harz konserviert.*

Bernstein in Mitteleuropa

Um edlen Bernstein zu finden, muss man nicht in die Ferne schweifen – auch in unseren Breiten gibt es berühmte Fundstätten.

▶ *In allen Einzelheiten lässt sich der Körperbau von Insekten untersuchen, die in Bernstein eingeschlossen wurden.*

Bereits im 16. Jahrhundert war bekannt, dass an den Küsten von Ost- und Nordsee häufig Bernsteinklumpen angespült werden, besonders während der Stürme in der kalten Jahreszeit. Um solche Stücke zu gewinnen, wurde am Strand der Spülsaum abgefischt und der Edelstein ausgelesen. Dies ist die älteste und einfachste Methode der Bernsteinsuche, die auch bei der Gewinnung des berühmten baltischen Bernsteins an den südlichen Küsten der Ostsee angewandt wurde. Auf diese Weise sammelte man nach einer Sturmnacht im Herbst 1862 auf 7 km Strand der Halbinsel Samland rund 200 kg des begehrten Harzes. Eine so beachtliche Ausbeute war allerdings die große Ausnahme.

Im 19. Jahrhundert suchten die Bernsteinsammler der Ostsee effizientere Techniken als das einfache Sammeln mit Netzen,

Keschern und Zangen. Im Kurischen Haff wurde der Meeresgrund von 1860 bis 1890 mit Baggern ausgehoben; dies erbrachte jährlich 75000 kg Bernstein. Ebenfalls mit Baggern wurden die gewaltigen Bernsteinvorkommen auf dem Festland abgetragen. Im Tagebau und in Stollen unter der Erde beutet man sie seit 1867 in der Umgebung der Danziger Bucht aus.

Bernstein auf Reisen

Nicht nur an der Ostseeküste, sondern auch an den Stränden der Nordsee wird häufig Bernstein angespült, beispielsweise in Großbritannien. Im Grund handelt es sich dabei um Bernstein aus dem Baltikum, der durch schmelzende Gletscher in der Eiszeit in die Nordsee geschoben und in mächtigen Geröllhaufen auf dem Boden dieses Meers abgelagert wurde. Da Bernstein eine geringere Dichte hat als Meerwasser und außerdem oft Lufteinschlüsse enthält, steigt er nach oben, wenn er nicht mehr von Steinen beschwert wird. Dann kann er durch Meeresströmungen über beträchtliche Entfernungen transportiert werden, bevor er als Treibgut an einer Küste landet.

Bernstein, der – vor allem bei Stürmen – an den Nordseeküsten strandet, stammt gewöhnlich aus dem Tertiär und ist rund 35 Millionen Jahre alt. Da die Stücke sehr lange im Meer gelegen haben, sind sie oft mit Blasentang, Moostierchen, Seepocken oder Miesmuscheln bewachsen.

1975 wurde auch in Goitsche bei Bitterfeld mit der Bernsteingewinnung im Tagebau begonnen, doch 1993 stellte man die Arbeit ein. Auch der Bitterfelder Bernstein enthält zahlreiche Einschlüsse, so genannte Inklusen; vor allem Fliegen und Mücken findet man darin, aber auch Pflanzenteile wie die Blüten von Eichen.

Bernsteinschätze in Großbritannien

Auch auf den Britischen Inseln gibt es mehrere Stellen, an denen Bernstein gefunden wurde; er stammt aus dem Karbon, der Kreide und dem Tertiär. Besonders interessant ist ein 1993 entdeckter Fundort mit 115 Millionen Jahre altem Bernstein aus der Kreide in ehemaligen Flusssedimenten an der Südküste der Insel Wight.

Die Wälder, aus denen das Harz hervorging, bestanden vor allem aus Palmfarnen, aber auch einige Nadelbäume waren vertreten. Flüsse schwemmten die Bernsteinklumpen in Tümpel, wo sie sich neben Kadavern kleiner Tiere sammelten, etwa dem zweibeinigen Dinosaurier *Hypsilophodon foxii* oder vielleicht einem *Iguanodon*, deren Knochen am Grund des Tümpels zurückblieben. Dinosaurierknochen und -spuren sind aus dieser Region schon länger bekannt, ebenso wie die Blütenpflanze *Bevhalstia pebja*.

Diesen Bernstein aus der Kreide fand man zusammen mit zahlreichen Xylit-Fragmenten – Teilen von Baumstämmen, die zu Kohle fossilisierten. Die Stämme und Reste von Pflanzen weisen darauf hin, dass der Bernstein von *Brachyphyllum* stammt, einem Nadelbaum aus der Familie der Araukariengewächse. Im Gegensatz dazu legen spektroskopische Analysen nahe, dass es sich eher um Harz aus der Familie der Sumpfzypressengewächse handelt. In jedem Fall wurde der Bernstein von der Insel Wight aus der unteren Kreide von Nadelbäumen produziert.

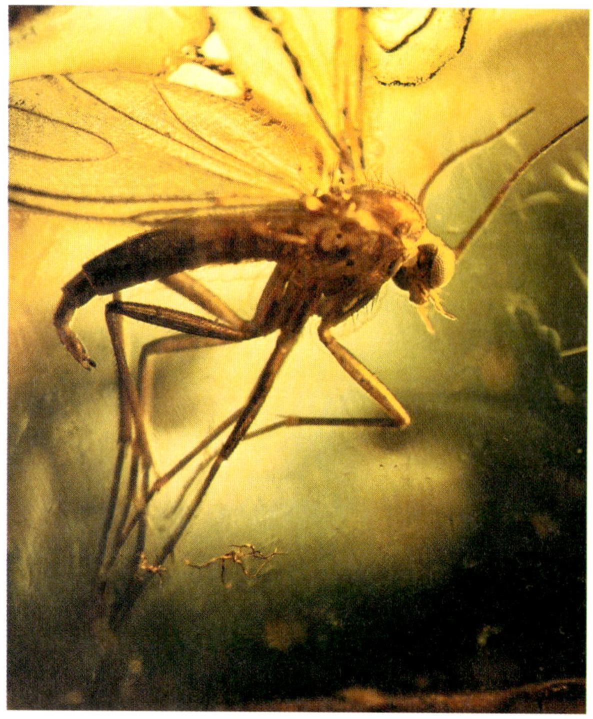

Kleine Mücken wie dieses rund 30 Millionen Jahre alte Exemplar findet man besonders oft in Bernstein. Aus solchen Tieren wurde Erbmaterial gewonnen.

Große Tiere werden selten in Bernstein gefunden. Dieser kleine Gecko verendete in Baumharz aus der Dominikanischen Republik.

EINE FLIEGE, DIE EXPERTEN ZUM NARREN HIELT

Mit Insekten, die in Bernstein eingeschlossen sind, lässt sich seit mehr als 100 Jahren viel Geld verdienen – dies verleitete einige geschickte Fälscher dazu, der Natur kräftig nachzuhelfen. Selbst Fachleute und große Museen konnten sie bisweilen täuschen. Der bekannteste Fall einer solchen Fälschung wurde 1993 aufgeklärt.

Das Naturhistorische Museum in London war stolz darauf, ein einzigartiges und nahezu vollkommen erhaltenes Exemplar der Fliege *Fannia scalaris* in Bernstein zu besitzen. Dieser stammte aus dem Baltikum und war etwa 35 Millionen Jahre alt; so dachte man jedenfalls. Damit war das Tier nicht nur der älteste bekannte Vertreter der Familie Echte Fliegen, sondern auch ein Lebendes Fossil, denn die Art *Fannia scalaris* gibt es heute noch.

Eines Tages untersuchte Andrew Ross, ein Paläontologe am Londoner Museum, das Stück unter dem Mikroskop. Der wertvolle Bernstein erstrahlte im grellen weißen Licht der starken Lampe in leuchtendem Gold. Plötzlich bildeten sich auf beiden Seiten Risse. Unverzüglich nahm Andrew Ross den Stein aus der Hitze der Lampe und prüfte, wie stark er beschädigt war. Dabei entdeckte er eine schwache, aber deutliche Linie, die durch das ganze Bernsteinstück verlief. Als er diese Linie unter dem Mikroskop betrachtete, sah er noch dazu eine halbkugelige Vertiefung im Inneren des Steins, in der das Insekt zu liegen schien. Sofort erkannte der Wissenschaftler, was dies bedeutete: Er hatte eine meisterhaft hergestellte Dublette vor sich. Mit dieser im Lauf der Jahrhunderte perfektionierten Technik erhöhten die Juweliere den Wert ihrer Steine. Ein echtes Stück baltischen Bernsteins war vorsichtig zerschnitten worden, und in eine kleine künstliche Vertiefung hatte man die Fliege *Fannia scalaris* gelegt. Danach wurde die Höhlung mit einem bernsteinähnlichen Harzmaterial gefüllt. Schließlich klebte der Fälscher die beiden Hälften des Original-Bernsteins wieder zusammen, und das Stück konnte seine – erstaunlich erfolgreiche – wissenschaftliche Karriere antreten.

Diese Karriere begann, als der deutsche Fliegenspezialist H. F. Loew das fossile Insekt in einer Liste seiner Sammlung von 1850 veröffentlichte. Das Exemplar blieb allerdings noch 100 Jahre unbeachtet, bis der weltberühmte Entomologe (Insektenforscher) Willi Hennig es 1966 in allen Einzelheiten untersuchte und beschrieb. Seine Studie verhalf der Fliege zu internationalem Ruhm. Die Art war eindeutig zu identifizieren und schien mindestens 35 Millionen Jahre lang von der Evolution unverändert geblieben zu sein – ein einmaliges Phänomen.

Wenn man die Fälschung von der Seite genau betrachtet, kann man erkennen, dass die Fliege in dem „kompakten" Bernsteinstück in einer kleinen Höhlung liegt.

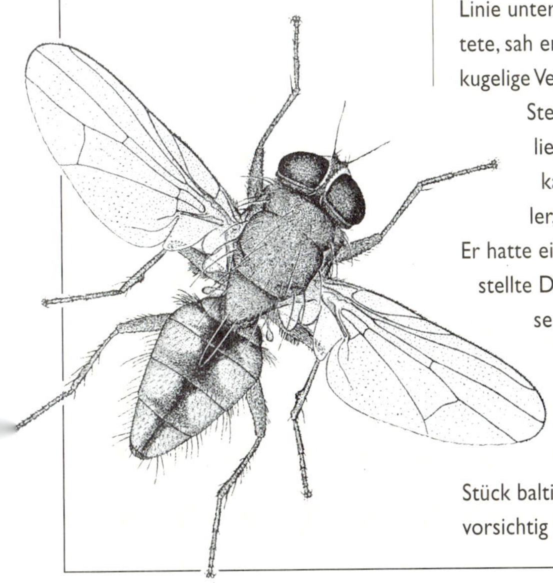

So sieht die berühmte Fannia scalaris *aus – von einer heutigen Fliege ist sie nicht zu unterscheiden.*

Fannia scalaris fand sogar Erwähnung in einem grundlegenden Werk über Fossilien mit dem Titel *Treatise on Paleontology* (Paläontologische Abhandlungen), in dem das Tier erwähnt wird als „identisch mit *Fannia scalaris* (Fabricius, 1793), einer rezenten Fliege der Familie Muscidae".

Doch warum hatte der Fälscher ausgerechnet diese Fliege gewählt? Wahrscheinlich war sie einfach das erstbeste Insekt, das er erwischen konnte. Wer für den Betrug verantwortlich ist, wird man vermutlich nie erfahren, und auch nicht, wieviel er für das Stück erhalten hat. Dass es ihm gelang, die Wissenschaftler 140 Jahre lang an der Nase herumzuführen, ist jedenfalls beachtlich.

NEUE GESTALTEN SETZEN SICH DURCH

Viele Millionen Jahre lebten die Säugetiere im Schatten der Dinosaurier und anderer mächtiger Reptilien – unbedeutend und unscheinbar. Irgendwann jedoch erhielten sie ihre Chance, und nun drängten sie mit Macht in alle Lebensräume der Erde vor.

Als in der unteren Kreide, vor 130 Millionen Jahren, der Superkontinent Pangaea endgültig zerbrach und die großen Landflächen Gondwanaland und Laurasia auseinander drifteten, wurde eine lange Kette tief greifender Ereignisse ausgelöst. Die Strömungen in den Ozeanen der ganzen Welt änderten sich ebenso wie das Klima und als Folge davon die Pflanzendecke. Auch die Tiere waren gezwungen, sich an die neuen Bedingungen anzupassen, um zu überleben. Im Lauf der folgenden Jahrmillionen verschwanden viele Arten, und andere erlebten eine Blütezeit. Den weltweiten Umwälzungen durch die Trennung der Kontinente folgte bald eine wahre Explosion der Säugetiere und Vögel, sowohl was die Zahl der Arten als auch was den Bestand der Einzeltiere betrifft.

Säugetiere und Vögel hatten seit der ausgehenden Trias und dem oberen Jura, vor rund 220 bzw. 150 Millionen Jahren, friedlich neben den Dinosauriern gelebt. Später verschwanden diese großen Nachbarn, und

Im Lauf der letzten 65 Millionen Jahre entwickelten die Säugetiere eine große Fülle verschiedener Formen. Eine der jüngsten Gruppen ist die artenreiche Ordnung der Paarhufer, zu denen auch Springböcke (oben), Giraffen, Kudus und Elen-Antilopen (links) gehören.

die ökologischen Nischen, die die Reptilien besetzt hatten, wurden frei. Nach einer verbreiteten Theorie hatten die Säugetiere und Vögel während der Herrschaft der Dinosaurier keine Möglichkeit gehabt, sich weiterzuentwickeln, und erst nachdem ihre Konkurrenten das Zeitliche gesegnet hatten, konnten sie sich ausbreiten. In neuerer Zeit hat sich eher die Ansicht durchgesetzt, dass sich Vögel und Säugetiere besser an die veränderten Umweltbedingungen der Kreide anpassten und sie daher neue Lebensräume erfolgreicher besiedeln konnten als die Dinosaurier.

Seit dem Beginn des Tertiärs spalteten sich die Säugetiere mit erstaunlicher Geschwindigkeit in eine beeindruckende Zahl von Arten auf. Nachdem die modernen Blütenpflanzen die Welt erobert hatten, gelang es den Säugern, diese neuen Nahrungsquellen zu erschließen. Innerhalb von 65 Millionen Jahren, vom Beginn des Tertiärs bis in die Gegenwart, entstanden viele Tausend Arten. Heute unterscheidet man ungefähr 4700 Säugetierarten. Besonders rasant breitete sich diese Tiergruppe innerhalb von 10 Millionen Jahren des Paläozäns und des unteren Eozäns aus. In diesem Zeitraum entwickelten sich 15 oder mehr ganz neue Gruppen.

Sicherlich war die Vielfalt der Bedecktsamer nicht die einzige Ursache für den Erfolg der Säugetiere. Als vielleicht wichtigste Errungenschaft in ihrer Evolution gilt die Fähigkeit, die Entwicklung der Jungen ins Körperinnere zu verlagern. Die plazentalen Säugetiere, die ihre Nachkommen weit entwickelt zur Welt bringen, sind heute bei weitem die erfolgreichsten Säuger. Da ihre Jungen bei der Geburt bereits weit entwickelt sind, brauchen sie weniger Schutz als andere Lebewesen. Wahrscheinlich machte diese Fortpflanzungsweise die Tiere auch mobiler, sodass sie leichter neue Lebensräume erobern konnten.

An diesem Unterkiefer mit den dreihöckerigen Zähnen erkannten Fachleute, dass Morganucodon *aus der oberen Trias ein Säuger war.*

Was die Fossilien uns verraten

Von den ersten Säugetieren sind, ebenso wie von den frühen Vögeln, nur wenige Versteinerungen erhalten. Auch die Knochen dieser kleinen Tiere waren so empfindlich, dass sie in der Regel zerfielen. Die einzigen Skelettteile, die der Verwitterung gut widerstanden, sind Zähne; diese in Sedimenten zu finden ist allerdings recht schwierig.

Da es so wenige Fossilbelege gibt, kann man den Zeitpunkt, an dem sich die Säugetiere auszubreiten begannen, nur sehr ungenau bestimmen. Nach Ansicht einiger Forscher steht ihre Expansion mit dem Massenaussterben in Verbindung, dem auch die Dinosaurier zum Opfer fielen. Andere Experten versuchen diese Frage mithilfe der Genetik zu klären. Sie vergleichen das Erbmaterial verschiedener heutiger Tiere und berechnen aus den Unterschieden in den DNS-Mustern den Zeitpunkt, zu dem die Vorfahren der betreffenden Tiere getrennte Entwicklungswege eingeschlagen haben. Diese Methode beruht auf der Annahme, dass sich die Erbanlagen mit einer gleichbleibenden Rate verändern.

Nach den genetischen Analysen sieht es so aus, als ob die großen Gruppen der Säugetiere und Vögel bereits lange vor dem massenhaften Aussterben entstanden sind. Wenn dies zutrifft, kann man die Ursprünge dieser Tiere durch die Untersuchung von Fossilien nicht nachvollziehen. Interessante Funde aus der Wüste Gobi untermauern die Ansicht der Genetiker.

Wie man ein Säugetier erkennt

Ein fossiles Säugetier anhand weniger Knochenstücke zu identifizieren ist alles andere als einfach. Die typischen Merkmale, die fast alle Säugetiere gemeinsam haben – ein vierkammeriges Herz, ein Fell und Milchdrüsen

So groß wie ein Nashorn war das Beuteltier **Diprotodon**, *das sich von Pflanzen ernährte. Hinter seinen meißelförmigen Schneidezähnen wurde das Futter mit der Zunge bearbeitet, bevor es zu den mahlenden Backenzähnen gelangte.*

bei den Weibchen – bleiben in den Versteinerungen nicht erhalten. Es gibt jedoch glücklicherweise auch bestimmte Kennzeichen am Skelett, die während der Evolution der Säugetiere entstanden sind und die man an den Fossilien erkennen kann. Eine davon ist das Dentale, ein Knochen, der bei allen heute lebenden Säugetieren den gesamten Unterkieferknochen bildet (bei den Reptilien besteht der Unterkiefer aus mehreren Knochen). Im Zusammenhang damit veränderte sich auch die gelenkige Verbindung des Unterkiefers mit dem Schädel; auch dies lässt sich an den Fossilien nachweisen, ebenso wie die Abwandlungen der Kaumuskulatur, die es den Tieren ermöglichte, besser zu beißen und zu kauen.

Ein weiteres Merkmal der Säugetiere sind die Gehörknöchelchen im Mittelohr. Zwei der drei winzigen Knochen – Hammer und Amboss – entstanden aus bestimmten Knochen des Unterkiefers von Reptilien und sind typisch für Säugetiere. Die Aufgabe dieser Knöchelchen ist die Übertragung der Schallwellen vom Trommelfell zum Innenohr, wo die Sinneszellen liegen.

In Südamerika und Australien leben Säugetiere, die überall sonst auf der Erde von fortschrittlicheren Formen verdrängt wurden. Die heutigen Säugetiere gehören drei verschiedenen Gruppen an: den Kloakentieren, den Beuteltieren und den Plazentatieren. Obwohl sie zahlreiche Merkmale gemeinsam haben, unterscheiden sie sich ganz beträchtlich hinsichtlich ihrer Fortpflanzung.

Die Kloakentiere, zu denen das Schnabeltier und die Ameisen- oder Schnabeligel Australiens gehören, legen Eier und säugen die Jungen, die daraus schlüpfen; Beuteltiere bringen dagegen winzige, unreife Junge zur Welt, die ihre Entwicklung in einem Beutel am Bauch der Mutter fortsetzen, wo sie sich an einer Zitze festheften. Diese Gruppe umfasst Tiere wie die australischen Kängurus und Koalas, aber auch die amerikanischen Opossums oder Beutelratten. Bei den Plazentatieren, der größten Gruppe, wachsen die Jungen wesentlich länger in der Gebärmutter heran. Dort werden sie über eine Plazenta ernährt.

Zu Beginn des Tertiärs, nach dem großen Aussterben der Dinosaurier, waren bereits alle diese drei Säugetiergruppen vorhanden. Daneben gab es damals noch weitere Ordnungen wie die Multituberculaten, die in der Folge ausstarben.

Die ersten echten Säugetiere

Winzige spitzmausähnliche Geschöpfe, deren Fossilien man weit verstreut in Europa, China und Südafrika fand, scheinen die ersten echten Säugetiere gewesen zu sein. Das älteste dieser Fossilien ist *Morganucodon*, dessen Schädel in Gesteinen aus der oberen Trias zum Vorschein kam; er ist also etwa 220 Millionen Jahre alt. Dieser Schädel misst 2,5 cm und weist charakteristische Säugetiermerkmale auf, wie eine fast vollständige knöcherne Schädeldecke, einen Unterkiefer mit einem stark vergrößerten Dentale und gut entwickelte Backenzähne.

Eine bessere Vorstellung von den frühen Säugetieren erlangten die Paläontologen durch einen Glücksfund in Südafrika, wo ein einzelnes, fast vollständiges, zusammengerolltes Exemplar von *Megazostrodon* ausgegraben wurde. Ausgestreckt maß sein Ske-

Etwa so groß wie eine Spitzmaus war **Megazostrodon** *aus der Gruppe der Morganucodontiden. Diese Rekonstruktion vermittelt eine Vorstellung von der Gestalt der frühen Säugetiere.*

lett ungefähr 12 cm. Dieses Tier ähnelt mit seiner beweglichen Wirbelsäule, dem langen Schwanz und den zarten Beinen einem Nagetier, doch diese Gruppe entstand erst viel später, im frühen Tertiär, vor etwa 55 Millionen Jahren. Der Schädel von *Megazostrodon* war im Verhältnis zum Körper groß, die Schnauze lang, und die Zähne waren kompliziert gebaut. Die Vorderbeine des Tiers waren seitwärts gerichtet wie bei einem Reptil, sodass es sich vermutlich kriechend fortbewegte.

Wie wichtig gute Zähne sind

Zähne dienen bei den Säugetieren nicht nur zum Festhalten der Nahrung und zur Abwehr, wie bei den Reptilien, sondern zerkleinern das Futter und machen es so leichter verdaulich. Wenn die Nahrung vor dem Schlucken gründlich gekaut wird, können die Verdauungsfermente besser angreifen, sodass die Nährstoffe schneller und effizienter genutzt werden. Die gleichwarmen Säugetiere sind darauf angewiesen, der aufgenommenen Nahrung möglichst viel Energie zu entziehen, da die Aufrechterhaltung der Körpertemperatur und aller anderen Körperfunktionen sehr aufwändig ist.

Sowohl *Morganucodon* als auch *Megazostrodon* hatten lange, dolchförmige Eckzähne und kleine, meißelförmige Schneidezähne. Sie zerrissen und zerschnitten die Nahrung, bevor diese von der Zunge zu den Backenzähnen geschoben wurde. Da die Tiere den Unterkiefer nach hinten, nach vorne und zur Seite bewegen konnten und die Backenzähne mit ihren Leisten und Höckern hervorragend zum Mahlen geeignet waren, zerkauten sie die Nahrung sicher gründlich, bevor sie sie schluckten.

Aus der Form der Zähne kann man schließen, dass sich diese frühen Säuger von tierischer Kost ernährten; wahrscheinlich gehörten vor allem kleine Wirbellose wie Insekten zu ihren Beutetieren. Die ursprünglichen Säugetiere hielten sich über 50 Millionen Jahre lang. In dieser Zeit entwickelten sich neben ihnen mehrere andere Säugetiergruppen, wie aufgrund von Zähnen und Schädelfragmenten nachgewiesen wurde.

Neues aus der Mongolei

Eine der frühen Abstammungslinien führte zur größten Säugetiergruppe der Kreide, den Multituberculaten. Sie waren gegen Ende des Juras entstanden, vor 140 Millionen Jahren, möglicherweise auch schon viel früher. Zwar überlebten diese Tiere das Massenaussterben an der Kreide-Tertiär-Grenze, aber vor 35 Millionen Jahren verschwanden sie dennoch völlig.

Aus der Wüste Gobi in der Mongolei kam in den 60er und 70er Jahren eine Fülle von Informationen über die Multituberculaten ans Licht. In Gesteinen der oberen Kreide fand man Skelette von sechs verschiedenen Arten; die Knochen waren so gut erhalten, dass die Wissenschaftler sogar die Struktur

Zunächst glaubte man, die ersten Säuger seien Kletterer gewesen, doch vermutlich ähnelten sie eher den Rennmäusen (links). Diese Nager legen unterirdische Baue in Halbwüsten an (unten).

Wie die frühen Säugetiere ernähren sich die Elefantenspitzmäuse von Kleintieren.

der Muskeln zu rekonstruieren vermochten. So konnten sie zeigen, dass die Multituberculaten ganz ähnlich lebten wie manche heutige kleine Beuteltiere und Nager. Frühere Funde von Multituberculaten wie *Ptilodus* aus dem frühen Tertiär Nordamerikas hatten zu der Annahme geführt, es handle sich um Kletterer, doch nach den neuen Fossilien aus der Mongolei entsprach die Lebensweise der Tiere aus der Kreide eher der von Rennmäusen.

Die Wissenschaftler rekonstruierten anhand des Skelettmaterials den Schultergürtel eines Multituberculaten namens *Nemegtbaatar*. Danach bewegte sich das Tier in geduckter Haltung fort, was beim schnellen Laufen ein Vorteil, beim Erklettern von Bäumen aber ein Nachteil ist. Vermutlich konnten sie hohe Sprünge vollführen und in kurzer Zeit hohe Geschwindigkeiten erreichen.

Eine solche Fortbewegung ist auch Tieren eigen, die in Bauen leben – beispielsweise Rennmäusen. Bei der Suche nach Nahrung halten sie ständig nach Gefahren Ausschau, und beim geringsten Anzeichen einer Bedrohung laufen sie blitzschnell zum nächsten Eingang ihres Baus unter der Erde. Geologische Hinweise aus den Sedimenten in der Umgebung der mongolischen Fossilien legen nahe, dass die Multituberculaten in fast der gleichen Umwelt zu Hause waren wie heute die Rennmäuse.

Die Nager bewohnen baumlose Halbwüsten Afrikas und Asiens, wo sie Erdbaue zum Schutz vor Feinden und vor den Witterungsbedingungen anlegen. Die Multituberculaten lebten wahrscheinlich ebenfalls in Trockengebieten, denn die versteinerten Tiere wurden durch Sandverwehungen begraben.

Es gibt noch weitere Ähnlichkeiten zwischen diesen beiden Säugetiergruppen. Die Multituberculaten-Schädel zeichnen sich durch recht große Augenhöhlen auf – ein Hinweis darauf, dass *Nemegtbaatar* und seine Verwandten große Augen hatten und in der Dunkelheit aktiv waren. Einen Anhaltspunkt für die Fortpflanzung der Tiere gibt das gut erhaltene Becken von *Kryptobaatar*, einer weiteren Art aus der Mongolei. Der Geburtskanal hatte einen Durchmesser von nur 3,5 mm; das ist weniger als bei jedem bekannten von einer Schale oder Membran umhüllten Ei. Daraus kann man schließen, dass die Multituberculaten lebende Junge zur Welt brachten – wie die heutigen plazentalen Säugetiere – und keine Eier legten. Die Neugeborenen müssen jedoch sehr klein und wenig entwickelt gewesen sein, eher wie die Jungen von Beuteltieren. So hilflose, verletzliche Neugeborene brauchten die Sicherheit einer unterirdischen Kinderstube, um zu überleben.

Eine andere Gruppe kleiner Säugetiere, die zur gleichen Zeit lebten wie die Multituberculaten, unterschied sich von diesen durch einige Merkmale, wie einen ersten Satz von Milchzähnen, die später durch bleibende Zähne ersetzt wurden. Sie stehen offenbar den Plazentatieren sehr nahe. Spitzmausähnliche Formen wie *Kennalestes*, ein ursprünglicher Insektenfresser, und die etwas größere Gattung *Zalambdalestes*, die wohl den heute in Afrika lebenden Elefantenspitzmäusen und Rüsselspringern ähnelte, brachten ihre Jungen weiter entwickelt zur Welt als die Multituberculaten – was sich letztlich als großer Vorteil erwies.

Überleben in Refugien

Eine recht alte Säugergruppe sind auch die Beuteltiere; sie entwickelten sich vor schätzungsweise 80 Millionen Jahren, in der oberen Kreide, in Nordamerika. Von dort aus konnten sie sich fast über die ganze Erde ausbreiten, da die meisten Kontinente noch untereinander verbunden waren. Vor etwa 55 Millionen Jahren, im Tertiär, lebten sie in Nordamerika, Eurasien und Afrika. In vielen Regionen wurden die Beuteltiere später durch plazentale Säugetiere verdrängt, nur

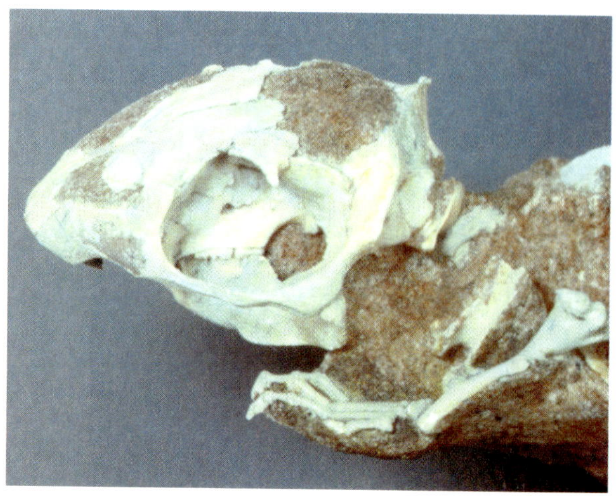

Die großen Augenhöhlen bei diesem Multituberculaten aus der Kreide, der in der Mongolei gefunden wurde, deuten auf eine nachtaktive Lebensweise hin.

in Südamerika und Australien überlebten einige von ihnen. Dort entwickelten sie zahlreiche Formen, die ähnliche ökologische Nischen besetzten wie andere Säuger in den übrigen Kontinenten; auch in der Gestalt ähnelten sich die Tiere mit entsprechender Lebensweise.

Als Nord- und Südamerika vor 3 Millionen Jahren nach langer Zeit wieder durch eine Landbrücke verbunden waren, konnten die Tiere, die sich mittlerweile auf den getrennten Landmassen entwickelt hatten, in neue Gebiete vordringen. Mastodonten, Pumas, Bären, Kamele, Pferde, Hunde und Hasen strömten zusammen mit vielen anderen gen Süden, während sich beispielsweise Affen, Stachelschweine, bodenlebende Faultiere, Gürteltiere, Glyptodonten und Opossums nach Norden aufmachten. Zunächst nahm man an, dass die aus Nordamerika eingewanderten Arten einen Großteil der südamerikanischen Säuger ausrotteten – insbesondere die Beuteltiere –, doch heute vermuten die Paläontologen, dass die Tiere in Südamerika bis zu dem großen Artensterben im Pleistozän friedlich zusammenlebten.

Unter den räuberischen Beuteltieren, die sich in Südamerika entwickelt hatten, waren auch Arten, die Säbelzahnkatzen ähnelten, wie *Thylacosmilus*, und mehrere bärenförmige Geschöpfe. Sie ernährten sich von den Pflanzen fressenden frühen Huftieren. Aus Südamerika stammten auch einige der seltsamsten Säugetiere, die es je gab, wie die Glyptodonten oder das Riesenfaultier *Megatherium*.

Reger Austausch

Faultiere tauchten erstmals im frühen Tertiär auf, vor 40 Millionen Jahren, und breiteten sich in ganz Amerika aus. Dies war nur durch die Landbrücken möglich, die Nord- und Südamerika im Lauf der Zeit mehrmals verbanden. Besonders eindrucksvoll waren die Riesenfaultiere, deren größte Arten zur Gattung *Megatherium* gehörten; sie wurden bis zu 6 m lang und ernährten sich vermutlich von Pflanzen, wobei sie sich auf ihre kräftigen Hinterbeine aufrichteten und mit den sichelförmigen Krallen hohe Zweige herunterzogen. Diese Giganten stellten allerdings eine Ausnahme dar, die meisten Arten waren kleiner. Die Riesenfaultiere entwickelten sich viele Millionen Jahre sehr erfolgreich und wurden sogar noch Zeugen der Besiedlung Amerikas durch den Menschen. Vor etwa 8500 Jahren starben die letzten Tiere aus; möglicherweise trugen die Menschen dazu bei.

Australien war von den anderen Landmassen so weit entfernt, dass sehr wenige

EIN TIER MIT VERBORGENEN TALENTEN

Gürteltiere leben heute in Süd- und Nordamerika. Die größte Art, das Riesengürteltier, wird bis zu 1,50 m lang und 60 kg schwer. Im Vergleich zu seinen Verwandten des oberen Tertiärs ist diese Art allerdings ein Zwerg. Damals gehörten die Glyptodonten, gewaltige Gürteltiere mit 3–4 m Länge, 1,50 m Höhe und einem Gewicht von bis zu 2 t, zu den häufigsten Pflanzenfressern in den Graslandschaften Südamerikas. Eine besonders auffallende Panzerung, die aus einem Mosaik von Knochenplatten bestand, zeichnete die Gattung *Glyptodon* aus. Bei einigen Arten endete der gepanzerte Schwanz in einer stachelbewehrten knöchernen Keule.

Diese Tiere gehören zu den eigenartigsten Formen, die die Säugetiere je hervorgebracht haben. Sie ähnelten eher gepanzerten Ankylosauriern wie *Potacanthus* als Säugern und bewegten sich aufgrund ihrer gewaltigen Größe vermutlich recht behäbig. Der schwere Knochenpanzer schützte sie vor den Angriffen der Säbelzahnbeutler.

Neuere Untersuchungen weisen darauf hin, dass die Glyptodonten mit ihren stämmigen Hinterbeinen sogar aufrecht stehen konnten. Ihre Oberschenkelknochen und ihre enormen Muskeln waren kräftig genug, um die gesamte Körpermasse zu tragen; das lässt darauf schließen, dass sie regelmäßig auf zwei Beinen gingen. Wahrscheinlich hätten sie sich gar nicht fortpflanzen können, wenn sich die Männchen nicht hätten aufrichten können.

Viele Überreste von Glyptodonten zeigen verheilte Narben auf den Panzern – Wunden, die möglicherweise bei Kämpfen der Männchen um Weibchen entstanden. Aufrecht auf den Hinterbeinen stehend versuchten die Tiere vielleicht ihren Rivalen zu imponieren; vermutlich stemmten sie sich dann mit ihrem ganzen Gewicht gegen den Gegner, um ihn zu Boden zu drücken.

Gut geschützt durch seinen mächtigen Knochenpanzer, der allein etwa 500 kg wog, stapfte Glyptodon *im Pleistozän durch Südamerika.*

plazentale Säugetiere den Weg dorthin fanden. Daher konnten sich dort sowohl die Eier legenden Kloakentiere als auch die Beuteltiere ungestört weiterentwickeln. So entstand eine erstaunliche Artenvielfalt.

Die Kloakentiere vereinen Merkmale von Säugetieren, wie Haare und das Säugen der Jungen, und Reptilien, wie die Ablage beschalter Eier. Sie sind heute nur noch in Australien und auf einigen Inseln durch das Schnabeltier und die Ameisen- oder Schnabeligel vertreten. Da es nur wenige versteinerte Reste gibt, liegt die Entstehung der Kloakentiere noch im Dunkeln. Wie Fossilien aus dem Pleistozän zeigen, erreichten einige Ameisenigel eine beträchtliche Größe. Vertreter der Gattung *Zaglossus* etwa wurden damals bis zu 20 kg schwer.

Die ältesten Beuteltierfossilien Australiens stammen aus dem Oligozän und sind etwa 30 Millionen Jahre alt. Von diesem Zeitpunkt entwickelten sie sich wie in Südamerika parallel zu den plazentalen Säugetieren. So ähnelte der Beutelwolf in seiner Gestalt auffällig einem Hund, und man findet unter den Beuteltieren Formen, die den Maulwürfen, Mäusen, Katzen, Ameisenbären und sogar Löwen entsprechen.

Einzigartige Beuteltiere Australiens sind die Kängurus und Wombats. Im Pleistozän gab es unter den Wombats sogar Riesenformen. Die flusspferdgroßen Tiere der Gattung *Diprotodon* wogen mehr als 1 t und weideten in großen Herden auf den offenen Graslandschaften.

Moderne Säugetiere auf dem Vormarsch

Innerhalb von 65 Millionen Jahren, vom Beginn des Tertiärs bis heute, erlebten die plazentalen Säugetiere eine Blütezeit. Die Entwicklung der Artenvielfalt konzentrierte sich dabei auf etwa 10 Millionen Jahre, in denen 15 oder mehr neue Gruppen entstanden. Einige dieser Linien sind die Raubtiere, zu denen Bären, Marder, Katzen und Hunde gehören, die Insektenfresser mit Spitzmäusen und Igeln, die Primaten oder Herrentiere mit Lemuren, Affen und Menschen, die Nagetiere mit Ratten, Mäusen, Meerschweinchen und Hörnchen – heute die artenreichste Gruppe – sowie die Fledertiere. Daneben entstanden auch weniger bekannte, längst ausgestorbene Linien. Hierzu gehören die Insekten fressenden Leptictiden, die schweineähnlichen Taeniodonten, die Pantodonten und die Condylarthren oder Stammhuftiere. Räuberisch lebten beispielsweise die Creodonten oder Urraubtiere und die Dinoceraten, zu denen das nashorngroße *Uintatherium* gehörte.

Zwerge und Riesen

Heute ebenso wie im gesamten Tertiär sind die Pflanzen fressenden Säugetiere den räuberisch lebenden Arten in der Individuen-

EIN LEBEWESEN AUS DER VERGANGENHEIT

Ende des 18. Jahrhunderts fand man in Paraguay die fossilen Reste eines 4 m langen Tiers, das den Namen *Megatherium* erhielt. Die Entdecker schickten Stiche von den Knochen nach Paris zu dem berühmten Naturforscher Georges Cuvier, der anhand dieser Belege zeigen konnte, dass *Megatherium* ein bis dahin unbekanntes Lebewesen war, das nicht mehr existierte.

Cuvier untersuchte die Knochen mit den Methoden der Vergleichenden Anatomie und konnte dadurch belegen, dass das mächtige Tier trotz der gewaltigen Unterschiede in der Größe und in den Lebensgewohnheiten eng mit den heutigen Faultieren verwandt war.

Zur damaligen Zeit stritten sich die Wissenschaftler, ob Lebewesen im Lauf der Erdgeschichte ausgestorben waren oder nicht. Georges Cuvier erkannte, dass man dies am besten an großen Landtieren nachweisen konnte, weil sie kaum zu übersehen waren. Er äußerte zum ersten Mal die Überzeugung, dass *Megatherium* als ausgestorbene Art anerkannt werden müsse. Als Ursache für das Aussterben des Riesenfaultiers nannte er die Sintflut.

Aufgerichtet erreichte **Megatherium** *eine Höhe von fast 4 m. Mit seinen kräftigen Krallen zog das Riesenfaultier vermutlich Äste herab, um die Blätter zu fressen.*

Der tasmanische Beutelwolf, der 1936 ausstarb, ähnelte nicht nur auffallend einem Hund, sondern hatte auch die gleiche Lebensweise.

zahl haushoch überlegen. Genau wie bei den Pflanzen, die sie fressen, gibt es bei den Tieren erhebliche Größenunterschiede. Jede Art hat sich auf bestimmte Gewächse, wie Gras oder Flechten, oder auf gewisse Pflanzenteile wie Früchte, Blätter oder Wurzeln spezialisiert.

Die kleinsten und häufigsten Pflanzenfresser sind die außerordentlich weit verbreiteten und anpassungsfähigen Nagetiere, und zu den größeren Vertretern gehören zwei wichtige Gruppen: die Huftiere und die Rüsseltiere. Wesentlich arten- und zahlreicher sind die Huftiere, die Unpaarhufer wie Pferde und Nashörner sowie die Paarhufer wie Rinder, Hirsche, Schweine, Schafe und Kamele umfassen.

Starke Zähne ein Leben lang

Die Nagetiere verdanken ihren beachtlichen Erfolg größtenteils den besonderen Schneidezähnen, die ständig nachwachsen. Mäuse, Eichhörnchen, Biber und Murmeltiere können auch hartes, verholztes Gewebe wie dicke Schalen von Samen und Nüssen zerkleinern, was Pflanzenfressern mit schwächeren Beißwerkzeugen nicht gelingt. Weil die Schneidezähne beim Zernagen der harten Nahrung rasch abgenutzt werden, müssen sie andauernd nachwachsen.

Bereits die ersten Nagetiere, die am Beginn des Tertiärs lebten, vor etwa 55 Millionen Jahren, waren meist klein und sahen aus wie Ratten und Mäuse. Größere Formen gab es bei den Caviomorpha aus Südamerika, zu denen heute Meerschweinchen, Chinchillas und Wasserschweine gehören. *Telicomys*, ein etwa 2 m langer Nager des oberen Miozäns, lebte vor 12 Millionen Jahren.

Pferde auf dem Vormarsch

In den an Land abgelagerten Sedimenten Nordamerikas und Eurasiens fand man so viele Fossilien pferdeartiger Tiere, dass es

In rund 55 Millionen Jahren entwickelte sich aus dem hundegroßen Hyracotherium *(oben links) mit vier Zehen an den Vorderbeinen das moderne* Equus idahoensis *(oben rechts) mit nur noch einer Zehe. Durch Verlängerung der Beine und Reduktion der Zehenzahl wurden die Pferde im Lauf der Zeit zu ausgezeichneten Läufern.*

recht leicht war, die Evolution der Pferde über die letzten 55 Millionen Jahre zurückzuverfolgen. Wie die Versteinerungen zeigen, wurden die Pferde im Lauf der Zeit immer größer und schneller.

Dass die Tiere so hervorragende Läufer sind, liegt an der Reduktion der Zehenzahl. Die früheste Form der Pferdeverwandtschaft, die hundegroße Gattung *Hyracotherium* aus dem Eozän, besaß an den Vorderbeinen noch vier Zehen; bei *Mesohippus* aus dem Oligozän hatte sich diese Zahl bereits auf drei verringert. Im Pliozän entwickelte sich die einzehige Form *Pliohippus* und bald darauf die Gattung *Equus*, zu der auch die heutigen Pferde gehören. Diese körperlichen Veränderungen gingen mit einer Umstellung der Ernährung infolge einer Klimaveränderung einher; die Pferde wandten sich von Blätterkost zu Gräsern. Dabei wandelten sich auch ihre Zähne und die Kiefermuskulatur um.

Über die Entwicklung der Nashörner ist wenig bekannt. Sie gehören zu einer Gruppe, die in früheren Zeiten wesentlich weiter verbreitet und artenreicher war als heute. *Indricotherium* aus dem Oligozän war das einzige Säugetier, das hinsichtlich der Größe und Masse an die mächtigen sauropoden Dinosaurier heranreichte. Seine Schulterhöhe betrug bis zu 6 m, und es wog vermutlich nicht weniger als 30 t. Tiere dieser Größe sind in der Regel Pflanzenfresser. *Indricotherium* muss täglich ungeheure Mengen dieser Nahrung aufgenommen haben. Ein Elefant, der „nur“ 5 t wiegt, braucht bis zu 200 kg Nahrung am Tag.

Chalicotherium grande, *ein Unpaarhufer des Miozäns, stand wahrscheinlich auf den Hinterbeinen, während er mit den Vorderpranken nach Ästen griff, deren Blätter er verzehrte.*

Mitte des Tertiärs waren Nashörner auf der ganzen Welt verbreitet und hatten sich an eine Vielzahl verschiedener klimatischer Bedingungen angepasst. *Coelodonta antiquitatis*, ein Wollnashorn der Steppen Eurasiens, überlebte sogar die Vergletscherung der letzten Eiszeit.

Ausgestorbene Knöchelgänger

Zwei Unpaarhufergruppen, die es seit langer Zeit nicht mehr gibt, sind die Brontotherien und die Chalicotherien. Die ersten ähnelten Nashörnern, die zweiten kann man mit keinem heutigen Tier vergleichen. Ihre außerordentlich langen Vorderbeine endeten in drei Fingern mit hufartigen Krallen, die kürzeren Hinterbeine trugen kleine Krallen. Wahrscheinlich lief *Chalicotherium*

Ein recht ursprüngliches Huftier ist Arsinoitherium, *ein rund 3 m langer Laubfresser des unteren Oligozäns, der einem Nashorn ähnelte. Er lebte in Afrika und Südeuropa.*

Die südamerikanischen Lamas gehörten zu den ersten Pflanzenfressern, die harte Gräser durch Wiederkäuen verdauen konnten.

auf den Fingerknöcheln und hatte dann eine Schulterhöhe von etwa 2,40 m. Diese Fortbewegungsweise kennt man heute nur von Gorillas und Schimpansen.

Die Chalicotherien waren Pflanzenfresser und gruben vielleicht mithilfe ihrer Krallen nach Wurzeln. Wahrscheinlich konnten sich die großen Tiere auf die Hinterbeine aufrichten und mit den langen Vorderbeinen Äste herabziehen.

Von Kamelen, Rindern und Schafen

Wesentlich artenreicher als die Unpaarhufer sind heute die Paarhufer. Auch sie ernähren sich von Pflanzen. Die dritten und vierten Zehen sind bei ihnen gleichmäßig vergrößert und tragen den überwiegenden Teil des Körpergewichts. Eine der ausgestorbenen Gruppen ist die der Merycoidodonten, die zu Beginn, im oberen Eozän, nur so groß waren wie Hasen, aber vor etwa 30 Millionen Jahren, im Oligozän, den heutigen Schweinen ähnelten.

Zu dieser Zeit besaßen sie bereits die für alle heutigen Rinder, Hirsche, Schafe und Kamele typischen Backenzähne. Sie setzten diese Zähne zur Zerkleinerung der Nahrung ein, und als Wiederkäuer würgten sie sie wieder hoch und kauten sie nochmals durch. Auf diese Art entzogen sie dem Pflanzenmaterial so viele Nährstoffe wie möglich. Die Oberfläche der Zähne mit ihren sichelförmigen Leisten wirkte wie eine Raspel, und der Unterkiefer konnte bereits in der für Hausrinder und Schafe kennzeichnenden Weise bewegt werden.

Die nächsten lebenden Verwandten der Merycoidodonten sind die Kamele, die sich ebenfalls aus recht kleinen Tieren wie dem ziegengroßen *Poebrotherium*, das im unteren Oligozän Nordamerikas lebte, entwickelt haben. Sie breiteten sich im Pliozän nach Südamerika, Asien und Afrika aus und erwiesen sich als äußerst anpassungsfähig – selbst unter extrem lebensfeindlichen Bedingungen.

Schweine und Flusspferde

Eine weitere erfolgreiche Gruppe paarhufiger Säugetiere sind die Suina, zu denen die Schweine und Flusspferde zählen. Nach ihrer Entstehung in Nordamerika breiteten sich die frühen Suina rasch aus, wie Fossilfunde aus Afrika zeigen. Anhand dieser Versteinerungen unterschied man bestimmte Gesteinsschichten und konnte damit sogar einige der ersten in Ostafrika gefundenen Menschenartigen zeitlich einordnen.

Flusspferde waren früher viel weiter verbreitet als heute; im Norden reichte ihr Areal zeitweise bis zu den Britischen Inseln.

Vor 30 Millionen Jahren sah die Erde bereits ähnlich aus wie heute. Singvögel erfüllten die Luft mit ihrem Gesang, und Gräser, Kräuter, Sträucher und Bäume begrünten den Boden. Die Gräser waren besonders erfolgreich; sie bedeckten in halb trockenen Gebieten riesige Flächen und lieferten vielen Tieren Nahrung – Nagetieren ebenso wie den Vorfahren der Pferde (Mesohippus) *und ausgestorbenen Riesen wie* Brontotherium. *Die Pflanzenfresser wurden gejagt von den Ahnen der Raubtiere wie dem hyänenähnlichen* Hyaenodon *und dem hundeartigen* Hesperocyon.

1 Dinictis
2 Metamynodon
3 Hyracodon
4 Daphoenus
5 Archaeotherium
6 Hesperocyon
7 Protoceras
8 Brontotherium
9 Poebrotherium
10 Merycoidodon
11 Hyaenodon
12 Mesohippus
8
12
7
9
10
11
6

Stegodon

Deinotherium

Gomphotherium

Ausgehend von schweineähnlichen Tieren entwickelten sich die Rüsseltiere im Lauf von 50 Millionen Jahren. Alle zeichneten sich durch Rüssel und verschieden geformte Stoßzähne aus.

Dort lebten sie während der warmen Zwischeneiszeiten neben Elefanten, Riesenhirschen, Bisons, Hyänen, Löwen und Wölfen. Sie ernährten sich von Wasserpflanzen. Die modernen Flusspferde, eine der jüngsten Säugetiergruppen, entstanden im Pliozän aus Formen wie *Bothriodon*, die in weiten Teilen Afrikas, Nordamerikas und Eurasiens vorkamen. Sie hatten eine ähnliche Lebensweise wie die heutigen Flusspferde.

Immer den Rüssel vorn

Heute gibt es zwei Arten von Rüsseltieren, die Afrikanischen und die Indischen Elefanten. Sie sind die letzten Überlebenden einer weiteren Gruppe großer Pflanzenfresser, die in früheren Zeiten weitaus zahlreicher und weiter verbreitet waren. Einst zogen mehr als 160 Rüsseltierarten in riesigen Herden umher. Die Fossilien deuten darauf hin, dass auch diese wichtige Gruppe ihren Ursprung im unteren Eozän hat und vor etwa 50 Millionen Jahren entstand.

Moeritherium war ein rund 1 m langes, amphibisch lebendes Tier, das in Nordafrika am Rand des Tethysmeers lebte.

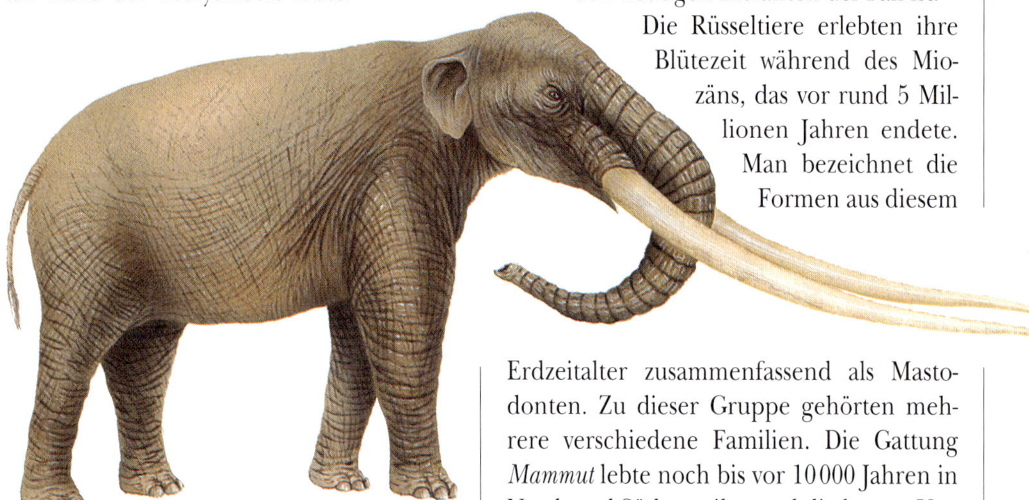

Elephas

Es hatte weder Rüssel noch Stoßzähne, aber trotzdem wies es anatomische Gemeinsamkeiten mit den Rüsseltieren auf.

Die ersten Rüsseltiere, die über Rüssel und Stoßzähne verfügten, waren die Deinotherien, von denen die Gattung *Deinotherium* vor 22 Millionen Jahren, im Miozän, lebte. An ihrem Schädel fanden die Paläontologen eine charakteristische schlüssellochförmige Nasenöffnung, die darauf hinweist, dass diese Tiere bereits einen Rüssel besaßen. Die unteren Schneidezähne waren bei ihnen zu nach unten gebogenen Stoßzähnen umgebildet und dienten möglicherweise zum Graben.

Amebelodon

Solche Stoßzähne im Unterkiefer, wie sie *Deinotherium* trug, waren jedoch keineswegs die Regel. Einige ausgestorbene Rüsseltierformen wie *Gomphotherium* hatten sowohl im Ober- als auch im Unterkiefer Stoßzähne. Weit häufiger kam es allerdings vor, dass sich Stoßzähne nur im Oberkiefer bildeten, wie es bei den Mastodonten, den Mammuts und den heutigen Elefanten der Fall ist.

Die Rüsseltiere erlebten ihre Blütezeit während des Miozäns, das vor rund 5 Millionen Jahren endete. Man bezeichnet die Formen aus diesem Erdzeitalter zusammenfassend als Mastodonten. Zu dieser Gruppe gehörten mehrere verschiedene Familien. Die Gattung *Mammut* lebte noch bis vor 10 000 Jahren in Nord- und Südamerika, und die letzten Vertreter der Familie Stegodonten starben in Südostasien und Afrika erst in der Eiszeit, vor 50 000 Jahren, aus.

Die Stegodonten mit der Gattung *Stegodon* entwickelten als erste Rüsseltiere die mahlenden Lamellenzähne, die für echte Elefanten typisch sind. Bei diesen Tieren werden im Lauf des Lebens sechs Backenzähne pro Kieferast gebildet, die nacheinander durchbrechen. Dabei verdrängt jeder wachsende Zahn seinen abgenutzten Vorgänger, sodass immer nur ein Backenzahn in Gebrauch ist. Bei *Stegodon* kam der letzte Zahn zum Vorschein, wenn das Tier ungefähr 30 Jahre alt war. Jeder Zahn war über

30 cm lang und wog 1,8 kg. Zum Zerkleinern der harten, oft holzigen Nahrung wiesen die Backenzähne von *Stegodon* etliche harte Schmelzlamellen auf, die wie eine Raspel wirkten. Beim Zermahlen wurden die Pflanzen sehr gut für die Verdauung zerkleinert – und die Zähne stark abgenutzt. Wenn das Tier ein Alter von etwa 70 Jahren erreicht hatte, waren seine sechsten Backenzähne fast völlig abgeschliffen, und es musste verhungern; das gleiche Schicksal trifft auch die heutigen Elefanten.

Vor rund 5 Millionen Jahren spalteten sich die Rüsseltiere in drei Hauptäste auf. Einer führte zum Asiatischen Elefanten (Gattung *Elephas*), einer zum Afrikanischen Elefanten (Gattung *Loxodonta*) und einer zu den Mammuts (Gattung *Mammuthus*). Die ersten Mammuts lebten in den Wäldern des tropischen Afrika, von wo sie sich nach Eurasien und Nordamerika ausbreiteten.

Als die Eiszeit die Nordhalbkugel der Erde heimsuchte, gelang es den Mammuts gut, sich an die immer weiter absinkenden Temperaturen anzupassen. Sie entwickelten sich zu stattlichen Tieren mit langem, wolligem Fell. *Mammuthus primigenius* erreichte eine Höhe von 2,70 m und ein Gewicht von bis zu 6 t. Es zeichnete sich durch bis zu 3,60 m lange Stoßzähne aus.

Manche Großkatzen wie dieser Sibirische Tiger konnten sich gut an die Kälte der Eiszeit anpassen und kamen damals häufig vor.

Die Vettern der Mammuts, die Elefanten, konnten sich nicht so gut auf die Kälte einstellen, aber während der Eiszeit lebten dennoch zeitweise beide Formen nebeneinander. Als das Klima am Ende der Eiszeit wieder milder wurde, setzten sich die Elefanten durch, nicht die Mammuts. Einige Zwergmammuts überdauerten im kalten Nordsibirien auf der Wrangel-Insel, doch vor rund 4000 Jahren starben auch sie aus – etwa zu der Zeit, als in Ägypten die Pyramiden gebaut wurden.

Überleben in Schnee und Eis

Tiere, die in kalten Klimazonen leben, sind oft viel größer und schwerer als ihre nächsten Verwandten in wärmeren Gebieten.

Fortsetzung Seite 150

TIEFGEFRORENE RIESEN DER EISZEIT

Wie in einer Tiefkühltruhe wurden die Reste von Mammuts aus der Eiszeit im Norden Sibiriens konserviert. Die Anatomie dieser ausgestorbenen Tiere ist daher sehr gut bekannt. Wenn toten Lebewesen bei Temperaturen unter 0 °C rasch das Wasser entzogen wird und sie unter Eis begraben werden, bleiben sie hervorragend erhalten. Derart konservierte Mammuts, Wollnashörner, Bisons und Pferde aus der Eiszeit werden in Sibirien und Alaska immer wieder entdeckt. Sie sind Zehntausende von Jahren alt.

Solche Funde aus dem Dauerfrostboden sind oft außerordentlich interessant. Das erste Mammut kam 1901 zum Vorschein, das so genannte Beresowka-Mammut aus Sibirien. Weit mehr Aufsehen erregten die Ausgrabungen in den 70er und 80er Jahren. 1977 entdeckte man ein vollständiges, rund 40 000 Jahre altes Mammutbaby, das im Alter von höchstens sechs Monaten gestorben war; es erhielt den Namen „Dima“. 1988 fand man ein noch jüngeres Weibchen, „Mascha“ genannt. Von ihnen erfuhren die Paläontologen viel über die Anatomie und die Ernährung der Mammuts. 1994 wurde sogar DNS der Mammuts gewonnen; sie unterscheidet sich deutlich von der heutiger Elefanten.

Zehn Monate war das erste Mammut aus dem Eis im Jahr 1901 unterwegs, bis es nach einer Reise über mehr als 9500 km in der russischen Stadt St. Petersburg ankam.

EIN MAMMUT FÜR EVE

Von dem kleinen Bauerndorf Condover an der Grenze zwischen England und Wales hat man einen guten Blick über die grauen Walisischen Berge nach Westen zu den Feldern und Weiden von Shropshire's Insh. Vor 15000 Jahren sah die Landschaft dort ganz anders aus; gewaltige Eismassen schoben sich von den Walisischen Bergen nach Shropshire, begannen allerdings schon langsam zu schmelzen und sich zurückzuziehen.

Als es wieder wärmer wurde, floss in vielen Strömen das kalte, trübe Schmelzwasser von den Gletschern weg; es bahnte sich seinen Weg durch Schlamm und Geröll, das die schwindenden Gletscher zurückgelassen hatten. Die Bäche vereinten sich, wuschen das Geröll, sortierten es nach Größen, trugen es stromabwärts und lagerten es überall dort ab, wo sich die Strömung verlangsamte. Im Frühling und Sommer schossen reißende Fluten durch die Flussbetten und nahmen alles Bewegliche mit sich fort; sie waren weitaus mächtiger und breiter als alle Flüsse und Bäche, die heute durch diese Region fließen. Es muss etwa zur Zeit des großen Schmelzens gewesen sein, als an einer bestimmten Stelle Knochen von einem Strom abgelagert wurden – Fossilien, die später eine Frau namens Eve Roberts entdeckte.

Ein überraschender Fund

An einem Samstagnachmittag Ende September 1986 spazierte Eve Roberts an einer Sand- und Kiesgrube vorbei. Als sie hinunterschaute, um nach dem Stand der Abbauarbeiten zu sehen, wurde ihr Blick auf ein großes braunes Objekt gelenkt, das aus dem Boden hervorragte. Bei näherem Hinsehen hatte sie das Gefühl, es könne ein Knochen sein, obwohl ihr dies fast unmöglich schien; der Gegenstand war viel größer als ein Knochen von einer Kuh. Trotzdem rief sie nach ihrer Rückkehr das örtliche Museum an.

G. I. McCabe vom Shropshire Museum wusste, dass dieses Gebiet eine wahre „Goldgrube" für Funde jeden Alters ist. Fast alles konnte man aufspüren – von Musketenkugeln aus dem 17. Jahrhundert bis zu 400 Millionen Jahre alten Trilobiten. Daher entschloss er sich, das rätselhafte Objekt selbst in Augenschein zu nehmen.

Als sich McCabe und Eve Roberts in der Kiesgrube umschauten, entdeckten sie neben dem ungewöhnlich großen Knochen, der sie hingeführt hatte, noch ein weiteres, 1,20 m langes Teil, das wie ein riesiger Oberschenkelknochen aussah. Die beiden Knochen wirkten erstaunlich frisch, ganz anders als die meisten Fossilien.

Mehrere namhafte Experten für die Eiszeit wurden nun zusammengerufen. Sie erkannten auf den ersten Blick, dass sie einen äußerst interessanten Fund vor sich hatten. Es gab allerdings ein großes Problem: Der Fundort der Knochen war vor nicht allzu

langer Zeit planiert worden, und dabei hatte man die Knochen an eine andere Stelle der Grube geschoben. Um die restlichen Teile des Skeletts zu finden, mussten die Grubenarbeiter all den Schlamm ausheben, der die Knochen ursprünglich enthielt, und die Wissenschaftler mussten ihn aussortieren.

Eifrige Helfer

Hunderttausende von Tonnen Erde nach Knochen zu durchwühlen war eine enorme Aufgabe, die die Paläontologen nicht allein bewältigen konnten. Daher beteiligte sich schon bald eine Mannschaft freiwilliger Helfer, die eine Art menschliches Förderband bildeten, um den Schlamm eimerweise zu entnehmen und zu durchsuchen. Sämtliche gefundenen Knochen mussten in Wassereimern mit harten Bürsten gesäubert und von dem schwarzen, stinkenden Schlamm befreit werden. Bevor sie trockneten, wurden sie sorgfältig nach Rissen oder Anzeichen für Schäden untersucht, da die Fossilien durch Austrocknung innerhalb weniger Stunden stärker geschädigt werden konnten, als wenn sie Zehntausende von Jahren im Schlamm begraben waren. Sämtliche Schwachstellen an den Knochen wurden vorsichtig mit speziellen Chemikalien behandelt.

Ganz allmählich wurde auf diese Weise ein beträchtlicher Teil eines Mammutskeletts freigelegt, einschließlich mehrerer gewaltiger Beinknochen. Zuletzt tauchte auch ein kleiner, aber vollständiger Unterkieferknochen mit den charakteristischen Backenzähnen auf – ein eindeutiger Hinweis, dass in all dem Schutt mindestens ein Mammutbaby zu finden war.

Durch eine genaue Untersuchung der Grube fanden die Forscher heraus, wie und warum die Mammuts gestorben waren. Am Ende der letzten Eiszeit lag dort ein so genanntes Toteisloch – das ist ein tiefes, natürlich entstandenes Loch in Gletscherablagerungen, das sich bildet, wenn ein großer unterirdischer Eisblock schmilzt. Der dabei entstandene Krater war über 10 m tief und füllte sich bald mit Wasser. An seinem Rand wuchsen Sumpf- und Teichpflanzen; die Mammuts fielen vermutlich ins Wasser, als sie diese fraßen. Der Schlamm und das kalte Wasser konservierten ihre Knochen, weil die Abbauprozesse wegen des Sauerstoffmangels verlangsamt abliefen.

Ein Knochenpuzzle

Im Lauf der Zeit wurden immer mehr Knochen aus dem Schlamm gefischt – zum größten Teil nicht beschädigt von den Planierraupen. Viele der zerbrochenen Teile konnte man wieder zusammenkleben. Unauffindbar blieben jedoch der Schädel und die Stoßzähne, die bei einem Mammut bis zu 3,60 m lang wurden. Möglicherweise waren der gewaltige Schädel und die schweren Stoßzähne abgetrennt und an einem ganz anderen Ort abgelagert worden.

Insgesamt fanden die Helfer 400 Knochenbruchstücke. Sie stammten von einem erwachsenen Mammut, einem ca. 28 Jahre alten Männchen, und mindestens drei Jungtieren im Alter von drei bis sechs Jahren. Ihr Alter wurde am Zustand der Zähne berechnet. Bei dem großen Männchen waren die sechsten Backenzähne gerade dabei, die abgenutzten fünften zu ersetzen, als es starb.

Schließlich gelang es den Forschern mit der C-14-Methode festzustellen, wann die gefundenen Mammuts gelebt hatten. Sie zogen offenbar vor 12700–12300 Jahren durch das Gebiet an der Grenze zwischen England und Wales; damit sind sie die jüngsten je in Großbritannien gefundenen Mammuts und der Beweis, dass die Tiere dort den ersten Rückzug des Eises überlebten.

Eine gefährliche Falle für Mammuts waren steile, Wasser gefüllte Toteislöcher mit glatten Seitenwänden.

Durch die Größenzunahme verringert sich die Körperoberfläche im Verhältnis zur Masse, sodass weniger Wärme nach außen verloren geht. Auch Raubtiere werden in der Regel umso größer, je kühler ihr Lebensraum ist. So leben die größten Unterarten des Braunbärs im hohen Norden, und die größte Unterart des Tigers, der Sibirische Tiger, lebt ebenfalls am Nordrand des Verbreitungsgebiets.

Mit seinen dolchartigen Eckzähnen zum Festhalten der Beute und den messerscharfen Backenzähnen zum Zerschneiden des Fleisches ist der Gepard ein typisches Raubtier.

Landtiere, die so schnell und wendig sein müssen wie die großen Katzen, können allerdings nicht beliebig schwer werden. 270 kg, das Höchstgewicht eines männlichen Sibirischen Tigers, sind schon sehr viel. Dennoch wogen die größten bekannten räuberischen Säuger, Hyaenodonten der Gattung *Megistotherium* aus dem Miozän, vermutlich 800 kg. Sie besaßen lange Eckzähne, fast wie eine Säbelzahnkatze. Niemand weiß, wie schnell diese Tiere laufen konnten, aber als Raubtiere müssten sie schnell genug gewesen sein, um ihre Beute zu fangen.

Reiche Beute für Katzen und Hunde

Es gibt große und kleine, temperamentvolle und gemächliche Raubtiere – mehr als 230 ganz verschiedengestaltige Arten. Sie bilden eine der wichtigsten Säugetiergruppen; nur die Ordnungen der Insektenfresser, der Fledermäuse und der Nagetiere umfassen mehr Arten. Innerhalb einer geologisch recht kurzen Zeitspanne entwickelten sich die Raubtiere aus eichhörnchengroßen Insektenfressern und „explodierten" zu der ganzen Vielfalt der heute lebenden Formen.

Zahlreiche Wege haben sich im Lauf dieser Evolution als Sackgassen erwiesen, wie die Säbelzahnkatzen. Sie gehören ebenso zu den Raubtieren wie Hauskatzen, Eisbären, Pandas, Wölfe, Hunde und Wiesel. Viele von ihnen ernähren sich ausschließlich oder vorwiegend von Fleisch, andere sind Gemischtköstler. Es gibt aber auch einige Ausnahmen; vielleicht die bekannteste ist der Große Panda, dessen Grundnahrung Bambus darstellt.

Das charakteristische Merkmal der Raubtiere ist die besondere Gestalt ihrer Backenzähne, die man als Brechschere bezeichnet. Eine solche Brechschere wird jeweils von einem Zahn des Ober- und des Unterkiefers gebildet, die wie eine Schere gegeneinander arbeiten. Dadurch können die Tiere Fleisch sehr gut in kleine Stücke zerschneiden. Spitze, dolchartige Eckzähne, so genannte Fangzähne, werden ebenfalls häufig als gemeinsames Merkmal angesehen, aber sie sind nicht bei allen Raubtieren vorhanden.

Wie die verschiedenen ausgestorbenen Raubtiere lebten, kann man sich am besten vorstellen, wenn man sie mit lebenden Formen vergleicht. Es gibt bestimmte Regeln, nach denen man Verhaltensweisen mit ökologischen Bedingungen und Ernährungsgewohnheiten in Verbindung bringen kann – Hinweise auf diese Faktoren liefern die Fossilien. Die Zähne und Knochen der Raubtiere verraten, was die Tiere gefressen und wie sie ihre Opfer erbeutet haben. Aus manchen Zähnen – ob fossilen oder modernen – kann man wie auf einer Speisekarte die Mahlzeiten ablesen.

Zu den ausgestorbenen Fleisch fressenden Säugetieren des frühen Tertiärs, also der Zeit vor etwa 60 Millionen Jahren, gehörten die Mesonychiden und Creodonten. Mesonychiden wie *Mesonyx*, ein hundegroßes Tier, besaßen schon einige Raubtiermerkmale, wie abgewandelte Backenzähne, die zum Fressen von Fleisch geeignet waren. An den Zehen trugen diese Tiere allerdings Hufe, und einige Strukturen an ihrem Schädel ähnelten denen bei frühen Walen.

Mit einer Länge von 4 m gehörte der hyänenähnliche Andrewsarchus *zu den größten bekannten Landraubtieren.*

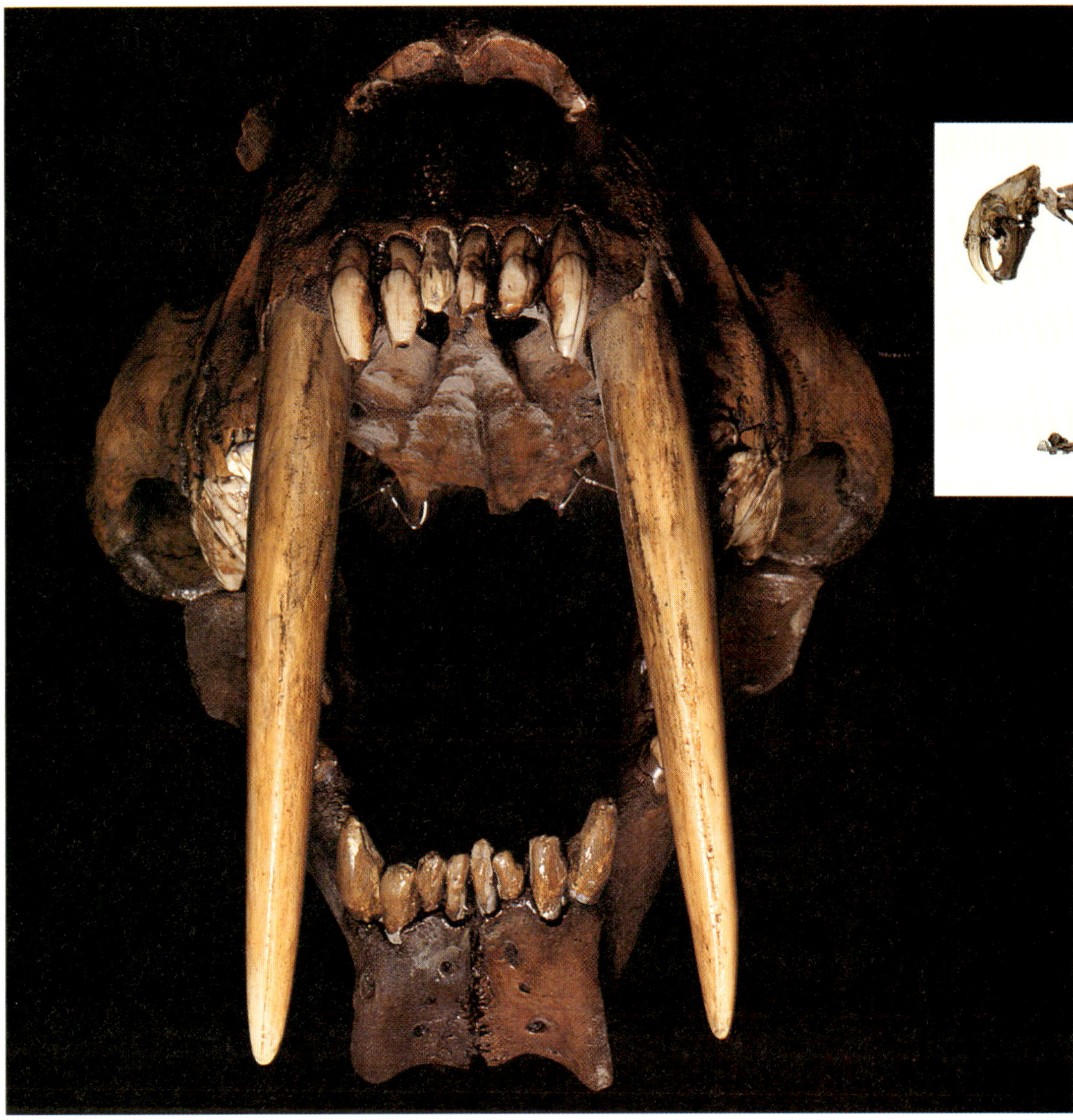

Besonders auffällige Raubtiere der Urzeit sind die Säbelzahnkatzen, die sich mehrmals unabhängig voneinander entwickelt haben. Eine der berühmtesten Arten ist der nordamerikanische **Smilodon fatalis** ***aus dem Pleistozän (oben).***

Der größte Schädel aller bekannten landlebenden Raubtiere ist der von *Andrewsarchus*, einem Mesonychiden aus dem oberen Eozän, der in der Wüste Gobi gefunden wurde: Er hat eine Gesamtlänge von 85 cm und eine Breite von 56 cm zwischen den Jochbögen. Insgesamt war das Tier mehr als 4 m lang. Es hatte noch keine Krallen, sondern Hufe, und konnte damit seine Beute nicht festhalten. Man vermutet daher, dass dieses Tier eher ein Aasfresser und kein aktiver Jäger war.

Die Creodonten kommen eher als Kandidaten für die Vorfahren der echten Raubtiere in Frage. Sie zählten während des frühen Tertiärs in ganz Nordamerika, Afrika und Eurasien zum festen Bestandteil der Tierwelt. 20 Millionen Jahre lang waren sie die dominierenden Fleischfresser mit verschiedenen hunde-, katzen-, bären- und hyänenähnlichen Formen. Sie alle waren jedoch noch nicht in der Lage, ihre Beute nach Art der echten Raubtiere zu zerreißen und in Stücke zu schneiden.

Ein hyänenähnlicher Creodont war *Hyaenodon* – ein Zehengänger wie die heutigen Hunde. Vermutlich lebte er etwa wie die heutigen Hyänen. Die Hyaenodonten bildeten eine besonders erfolgreiche Gruppe der Creodonten und brachten auch das bereits erwähnte riesige *Megistotherium* hervor. Sein mächtiger Schädel erreichte eine Länge von 65 cm und war damit doppelt so groß wie der eines Tigers.

Die ersten echten Raubtiere – kleine, unscheinbare Geschöpfe – tauchten vor etwa 55 Millionen Jahren in Nordamerika auf. Eine Gruppe davon, die Miaciden, jagte vor allem in den Baumwipfeln, ähnlich wie die heutigen Baummarder. Sie spalteten sich bald in die Viverravinen und Vulpavinen auf. Die Viverravinen bildeten den Katzenzweig; ab dem Oligozän gingen daraus die Schleichkatzen und Mangusten, die Hyänen und schließlich die Katzen hervor. Aus den Vulpavinen wurde der Hundezweig mit den Bären, Hunden und Füchsen.

Furcht erregende Zähne

Unter den vielen ausgestorbenen Raubtieren sind die Säbelzahnkatzen wahrscheinlich die bekanntesten. Gegen Ende des Miozäns, vor 6 Millionen Jahren, waren sie die dominierenden Großkatzen. Sie bildeten allerdings keine einheitliche Gruppe, denn in der Alten und in der Neuen Welt hatten sich unterschiedliche Säbelzahnkatzen unabhängig voneinander entwickelt. In Südamerika entstanden noch dazu Beuteltiere mit Säbelzähnen, die mit den Katzen überhaupt nicht verwandt waren. Diese Zahnform war offenbar damals äußerst erfolgreich.

Allen Tieren mit Säbelzähnen gemeinsam war eine spezielle Anpassung ihres Kiefers, die es ihnen ermöglichte, den Unterkiefer weit nach unten zu klappen und so das Maul enorm aufzureißen. Die säbelförmigen Zähne der nordamerikanischen Gattung *Smilodon* wurden bis zu 18 cm lang und durften beim Öffnen des Mauls nicht im Weg sein. Ob die Tiere diese Zähne zum Erdolchen ihrer Beute oder zum Schneiden

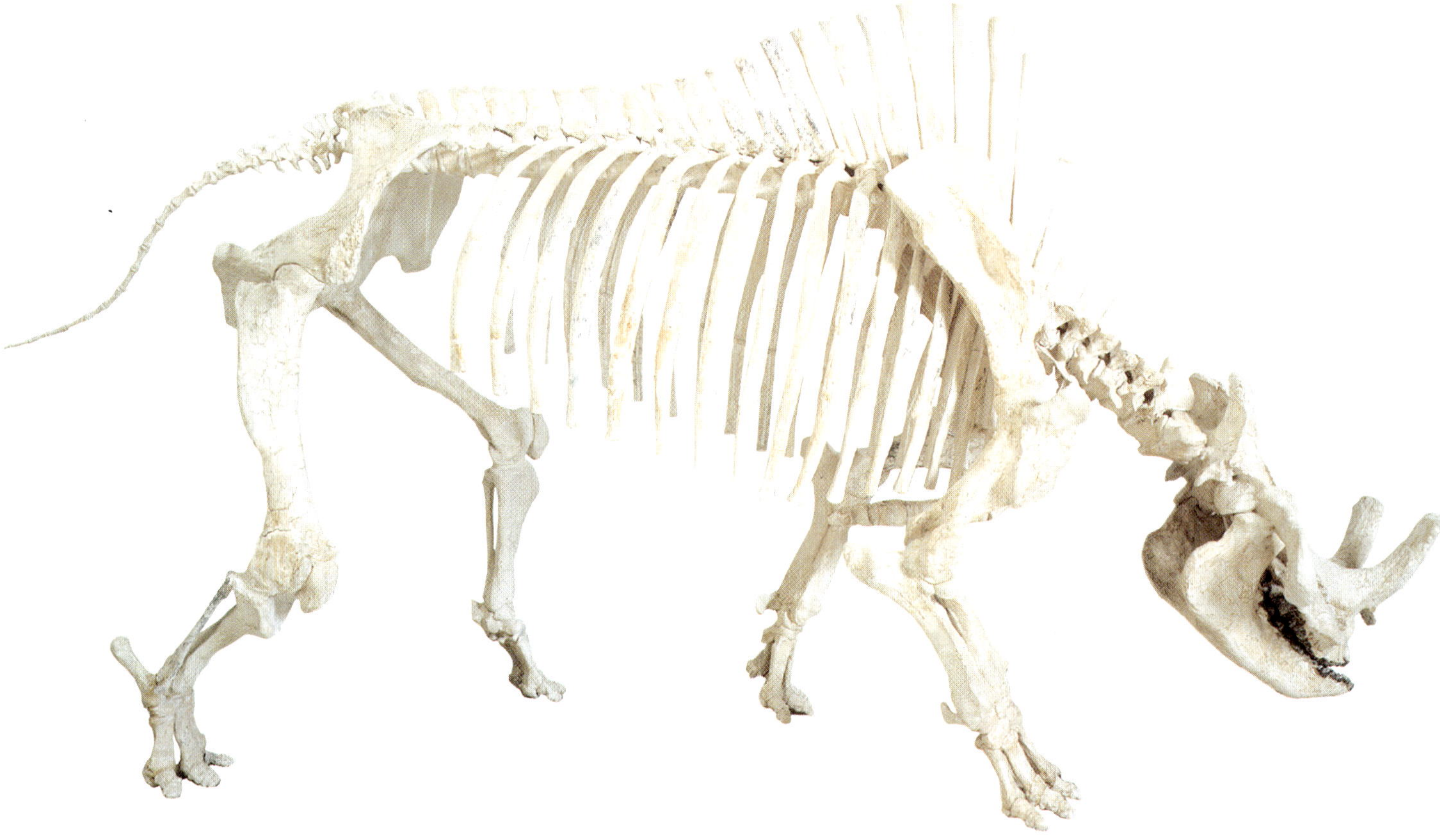

Bei den nashornähnlichen Titanotherien unterschieden sich die Geschlechter durch ihren Kopfschmuck. Auf dieser Abbildung ist ein zweihörniges Männchen von Megacerops acer *zu sehen.*

einsetzten, ist nicht bekannt. Die Katzen jagten vermutlich aus dem Hinterhalt und töteten ihre Beute durch einen Nackenbiss. Mit den gewaltigen Zähnen schnitten sie wohl in der Nähe der Halsschlagader in das weiche Gewebe des Halses und töteten ihre Beute durch Ersticken oder Ausbluten.

Noch ein Massensterben

Während der letzten 2 Millionen Jahre spielten sich in der Evolution der Säugetiere dramatische Veränderungen ab. Die wichtigste davon war die Aussterbewelle, die die Artenvielfalt der Säugetiere weltweit drastisch verringerte. Mammut, Wollnashorn, Riesenhirsch, Höhlenbär, Säbelzahnkatzen, Beutelraubtiere, Glyptodonten und Riesenfaultiere verschwanden dabei von der Erdoberfläche. Alle Kontinente waren davon betroffen, ganz besonders aber Europa, einige Teile Asiens und Nordamerika. Innerhalb eines Zeitraums von nur 2000 Jahren, irgendwann vor 12000–10000 Jahren, verlor Nordamerika 73 % der Großsäuger – 33 verschiedene Arten, von Mammuts bis zu Hirschen. Südamerika büßte 46 Arten und damit 80 % seiner Säugetiere ein, darunter Kamele und Mastodonten. In Australien starben über 40 Arten aus. Darunter waren auch die Diprotodonten, Fleisch fressende Beuteltiere und Riesenwombats.

Bereits seit langer Zeit fragen sich die Paläontologen, was dieses Massensterben verursacht hat. Die plausibelste Erklärung scheinen die Umweltveränderungen zu sein, die das Ende

Fast 4 m maß das gewaltige Geweih des eiszeitlichen Megaloceros *und ist damit das größte bekannte Hirschgeweih. Es wurde, wie bei Hirschen üblich, alljährlich abgeworfen und erneuert.*

Ein amerikanischer Zeitgenosse des eiszeitlichen Mammuts aus Eurasien war Mammuthus columbi. *Diese Art lebte weiter südlich, in wärmeren Gefilden wie Kalifornien, und war deshalb weniger behaart als ihr zotteliger Vetter in der Alten Welt.*

der letzten Eiszeit auslöste; es müssen aber noch andere Faktoren beteiligt gewesen sein, denn im Quartär hatte es bereits früher mehrere Vergletscherungen gegeben, die sich offenbar nicht so vernichtend auf die Tierwelt ausgewirkt hatten.

Eine andere Erklärung konzentriert sich darauf, dass viele der Tiere, die verschwanden, verhältnismäßig groß waren. Am stärksten durch Umweltveränderungen gefährdet sind vermutlich die großen Pflanzenfresser, die sich meist auf bestimmte Pflanzenarten spezialisiert haben. Während der Eiszeit veränderte sich die Pflanzendecke in vielen Regionen unseres Planeten erheblich. Die ausgedehnten Graslandschaften Nordamerikas und Asiens, die den riesigen, weit umherziehenden Herden der gewaltigen Pflanzenfresser Nahrung geliefert hatten, schrumpften allmählich, und auf den Grasflächen, die schließlich noch übrig blieben, drängten sich hungrige Herden. Die Pflanzen wurden überweidet, sodass schließlich auch die meisten Tiere starben. Mit dem Rückgang der Pflanzenfresser schwanden aber auch deren Feinde, die großen Raubtiere.

Erkenntnisse von den Mammuts

Die Geschichte der Mammuts liefert einige Anhaltspunkte dafür, was im Lauf der Eiszeit geschah und zum Aussterben der Großtiere geführt haben kann. Noch vor 20000 Jahren bildeten die Mammuts riesige Herden, die in ganz Europa und Asien, von Nordirland bis nach China umherzogen. Vor 12000 Jahren waren sie aus Nordwesteuropa ganz verschwunden, vor 11000 Jahren aus Nordamerika und vor 10000 Jahren schließlich auch aus Sibirien. Nur eine isolierte Population von Zwergmammuts überlebte auf der kahlen Wrangel-Insel im Nordpolarmeer bis vor etwa 4000 Jahren. Das immer dürftiger werdende Nahrungsangebot in dieser unwirtlichen, eisigen Einöde hatte dazu geführt, dass die riesigen Tiere auf eine Schulterhöhe von weniger als 2 m geschrumpft waren.

Eine mögliche Ursache für den Niedergang der Mammuts ist die Ausbreitung des Menschen. Der Zeitraum, in dem sie ausstarben, fällt mit der Einwanderung der verschiedenen Menschenformen in die Verbreitungsgebiete der Rüsseltiere zusammen. Hervorragende Porträts von Mammuts, die die Kalksteinhöhlen bei Rouffignac in der französischen Dordogne zieren, beweisen, dass unsere eiszeitlichen Vorfahren gute

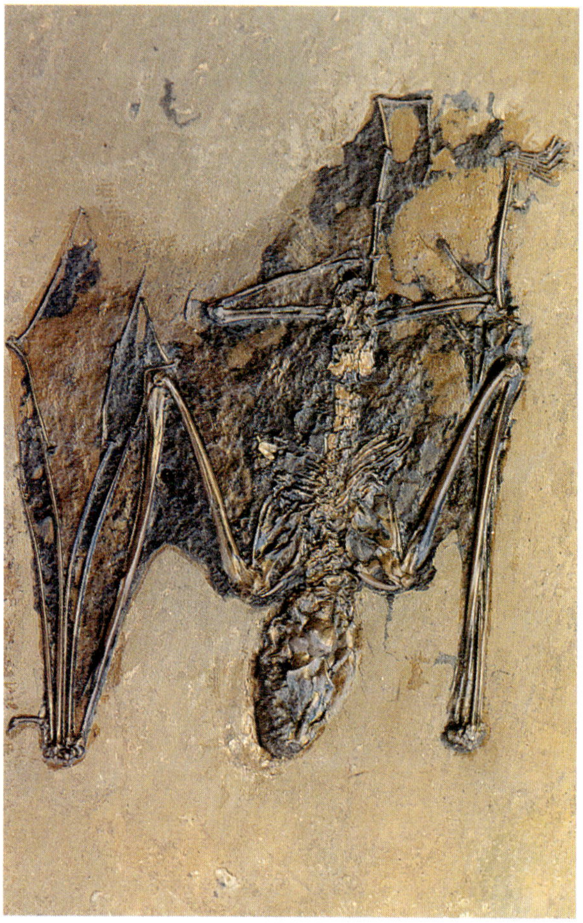

Nur selten findet man fossile Fledermäuse – hier eine 50 Millionen Jahre alte Palaeochiropteryx.

Beobachter waren. Sie gaben jede Einzelheit in der Gestalt der Mammuts mit einer erstaunlichen Genauigkeit wieder.

Bei der Jagd auf die kräftigen Tiere, die einige der Höhlenzeichnungen illustrieren, riskierten diese Menschen ihr Leben, denn sie besaßen recht primitive Waffen. Zahlreiche Gebrauchsgegenstände der Eiszeit waren aus Mammutknochen und -stoßzähnen hergestellt. Mammutreste, die im Jahr 1932 bei Dent im US-Bundesstaat Colorado ausgegraben wurden, lieferten die ersten unzweifelhaften Beweise, dass die Mammuts durch Menschen getötet worden waren: In einem 11 000 Jahre alten Mammutknochen steckte die Spitze eines Steinspeers.

In der Ukraine wurden über 70 aus Mammutknochen konstruierte Neandertalerhütten entdeckt. Sie enthielten Reste von mehr als 100 Tieren, doch die Datierung dieser Knochen zeigte Altersunterschiede von bis zu 8000 Jahren. Folglich müssen sie nach und nach über einen längeren Zeitraum gesammelt worden sein, möglicherweise sogar von Tieren, die eines natürlichen Tods gestorben waren.

Ob das Aussterben der Mammuts von Menschen herbeigeführt wurde oder eine Folge von Umweltveränderungen war, ist nach wie vor ungewiss, aber Vergleiche mit den heutigen Elefanten drängen sich geradezu auf. Wie der Mageninhalt tiefgefrorener Mammuts aus Sibirien zeigt, ernährten sich die Tiere in erster Linie von Gras – die Mägen enthielten große Mengen halb verdauter Pflanzen – und mussten wie die heutigen Elefanten bis zu 20 Stunden am Tag fressen, um satt zu werden. Als die Graslandschaften in Eurasien und Nordamerika kleiner wurden, schrumpften die Mammutherden; ihre Population wurde immer mehr zersplittert und isoliert, ähnlich wie heute bei den Elefanten. Wenn eine solche Population weniger als 1000 Individuen umfasst, ist sie vom Aussterben bedroht.

Parallelen zwischen dem, was den Mammuts widerfuhr, und der schwierigen Lage der modernen Elefanten drängen sich auf, denn es scheint ein direkter Zusammenhang zwischen der Ankunft menschlicher Jäger und dem Rückgang der Großsäuger auf allen Kontinenten zu bestehen.

Das Ende einer Ära – und der Beginn einer neuen

Nicht alle Säugetierarten litten im gleichen Maß unter den Umweltveränderungen des Eiszeitalters. Kleinere Formen wie Fledermäuse, Hasen, Insektenfresser und die höchst erfolgreichen Nagetiere waren größtenteils nicht davon betroffen, genauso wenig wie die Primaten.

Die Primaten oder Herrentiere umfassen heute rund 200 Arten – darunter auch den modernen Menschen *(Homo sapiens)* – und haben sich vermutlich schon in der oberen Kreide entwickelt. Erste sichere Fossilbelege wie die Gattung *Tetonius* aus dem Eozän sind rund 40 Millionen Jahre alt. Mit ihren Greifhänden und -füßen, langen Schwänzen, kurzen Schnauzen und großen, nach vorn gerichteten Augen, die sie zu räumlichem Sehen befähigten, waren die lemurenähnlichen Tiere sehr gut ans Klettern angepasst. Ihre Evolution schließt auch unsere eigene Geschichte ein, die Wissenschaftler schon seit weit über 100 Jahren zu rekonstruieren versuchen; trotzdem sind die bisherigen Erkenntnisse noch immer umstritten und recht kompliziert.

Die Verhaltensweisen und Lebensräume der frühen Primaten sorgten dafür, dass sehr wenige Fossilien erhalten blieben. Von den kleinen, baumlebenden Tieren ließen Aasfresser sowie die Insekten, Würmer, Pilze und Bakterien des Waldbodens fast nichts übrig. Daher kann man die Ahnenreihe des Menschen nur sehr unvollständig darstellen. Auch bei der Interpretation der Fossilien gibt es große Meinungsverschiedenheiten. Die Evolution des Menschen ist ein Fall, bei dem sich die Geister scheiden.

Ein ganz besonders aussagekräftiges Fossil aus unserer Vergangenheit legte die kenianische Paläontologin Mary Leakey mit ihren Mitarbeitern im Jahr 1978 bei Laetoli, Tansania, frei. In einer Schicht aus erhärte-

Vollständige Skelette fossiler Hasen wie dieses Prolagus *sind äußerst ungewöhnlich. Zähne und Knochenbruchstücke findet man häufiger.*

Ein früher Urahn des Menschen war vielleicht der langschwänzige, lemurenähnliche Smilodectes (oben), der vor 40 Millionen Jahren im US-Bundesstaat Wyoming lebte. Vor 3,7 Millionen Jahren gingen unsere Vorfahren bereits auf zwei Beinen, wie Fußabdrücke bei Laetoli in Tansania belegen (rechts).

tem Schlamm, der durch die heiße Asche eines Vulkans verbacken worden war, fanden die Wissenschaftler zahlreiche Fußspuren – neben denen von Schweinen und Hirschen auch zwei Reihen eindeutig menschlicher Fußabdrücke. Ihr Alter konnte auf etwa 3,7 Millionen Jahre datiert werden.

Diese Spuren sind die ersten eindeutigen Belege für aufrecht gehende Hominiden. Zwei Personen gingen offensichtlich nebeneinander über den weichen Boden, und der Größenunterschied lässt vermuten, dass es ein Erwachsener mit einem Kind war. Wir wissen nicht, wohin sie gingen – wir wissen überhaupt nur sehr wenig über sie, aber wir wissen, dass keiner der heutigen Menschenaffen derartige Spuren hinterlassen kann, wenn er auf zwei Beinen läuft. Wenn der aufrechte Gang den Menschen kennzeichnet, dann ist dieser somit mindestens 3,7 Millionen Jahre alt, und seine Vorfahren stammen aus Afrika. Nicht in ihren kühnsten Träumen hätten sich die beiden unbekannten Hominiden vorstellen können, wie sich ihre Nachkommen einmal entwickeln würden. Aber das ist eine andere Geschichte.

REGISTER

Kursive Seitenzahlen verweisen auf Abbildungen. Die Laute ä, ö, ü werden wie a, o, u behandelt.

BILDNACHWEIS

o. = oben; u. = unten; l. = links; r. = rechts; M. = Mitte

BCL=Bruce Coleman Ltd
DMNH=Denver Museum of Natural History
DRK=DRK Photo
NHM=Natural History Museum London
PEP=Planet Earth Pictures
SAL=Siena Artworks Ltd, London
SPL=Science Photo Library

Umschlagvorder- und -rückseite: Rose/ZEFA
Umschlagvorderseite: M. l. Dipl.-Ing. Storck/Mauritius; M. r. Kohlhas/ZEFA; u. Marc Chamberlain/Tony Stone
Vor- und Nachsatz: H. Lumpe/Staatliches Museum für Naturkunde Stuttgart
Innenteil: 3 Colorific/Matrix/Louie Psihoyos (Exemplar des American Museum of Natural History); 6–7 o. Colorific/Matrix/Louie Psihoyos; 7 u. G. S. F. Picture Library; 8 o. l. AKG Photo, London; 8 o. r. Jean-Loup Charmet; 8 u. Mary Evans Picture Library; 9 o. Geological Society Archives, London/Greenough Collection; 9 u., 10 o. Corbis/Bettmann; 10 u. SPL/NASA; 12 BCL/Jules Cowan; 13 Prof. D. E. G. Briggs/Department of Geology, University of Bristol; 14 o. l. Dr. Peter Crimes, Department of Earth Sciences, University of Liverpool; 14 o. r. SPL/Sinclair Stammers; 14 u. SPL/John Reader; 15 o. Chris Pellant; 15 u. DMNH 5088-97/David McGrath; 16 DRK/Peter Pickford; 17 o. l. PEP/Ken Lucas; 17 o. r. NHPA/James Carmichael Jr.; 17 u. NHM; 18/19 SAL/Lee Peters; 20 o. SAL/Jo Carter; 20 u. DMNH, Photo Archives, DMNH 6001/Rick Wicker; 21 l. NHM; 21 r. BCL/Mary Plage; 22 NHM; 23 o. SAL/Mick Saunders; 23 u. NHM; 24 o. BCL/William S. Paton; 24 u. NHM; 25 o. NHM; 25 u. PEP/Denise Tackett; 26 o. NHM; 26 u. SAL/Sharon McCausland; 27 o. SAL/Sharon McCausland; 27 u. Chris Pellant; 28 l. Sarah Gabbott/Department of Geology, The University of Leicester (Nature, Vol. 374, S. 800–803, 1995); 28 r. Dr. R. J. Aldridge/Department of Geology, The University of Leicester (Exemplar des Royal Museum of Scotland, Edinburgh); 29 o. Prof. Dianne Edwards/Department of Earth Sciences, University of Wales, Cardiff; 29 u. SAL/Lee Peters; 30/31 PEP/David A. Ponton; 31 SAL/Lorraine Harrison; 32/33 SAL/Sharon McCausland; 34 o. PEP/Ken Lucas; 34 u. l. Prof. Dianne Edwards/Department of Earth Sciences, University of Wales, Cardiff; 34 u. r. Dr. Nigel H. Trewin/Department of Geology, University of Aberdeen; 35 o. Prof. Dianne Edwards/Department of Earth Sciences, University of Wales, Cardiff; 35 u. SAL/Sharon McCausland; 36 NHPA/John Shaw; 37 o. NHM; 37 u. Abdruck mit Genehmigung des Direktors des British Geological Survey, NERC, Copyright vorbehalten; 38/39 SAL/Sharon McCausland; 40 u. University Museum of Zoology, Cambridge/Mike Coates (Exemplar des Geological Museum, Kopenhagen); 40 o. SAL/Sharon McCausland; 41 o. SAL/Jo Carter; 41 M. University Museum of Zoology, Cambridge/Mike Coates (Exemplar des Geological Museum, Kopenhagen); 41 u. Dr. Nigel H. Trewin/Department of Geology, University of Aberdeen; 42 Trustees of the National Museums of Scotland (über Dr. Andrew J. Jeram, Ulster Museum); 43 o. BCL/Gerald Cubitt; 43 u. Trustees of the National Museums of Scotland; 44/45 SAL/Lee Peters; 46 o., u. l. NHM; 46 r. Trustees of the National Museums of Scotland; 47 PEP/Ken Lucas; 48 o. NHPA/Stephen J. Krasemann; 48 u. Wolfgang Sippel/Institut für Geologie und Paläontologie, Technische Universität Clausthal; 49 o. NHPA/Dr. Ivan Polunin; 49 u. BCL/John Shaw; 50 o. SAL/Jo Carter; 50 u. l. NHM; 50 u. r. Prof. Andrew C. Scott/Department of Geology, Royal Holloway, University of London; 51 SAL/Christian Hook; 52 o. PEP/Steve Nicholls; 52 u. OSF/Carolina Biological Supply Co.; 53 o. Prof. Andrew C. Scott/Department of Geology, Royal Holloway, University of London; 53 u. The Manchester Museum, The University of Manchester; 54 o. University Museum of Zoology, Cambridge; 54 u. NHPA/Anthony Bannister; 55 o. Ardea London Ltd/François Gohier; 55 u. Staatliches Museum für Naturkunde Stuttgart; 56 OSF/Animals Animals/Zig Leszczynski; 57 SAL/Jim Robins; 58 l. Dr. Peter Wellnhofer; 58 r. Dr. Günter Viohl/Jura-Museum, Eichstätt; 59 o. NHPA/Nigel J. Dennis; 59 u. SAL/Jim Robins; 60 o. l. The Field Museum, Chicago, Neg. No. GEO 81283; 60 u. The Field Museum, Chicago, Neg. No. GEO 81025; 61 BCL/Luiz Claudio Marigo; 62 o. NHPA/Stephen J. Krasemann; 62 u. SAL/Jim Robins; 63 NHM; 64/65 SAL/Lee Peters; 66 l. Geological Society Archives, London/Murchison Collection; 66 r. Image Select/Ann Ronan Picture Library; 67 NHM; 68 o. PEP/Ken Lucas; 68 u. PEP/Mary Clay; 69 o. Mary Evans Picture Library; 69 u. Colorific/Matrix/Louie Psihoyos; 70 o. l. Staatliches Museum für Naturkunde Stuttgart; 70 o. r. BCL/Michael P. Price; 70 u. Colorific/Matrix/Louie Psihoyos; 70/71 The Field Museum, Chicago, Neg. No. GEO 85823c/John Weinstein; 71 NHM; 72 Colorific/Matrix/Louie Psihoyos (Exemplar des Royal Tyrrell Museum, Drumheller); 73 o. © David D. Gillette; 73 u. Colorific/Matrix/Louie Psihoyos; 74/75 © 1994 Mark Hallett, alle Rechte vorbehalten; 76 o., M. NHM; 76 u. SAL/Sharon McCausland; 77 Colorific/Matrix/Louie Psihoyos; 78 NHM; 79 Colorific/Matrix/Louie Psihoyos (Exemplar des American Museum of Natural History); 80 SAL/Mick Saunders; 80/81 NHM; 81 Colorific/Matrix/Louie Psihoyos; 82 o. American Museum of Natural History, Department of Library Services, Neg. No. 322019/J. B. Shackelford; 82 u. American Museum of Natural History, Department of Library Services, Neg. No. 258467; 83 Colorific/Matrix/Louie Psihoyos (Exemplare des Mongolisches Staatsmuseum); 84 o. American Museum of Natural History, Department of Library Services, Tran. No. K17092/Michael Ellison; 84 u. American Museum of Natural History, Department of Library Services, Tran. No. 5789(3)/Denis Finnin; 85 o. Rock Art of Leicester/Terry Manning; 85 u. NHM; 86 AKG Photo, London; 87 o. Jean-Loup Charmet; 87 u. NHM; 88 o. Institut de Paléontologie, Muséum National d'Histoire Naturelle, Paris/D. Serrette; 88 u. Dr. Theagarten Lingham-Soliar; 89 o. G. S. F. Picture Library; 89 u. NHM; 90 M. l. DMNH E-104; 90/91 SAL/Lee Peters; 92 l. Cambridge University Library, Add. 7652 I/E/44; 92 r. Toucan-Books-Archiv/Illustration von C. E. Brock aus *The Children's Encyclopedia Vol. 3*, herausgegeben von Arthur Mee, veröffentlicht von The Educational Book Company Limited; 93 o. G. S. F. Picture Library; 93 u. Geological Society Library, London/Tafel XLVIII, Trans. Geol. Soc. London, 2. Ser. Vol. 1, Teil 2, 1824; 94 o. l. Chris Pellant; 94 o. r. BCL/John Cancalosi; 94 u. PEP/Alex Kerstitch; 95 o. G. S. F. Picture Library; 95 u. bis 96/97 Staatliches Museum für Naturkunde Stuttgart; 97 NHM; 98 NHM/John Sibbick; 99 o. Museo Civico di Scienze Naturali, Bergamo (über Dr. Rupert Wild, Staatliches Museum für Naturkunde Stuttgart); 99 u. NHM; 100 NHM/John Sibbick; 101 SAL/Jo Carter, nach Originalzeichnung von Dr. Peter Wellnhofer; 102 o. SAL/Jo Carter, nach Originalzeichnung von Dr. Peter Wellnhofer; 102 u. NHM; 103 SAL/Sharon McCausland; 104 Hutchison Library/Eric Lawrie; 105 NHM; 106 Naturhistorisches Museum Wien, Geologisch-Paläontologische Abteilung; 107 o. Dr. Peter Griffiths (Exemplar des Museums für Naturkunde der Humboldt-Universität Berlin); 107 u. Mary Evans Picture Library; 108 o. Colorific/Matrix/Louie Psihoyos (Exemplar des Museums für Naturkunde der Humboldt-Universität Berlin); 108 u. Imitor (Exemplar des NHM); 109 o. NHM; 109 u. AKG Photo, London; 110 Toucan-Books-Archiv/Tafel XX, *Odontornithes: A Monograph on the Extinct Toothed Birds of North America* von O. C. Marsh, 1880; 111 o. DRK/T. A. Wiewandt; 111 u. NHPA/G. I. Bernard; 112 OSF/Kim Westerskov; 113 o. PEP/Ed Darack; 113 u. DRK/Tom Bean; 114 SPL/Prof. Stewart Lowther; 115 BCL/Andrew Davies; 116 o. OSF/Peter Parks; 116 u. l. NHPA/M. I. Walker; 116 u. r. SPL/Andrew Syred; 117 o. NHPA/A. N. T./Otto Rogge; 117 u. SPL/Eurelios/Catherine Pouedras; 118 l. BCL/Erwin & Peggy Bauer; 118 M. BCL/Robert P. Carr; 118 r. BCL/Eric Crichton; 119 o. DMNH 5098/Rick Wicker; 119 u. l. SAL/Mick Saunders; 119 u. r. David Batten/Institute of Earth Studies, University of Wales, Aberystwyth; 120 DRK/T. A. Wiewandt; 121 o. Virginia Museum of Natural History; 121 u. Swedish Museum of Natural History, Department of Palaeobotany/Y. Arremo; 122 l. BCL/Luiz Claudio Marigo; 122 o. r. NHPA/Stephen Dalton; 122 u. r. OSF/Breck P. Kent; 123 o. l. Bios/Stoeckel; 123 o. r. PEP/Stephen P. Hopkin; 123 u. l. Swedish Museum of Natural History, Department of Palaeobotany/I. Svenssson; 123 u. M., u. r. Swedish Museum of Natural History, Department of Palaeobotany/P. Lidmark; 124 o. l. P. R. Crabb über Dr. Chris R. Hill (Exemplar des Booth Museum, Brighton); 124 o. r. NHM; 124 u. Imitor; 125 DRK/T. A. Wiewandt; 126–127 NHM; 128 PEP/Nigel Downer; 129 OSF/Derek Bromhall; 130/131 SPL/Vaughan Fleming; 132 o. SPL/Alfred Pasieka; 132 u. DRK/John Cancalosi; 133 o. NHM; 133 u. Dr. Adrian C. Pont/Tafel 5, *Key to the Common Synanthropic Flies of China* von C. T. Fan, Academy of Science, Peking (1965); 134 A. B. P. L./Daryl Balfour; 135 o. BCL/Heinrich van den Berg; 135 u. bis 136 NHM; 137 o. BCL/Rod Williams; 137 u. BBC Natural History Unit Picture Library/John Sparks; 138 o. PEP/J. O. Wirminghaus; 138 u. r. American Museum of Natural History, Department of Library Services, Tran. No. K17199/Michael Ellison; 139–140 NHM; 141 o. l. NHM; 141 r. DMNH 1200/Rick Wicker; 141 u. SAL/Jo Carter; 142 o. SAL/Sharon McCausland; 142 u. NHM; 143 BCL/Brian Henderson; 144/145 SAL/Mark Viney; 146 SAL/Sharon McCausland; 147 o. Ardea London Ltd/Ferrero & Labat; 147 u. Douglas Palmer; 148/149 SAL/Jim Robins; 150 o. BBC Natural History Unit Picture Library/Tony Heald; 150 u. SAL/Jim Robins; 151 l. Ardea London Ltd/P. J. Green; 151 r. NHM; 152 o. DMNH 866/Rick Wicker; 152 u. SAL/Nik Spender; 153 l. Ardea London Ltd/Kenneth W. Fink; 153 r. DMNH 1484-148/Rick Wicker; 154 o. BCL/John Cancalosi; 154 u. DRK/John Cancalosi; 155 l. DMNH 10000/Rick Wicker; 155 r. SPL/John Reader.